大数据与“智能+”产教融合丛书

开源云计算：部署、应用、运维

王薇薇　康　楠　张雪松　王　刚　姜　鸿　编著

机械工业出版社

本书全面细致地讲解了开源云平台架构的规划、建设、部署和运维的全流程应用。通过介绍开源云计算平台 OpenStack 架构的设计理念、各个核心模块功能，结合实践经验，详细讲解了云计算平台的数据中心规划、行业应用、平台架构设计、部署实施、平台运行维护的知识。本书分为三部分：第一部分为基础篇，重点讲解云计算基础知识和技术标准；第二部分为应用篇，主要讲解云平台的服务和行业应用；第三部分为实践篇，通过结合具体案例，详细讲解云平台数据中心规划、部署实施、运行维护相关的专业技能。

本书适合高等职业学院、普通高等学校云计算相关专业的学生，以及 IT 行业从事云计算行业的解决方案、建设部署和运维的工程技术人员学习，也可以作为培训机构和在职教育机构的培训教材。

图书在版编目（CIP）数据

开源云计算：部署、应用、运维/王薇薇等编著. —北京：机械工业出版社，2021.6

（大数据与“智能+”产教融合丛书）

ISBN 978-7-111-67790-1

Ⅰ.①开…　Ⅱ.①王…　Ⅲ.①云计算　Ⅳ.①TP393.027

中国版本图书馆 CIP 数据核字（2021）第 049784 号

机械工业出版社（北京市百万庄大街 22 号　邮政编码 100037）
策划编辑：吕　潇　责任编辑：吕　潇
责任校对：李　杉　封面设计：马精明
责任印制：张　博
北京玥实印刷有限公司印刷
2021 年 6 月第 1 版第 1 次印刷
184mm×240mm · 17.5 印张 · 406 千字
0 001—2 500 册
标准书号：ISBN 978-7-111-67790-1
定价：88.00 元

电话服务	网络服务
客服电话：010-88361066	机　工　官　网：www.cmpbook.com
010-88379833	机　工　官　博：weibo.com/cmp1952
010-68326294	金　　书　　网：www.golden-book.com
封底无防伪标均为盗版	机工教育服务网：www.cmpedu.com

大数据与“智能+”产教融合丛书

编辑委员会

（按拼音排序）

丛书序一

数字技术、数字产品和数字经济，是信息时代发展的前沿领域，不断迭代着数字时代的定义。数据是核心战略性资源，自然科学、工程技术和社科人文拥抱数据的力度，对于学科新的发展具有重要意义。同时，数字经济是数据的经济，既是各项高新技术发展的动力，又为传统产业转型提供了新的数据生产要素与数据生产力。

本系列图书从产教融合的角度出发，在整体架构上，涵盖了数据思维方式的拓展、大数据技术的认知、大数据技术高级应用、数据化应用场景、大数据行业应用、数据运维、数据创新体系七个方面。编写宗旨是搭建大数据的知识体系、传授大数据的专业技能，描述产业和教育相互促进过程中所面临的问题，并在一定程度上提供相应阶段的解决方案。本系列图书的内容规划、技术选型和教培转化由新型科研机构大数据基础设施研究中心牵头，而场景设计、案例提供和生产实践由一线企业专家与团队贡献，二者紧密合作，提供了一个可借鉴的尝试。

大数据领域的人才培养的一个重要方面，就是以产业实践为导向，以传播和教育为出口，最终服务于大数据产业与数字经济，为未来的行业人才树立技术观、行业观、产业观，对产业发展也将有所助益。

本系列图书适用于大数据技能型人才的培养，适合高校、职业学校、社会培训机构从事大数据研究和教学作为教材或参考书，对于从事大数据管理和应用的工作人员、企业信息化技术人员，也可作为重要参考。让我们一起努力，共同推进大数据技术的教学、普及和应用！

中国工程院院士
浙江大学教授　谭建荣

丛书序二

大数据的出现，给我们带来了巨大的想象空间：对科学研究界来说，大数据已成为继实验、理论和计算模式之后的数据密集型科学范式的典型代表，带来了科研方法论的变革，正在成为科学发现的新引擎；对产业界来说，在当今互联网、云计算、人工智能、大数据、区块链这些蓬勃发展的科技舞台中，主角是数据，数据作为新的生产资料，正在驱动整个产业数字化转型。正因如此，大数据已成为知识经济时代的战略高地，数据主权也已经成为继边防、海防、空防之后，另一个大国博弈的空间。

如何实现这些想象空间，需要构建众多大数据领域的基础设施支撑，小到科学大数据方面的国家重大基础设施，大到跨越国界的“数字丝路”“数字地球”。今天，我们看到大数据基础设施研究中心已经把人才也纳入到基础设施的范围，本系列图书的组织出版，所提供的视角是有意义的。新兴的产业需要相应的人才培养体系与之相配合，人才培养体系的建立往往存在滞后性。因此尽可能缩窄产业人才需求和培养过程间的“缓冲带”，将教育链、人才链、产业链、创新链衔接好，就是“产教融合”理念提出的出发点和落脚点。可以说大数据基础设施研究中心为我国的大数据人工智能事业发展模式的实践，迈出了较为坚实的一步，这个模式意味着数字经济宏观的可行路径。

本系列图书以数据为基础，内容上涵盖了数据认知与思维、数据行业应用、数据技术生态等各个层面及其细分方向，是数十个代表了行业前沿和实践的产业团队的知识沉淀，特别是在作者遴选时，注重选择兼具产业界和学术界背景的行业专家牵头，力求让这套书成为中国大数据知识的一次汇总，这对于中国数据思维的传播、数据人才的培养来说，是一个全新的范本。

我也期待未来有更多产业界专家及团队，加入到本套丛书体系中来，并和这套丛书共同更新迭代，共同传播数据思维与知识，夯实我国的数据人才基础设施。

中国科学院院士
中国科学院遥感与数字地球研究所所长　郭华东

前　言

当前，我国经济已由高速增长阶段转向高质量发展阶段，正处在转变发展方式、优化经济结构及转换增长动力的攻关期。推进互联网、大数据、人工智能等和实体经济深度融合，突出关键共性技术、前沿引领技术、现代工程技术、颠覆性技术创新，都为建设科技强国、网络强国、数字中国、智慧社会提供了有力支撑。

我国正处在加速进入数字化“全联网”的智能时代，以 5G、云计算为代表的新一代信息通信技术，成为开辟新生产力的创新技术动力和实现“产业数字化和数字产业化”的基础支撑。云计算是一种通过网络按需提供的、可动态伸缩的计算服务，是加快工业互联网等新型数字基础设施建设的重要资源供给和交付模式，其技术的迭代发展进一步加速了经济社会数字化的转型。

本书聚焦开源云计算平台的架构特点、关联技术、标准与原生、主流行业应用场景等，具有国内外主流云计算平台普遍性运营和使用的指导意义。本书以实践为基础，结合理论与原理，全面细致地讲解了云平台架构的规划、建设、应用、部署和运维的全过程。

本书的编著者均是联通数字科技有限公司的业务一线人员，在此也感谢公司对编写工作的大力支持和提供的丰富资料。衷心希望读者以本书为窗口，对开源云计算技术的原理、部署框架、应用服务、运营运维等具体方向的知识了解得更加清晰，为走上实际岗位、了解行业与产业现状拓展出更宽阔的视野。

本书为了响应国家“产教融合”政策，加快我国云计算技术人才培育而组织编写，旨在面向高等职业学院和普通高等学校中即将从事与云计算相关工作的学生，兼顾 IT 行业从事云计算解决方案、交付部署、运维的工程技术人员等，作为教材或参考书使用。由于编著者的专业知识与理论水平的局限，本书难免存在诸多不足，欢迎广大读者批评指正。

本书编著者

2021 年春于北京

目　录

应用篇

实践篇

基 础 篇

第1章

绪论：初识云计算

1.1　云计算的基本概念

1.1.1　产生背景

云计算是当前ICT（Information and Communication Technology，信息通信技术）领域内热度很高的名词。它是多种技术混合演进的结果，由于其成熟度较高，又有大公司推动，近些年发展极为迅速。外国企业包括亚马逊、谷歌、IBM、微软，以及国内互联网公司阿里、传统IT企业华为等公司，都是云计算技术的先行者。云计算领域的成功公司还包括Salesforce、Facebook、YouTube、Myspace等。

云计算的概念起源于20世纪60年代之前。1959年6月，Christopher Strachey发表虚拟化论文，被认为是今天“云计算”基础架构的基石。经过多年发展，1999年，Marc Andreessen和Ben Horowitz创建LoudCloud，是第一个商业化的IaaS（Infrastructure as a Service，基础设施即服务，详见1.4.1节）平台；2005年，亚马逊公司发布Amazon Web Services云计算平台；2007年11月，IBM公司首次发布云计算商业解决方案，推出“蓝云（Blue Cloud)”计划；2008年4月，Google App Engine发布；2008年中，Gartner发布报告，认为云计算代表了计算的方向；2008年10月，微软公司发布其公共云计算平台——Windows Azure Platform，由此拉开了微软的云计算大幕。

云计算的产生是需求推动、技术进步和商业模式转变共同促进的结果。需求推动指的是政企客户低成本且高性能的信息化需求；人们对于互联网、移动互联网应用需求强烈，追求更好的用户体验。技术进步指的是虚拟化技术、分布与并行计算、互联网技术的发展与成熟，使基于互联网提供包括IT基础设施、开发平台、软件应用成为可能。

云计算的基本原理是：通过使计算分布在大量的分布式计算机上，而非本地计算机或特定的远程服务器中，使企业数据中心的运行与互联网具有更高的耦合度，使企业能够将资源切换到需要的应用上，根据需求访问计算机和存储系统。这是一种革命性的变革，它意味着计算能力也可以作为一种商品进行流通，就像水、电、煤气一样，打开即用，关闭即止，取用方便，费用低廉。最大的不同在于，它是通过互联网进行传输的。

1.1.2 概念的演进

云计算是一种新兴的商业计算模型，它利用高速互联网的传输能力，将数据的处理过程从个人计算机或服务器转移到一个大型的计算中心，这种模式提供可用的、便捷的、按需的网络访问，进入可配置的计算资源共享池（资源包括网络、服务器、存储、应用软件、服务），并将计算能力、存储能力当作服务来提供，就如同电力、自来水一样按使用量进行计费。

云计算是并行计算、分布式计算和网格计算发展到一定程度后的成果，或者说是这些计算机科学概念的商业实现。云计算是虚拟化、效用计算、IaaS、PaaS（Platform as a Service，平台即服务，详见 1.4.2 节）、SaaS（Software as a Service，软件即服务，详见 1.4.3 节）等概念混合演进并跃升的结果。云计算也可以指服务的交付和使用模式，指通过网络以按需、易扩展的方式获得所需的服务。它旨在通过网络把多个成本相对较低的计算实体整合成一个具有强大计算能力的完美系统。云计算通常被划分为狭义云计算和广义云计算。

1.1.3 基本特点

1）超大规模："云"具有相当的规模，企业私有云一般拥有成百上千台服务器。"云"能赋予用户前所未有的计算能力。

2）虚拟化：云计算支持用户在任意位置、使用各种终端获取应用服务。所请求的资源来自"云"，而不是固定的有形的实体。应用在"云"中某处运行，但实际上用户无需了解、也不用担心应用运行的具体位置。

3）高可靠性："云"使用了数据多副本容错、计算节点同构可互换等措施来保障服务的高可靠性。

4）通用性：云计算不针对特定的应用，在"云"的支撑下可以构造出千变万化的应用，同一个"云"可以同时支撑不同的应用运行。

5）高可扩展性："云"的规模可以动态伸缩，满足应用和用户规模增长的需要。

6）按需服务："云"是一个庞大的资源池，按需购买，按用量计费。

7）极其廉价："云"的自动化集中式管理使大量企业无需负担日益高昂的数据中心管理成本，"云"的通用性使资源的利用率较之传统系统大幅提升，因此用户可以充分享受"云"的低成本优势。

1.1.4 国内外主要服务商

云计算的一个典型特征就是 IT 服务化。云计算是一种全新的商业模式，其核心部分依然是数据中心，它使用的硬件设备主要是由成千上万的工业标准服务器以及其他硬件厂商的产品组成。企业和个人用户通过高速互联网得到计算能力，从而避免了大量的硬件投资。

1. 国外云计算服务商

亚马逊公司使用弹性云计算（EC2）和简单存储服务（S3）为企业提供计算和存储服务。收费的服务项目包括存储服务器、带宽、CPU 资源以及月租费。截至 2019 年底，亚马逊公司与云计算相关的业务收入已达 350 亿美元。云计算是亚马逊公司增长最快的业务之一。

微软云计算平台——Azure Service Platform 是微软云计算战略的具体实现，于 2010 年正式商用。该平台是继 Windows 取代 DOS 之后，微软的又一次颠覆性转型。

2. 国内云计算服务商

国内的云计算行业市场上活跃着各种大大小小、知名的与不知名的云服务商，这里主要介绍国内主流的优质云服务商，其可以代表目前我国云计算市场的总体技术水平和服务能力。

阿里云：阿里云创立于 2009 年，集资本、规模、技术实力、品牌知名度和生态系统等多种优势于一体，是目前国内云计算“公有云”市场的行业巨头。2018 年 9 月 19 日，阿里云发布了面向万物智能的新一代云计算操作系统——飞天 2.0，可满足百亿级设备的计算需求，覆盖了从物联网场景随时启动的轻计算到超级计算的能力，实现了从生产资料到生活资料的智能化，改善社会运转效率，是阿里云史上最大的一次技术升级。

华为云：华为云成立于 2011 年，隶属于华为公司，在多地设立有研发中心和运营机构，专注于云计算中“公有云”领域的技术研究与生态拓展，致力于为用户提供一站式的云计算基础设施服务，是目前国内大型的公有云服务与解决方案提供商之一。

中国电信天翼云：天翼云是中国电信旗下的云计算服务提供商，致力于提供优质的云计算服务。天翼云为用户提供的服务，涉及云计算、云存储、云安全、网络与 CDN、数据库等多方面，同时为政府机构、教育、金融等行业打造定制化的云解决方案。作为我国的三大通信运营商（中国移动、中国联通、中国电信）之一，中国电信旗下的天翼云，在争取国内客户方面有着天然的优势。

1.1.5　开源云计算产业现状及展望

1. 概述

（1）开源云计算现状

云计算发展到今天，已经成为企业 IT 基础设施的主流选择；以 Docker 为代表的 Container 技术，也推动着云计算的发展。云计算已经从概念走向实际应用，促进着信息化、工业化的融合进程。在企业 IT“云”化的过程中，开源技术正在成为未来的重要选择。开源云计算带来的好处很多，其中最吸引人的就是可以帮助企业降低成本。另外，开源模式消除了供应商的限制和壁垒，并且可让技术变得更加协作化，合作者会不断更新开源软件，使该技术得到持续的完善和发展。

（2）开源云计算的优、缺点

开源云计算的系统、产品与服务正不断地创新推出。目前拥有最多传统 IT 巨头支持的云架构开源项目 OpenStack 在国内外都受到了普遍关注。在 OpenStack 基金会发布的白皮书中显示，OpenStack 在实际生产环境的部署已得到大幅提升，并且在传统行业的渗透已经呈现规模化趋势，在制造、能源、零售、医疗、交通、保险、媒体等行业发展迅速。开源云也同样存在着明显的缺点，时下流行的开源云计算应用，都存在着技术成熟度欠缺、缺乏完整性、安全成熟度较低等问题。

（3）开源云计算展望

开源云计算模式确实为企业和开发者部署云环境创造了条件，但是，站在用户的角度看，特别是不具备软件开发、运维能力的传统企业，大规模采用开源云项目仍然存在一定的风险。另外，开源的开放所带来的一大弊端就是安全问题，这也是不容忽视的。

2. 产业模式

（1）基础通信资源云服务

基础通信服务商已经在 IDC（Internet Data Center，互联网数据中心）领域和终端软件领域具有得天独厚的优势，依托 IDC 云平台支撑，通过与平台提供商合作或独立建设 PaaS 云服务平台，为开发、测试提供应用环境。

商业模式：采取“三朵云”的发展思路，构建“IT 支撑云”，满足自身在经营分析、资料备份等方面的巨大云计算需求，降低 IT 经营成本；构建“业务云”，实现已有电信业务的云化，支撑自身的电信业务和多媒体业务发展；开发基础设施资源，提供“公众服务云”，构建 IaaS、PaaS、SaaS 平台，为企业和个人客户提供云服务。

（2）软件资源云服务

软硬件厂商以及云应用服务提供商合作提供面向企业的服务或企业个人的通用服务，使用户享受到相应的硬件、软件和维护服务，享用软件的使用权和升级服务。

商业模式：以产品销售作为稳定的盈利来源向客户提供基于 IaaS、PaaS、SaaS 三个层面的云计算整体解决方案，尝试以 BOC 模式提供运营托管服务。

（3）互联网资源云服务

互联网企业基于多元化的互联网业务，致力于创造便捷的沟通和交易渠道。互联网企业拥有大量服务器资源，确保数据安全。为了节能降耗、降低成本，互联网企业自身对云计算技术具有强烈的需求，因此互联网企业云业务的发展具有必然性。而引导用户习惯性行为的特点就要求互联网企业云服务要处于研发的最前沿。

商业模式：基于互联网企业云计算平台，联合合作伙伴整合更多一站式服务，推动传统软件销售向软件服务业务转型，帮助合作伙伴从传统模式转向云计算模式。针对客户和终端用户需求开发针对性云服务产品。

（4）存储资源云服务

云存储将大量不同类型的存储设备通过软件集合起来协同工作，共同对外提供数据存储服务。云存储不仅仅是一个硬件，而是一个网络设备、存储设备、服务器、应用软件、公用访问接口、接入网和客户端程序等多个部分组成的系统。

商业模式：以免费模式、免费 + 收费结合模式、附加服务模式为云存储商业模式的主流模式，通过这三种模式向用户提供云服务存储业务。而业务模式的趋同目前已成云存储服务亟待解决的重要问题之一。

（5）即时通信云服务

即时通信软件发展至今，在互联网中已经发挥着重要的作用，使人们的交流更加密切、方便。使用者可以通过安装了即时通信软件的终端机进行两人或多人之间的实时沟通，交流内容包括文字、界面、语音、视频及文件互发等。

商业模式：分为免费和收费两种模式，收费模式是目前即时通信云服务的主要方式，而免费模式则是大势所趋。

（6）安全云服务

安全云服务是网络时代信息安全的最新体现，它融合了并行处理、网络计算、未知病毒行为判断等新兴技术和概念，通过网状的大量客户端对网络中软件行为的异常监测，获取互联网中木马、恶意程序的最新信息，传送到服务器端进行自动分析和处理，再把病毒和木马的解决方案分发到每一个客户端。

商业模式：云安全防病毒模式中免费的网络应用和终端客户就是庞大的防病毒网络：通过“免费”的商业模式吸引用户，在提供个性化的服务、功能和诸多应用后实现公司的盈利；防病毒应用可与网络建设运营商、网络应用提供商等加强合作，建立可持续竞争优势联盟，可以最大程度地降低病毒、木马、流氓软件等网络威胁对信息安全造成的危害。

3. 产业链构成与发展

（1）云计算产业链分析

目前云计算产业链主要有十大关键环节：硬件设备制造商、云平台开发商、系统集成商、云应用开发商、云资源服务提供商、云平台服务提供商、云应用服务提供商、网络运营商、终端供应商、最终用户。其相互关系结构如图 1-1 所示。

（2）云计算三大产业

云计算第一产业即云计算核心资源的提供者，包含云计算核心软件系统的提供商和云计算的硬件设备提供商；任何基于云计算平台的应用都可以称为第二产业，比如数据库应用、视频应用等；云计算第三产业负责的是云计算延伸出来的大量非技术性产业，如云计算技术培训、品牌策划等相关的云计算普及和传播，还有其他对云计算产业链的增值性的服务。三个产业层次环环相扣，相互支撑，最后形成完整的云计算产业链。

（3）我国云计算的产业生态链构成

我国云计算产业生态链的构建正在进行中，在政府的监管下，云计算服务提供商与软硬件、网络基础设施服务商以及云计算咨询规划、交付、运维、集成服务商、终端设备厂商等

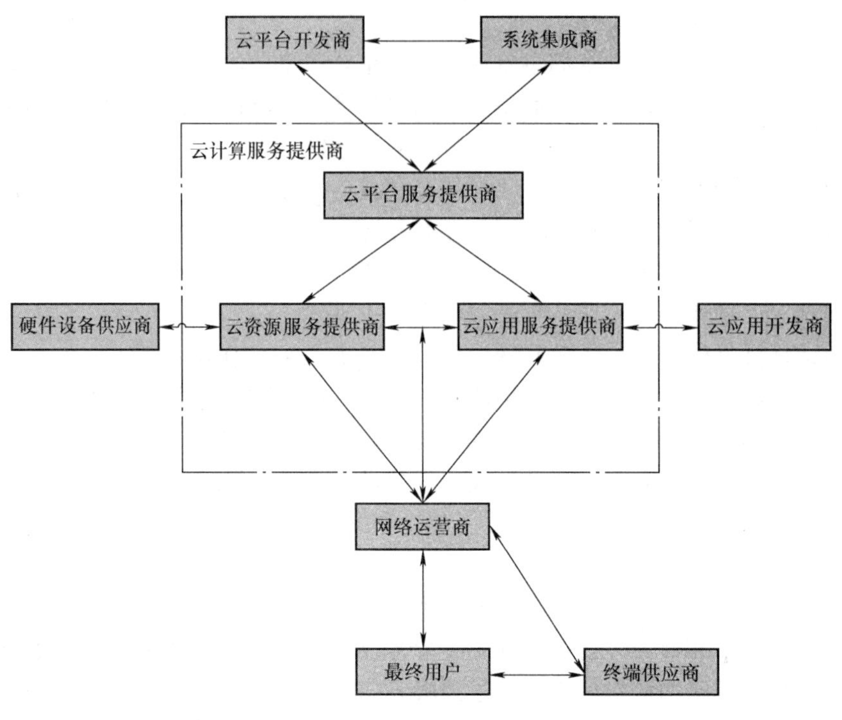

图 1-1　云计算产业链关系结构

一同构成了云计算的产业生态链，为政府、企业和个人用户提供服务，如图 1-2 所示。

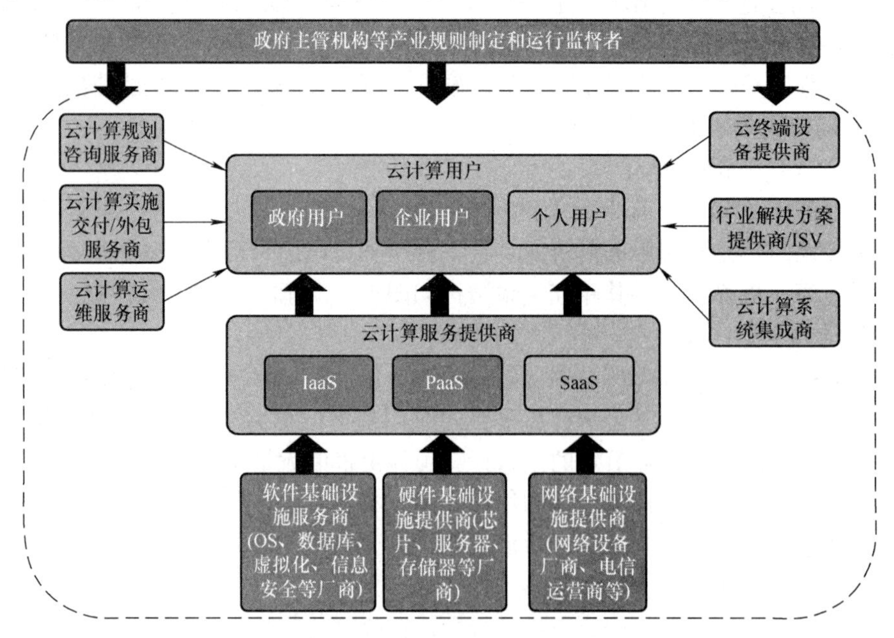

图 1-2　我国云计算产业生态链

1.2　与云计算关联的技术发展

1.2.1　云计算与大数据

大数据又称巨量资料，指需要新处理模式才能具有更强的决策力、洞察力和流程优化能力的海量、高增长率和多样化的信息资产。在以云计算为代表的技术创新下，看起来很难收集和使用的数据开始容易地被利用起来。大数据技术的战略意义不在于掌握庞大的数据信息，而在于对这些含有意义的数据进行专业化处理，通过“加工”实现数据的“增值”。

云计算作为计算资源的底层，支撑着上层的大数据处理，而大数据的发展趋势是向实时交互式的查询效率和分析能力演进，是信息技术上的一次革命性的创新。从技术上来看，大数据与云计算的关系就像一枚硬币的正反面一样密不可分，大数据无法用单台计算机进行处理，必须采用分布式的架构，其特色在于对海量数据进行分布式数据挖掘，依托的是云计算分布式处理、分布式数据库和云存储、虚拟化等技术。

1.2.2　云计算与物联网

物联网指通过部署具有一定感知、计算、执行和通信等能力的各种设备，获得物理世界的信息或对物理世界的物体进行控制，通过网络实现信息的传输、协同和处理，从而实现人与物通信、物与物通信的网络。

云计算是实现物联网的核心。运用云计算模式，使物联网中数以百万计的各类物品的实时动态管理、智能分析变得可能。物联网通过将射频识别技术、传感器技术、纳米技术等新技术充分运用在各行各业之中，来将各种物体充分连接，并通过无线等网络将采集到的各种实时动态信息送达计算处理中心，进行汇总、分析和处理。

从物联网的结构看，云计算将成为物联网的重要环节。物联网与云计算的结合必将通过对各种能力资源共享、业务快速部署、人物交互新业务扩展、信息价值深度挖掘等多方面的促进带动整个产业链和价值链的升级与跃进。物联网强调物物相连，设备终端与设备终端相连，云计算能为连接到云上设备终端提供强大的运算处理能力，以降低终端本身的复杂性。二者都是为满足人们日益增长的需求而诞生的。

1.2.3　云计算与人工智能

人工智能（Artificial Intelligence，AI），是研究、开发用于模拟、延伸和扩展人的智能的理论、方法、技术及应用系统的一门新的技术科学。随着人工智能和机器学习系统需求的增加，需要更多的空间存储运行它们所需的大量数据。

云计算平台不仅是人工智能的基础服务平台，也是人工智能的业务能力集成到众多应用领域中的便捷途径；人工智能不仅丰富了云计算服务的特性，更让云计算服务更加符合业务场景的需求，并进一步解放了人力资源，人工智能技术“端云一体”态势初现。从前，很多对神经网络的训练和推理都是在云端或者基于服务器完成的。随着移动处理器性能不断提升，连接技术不断演进所带来的完整可靠性，很多人工智能推理工作，如模式匹配、建模检测、分类、识别、检测等逐渐从云端转移到了手机侧。

1.2.4 云计算与工业 4.0

工业 4.0 的基础思想是"互联网 + 制造"，由于制造业的数字化，生产方式正在发生重大转变，工业 4.0 代表制造业的第四次革命。我国的工业 4.0 就是"中国制造 2025"。在现代智能机器人、传感器、数据存储和计算能力实现突破的条件下，通过工业互联网将供应链、生产过程和仓储物流智能连接，从而实现智能生产的"四化"：供应和仓储成本较小化，生产过程全自动化，需求响应速度较大化和产品个性化。工业 4.0 的终极目的是使制造业脱离劳动力禀赋的桎梏，将全流程成本降到较低，从而实现制造业竞争力的较大化。

工业大数据的核心是机器数据，包括企业的生产数据、研发数据、客户数据等。一方面机器数据量非常大，机器的数据采集可能是每秒钟采集一次，有些甚至是毫秒级；另一方面工业大数据要求准确性很高，工业大数据需要精确到 99.9%，一旦出现问题就会影响机器的运营。而云计算在算力上的优势，是保障工业 4.0 发展的坚实基础。

1.2.5 云技术及其应用

云应用的特征包括：资源配置动态化、需求服务自助化、以网络为中心、资源的池化和透明化，云应用的类型有下述几种。

1. 云安全应用

云安全的策略构想是：使用者越多，每个使用者就越安全，因为如此庞大的用户群，足以覆盖互联网的每个角落，只要某个网站被挂上了木马病毒或某个新木马病毒出现，就会立刻被截获。"云安全"通过网状的大量客户端对网络中软件行为的异常进行监测，获取互联网中木马、恶意程序的最新信息，推送到服务器端进行自动分析和处理，再把病毒和木马的解决方案分发到每一个客户端。

2. 云存储应用

云存储是在云计算概念上延伸和发展出来的一个新的概念，是指通过集群应用、网格技术或分布式文件系统等功能，将网络中大量各种不同类型的存储设备通过应用软件集合起来协同工作，共同对外提供数据存储和业务访问功能的一个系统。云存储是一个以数据存储和管理为核心的云计算系统。

3. 云呼叫应用

云呼叫中心是基于云计算技术而搭建的呼叫中心系统，企业无需购买任何软、硬件系统，只需具备人员、场地等基本条件，就可以快速拥有属于自己的呼叫中心，软硬件平台、通信资源、日常维护与服务由服务器商提供。具有建设周期短、投入少、风险低、部署灵活、系统容量伸缩性强、运营维护成本低等诸多特点。

4. 云视频

云视频指基于云计算商业模式应用的视频网络平台服务。在云平台上，所有的视频供应商、代理商、策划服务商、制作商、行业协会、管理机构、行业媒体、法律机构等都集中在云端整合成资源池，各个资源相互展示和互动，按需交流，达成意向，从而降低成本，提高效率，这样的概念就是云视频概念。

其他云应用包括云游戏应用、云教育应用、云会议应用、云社交应用等。

1.3　云计算平台分类

1.3.1　公有云

公有云通常指第三方提供商为用户提供的能够使用的云，公有云一般可通过互联网使用，通常是免费或价格低廉的，公有云的核心属性是共享资源服务。公有云的优势是成本低和扩展性好，作为一个支撑平台，能够整合上游的服务（如增值业务，广告）提供者和下游最终用户，打造新的价值链和生态系统。它使客户能够访问和共享基本的计算机基础设施，其中包括硬件、存储和带宽等资源。公有云可认为是目前世界最大规模的高等级软件定义数据中心，在私有云中鲜见的大规模分布式存储、硬件、SDN 等技术在公有云中均得到了广泛的运用。

1.3.2　私有云

私有云是为一个客户单独使用而构建的，因而提供对数据、安全性和服务质量的最有效控制。用户拥有基础设施，并可以控制在此基础设施上部署应用程序的方式。私有云可部署在企业数据中心的防火墙内，也可以将它们部署在一个安全的主机托管场所，私有云的核心属性是专有资源池。私有云的特点是数据安全性高、服务质量保障完善和较高的资源使用率。

1.3.3　混合云

混合云是指同时部署公有云和私有云的云计算部署模式。私有云主要是面向企业用户，出于安全考虑，企业更愿意将数据存放在私有云中，但是同时又希望可以获得公有云的计算资源，在这种情况下混合云被越来越多地采用，它将公有云和私有云进行混合和匹配，以获得最佳的效果，达到了既省钱又安全的目的。

1.4　云计算的架构

1.4.1　IaaS（基础设施即服务）

IaaS 交付给用户的是基本的基础设施资源。用户无需购买、维护硬件设备和相关系统软件，就可以直接在该层上构建自己的平台和应用。基础设施向用户提供虚拟化的计算资源、存储资源、网络资源和安全防护等。这些资源能够根据用户的需求动态地分配。支撑该服务的技术体系主要包括虚拟化技术和相关资源动态管理与调度技术，代表性的服务商有亚马逊、IBM、阿里等。IaaS 的架构有下述几部分：

1）数据中心基础设施资源：数据中心是承载云计算服务的重要基础设施，是云计算体系的基础，云计算各要素建设在数据中心之上。云计算技术体制主要关注绿色数据中心的机房建筑节能、机房规划与布局、机房专用空调系统节能、供电系统节能、节能管理和能耗指标。

2）IT&CT（Information Technology and Communication Technology，信息技术和通信技术，也写作 ICT）基础设施资源：包括计算资源、存储资源、网络资源。在云计算技术体系架构中，IT&CT 基础设施资源不只是物理设备，更多的是指使用虚拟化技术后的逻辑资源，可以通过标准的基础设施资源提供接口，对外提供 IaaS 服务。

3）计算资源：计算资源层通过服务器虚拟化技术，把单台物理服务器虚拟成多台逻辑服务器，实现服务器硬件设备的抽象和管理，供多个用户同时使用。这里的服务器主要包括 X86 服务器和小型机。服务器虚拟化具有多实例、隔离性、封装性和高性能等特征。

4）存储资源：存储资源层通过存储虚拟化技术，为物理的存储设备提供一个抽象的逻辑视图，用户可以通过这个视图中的统一逻辑接口来访问被整合的存储资源，主要包括存储区域网络、网络附加存储、直接文件存储和本地存储资源。

5）网络资源：网络资源层通过网络虚拟化技术，将网络的硬件和软件资源（如数据中心云网络的路由器、交换机等）整合，向用户提供虚拟网络连接。

1.4.2 PaaS（平台即服务）

PaaS 是为用户提供应用软件的开发、测试、部署和运行环境的服务。所谓环境，是指支撑使用特定开发工具开发的，应用能够在其上有效运行的软件支撑服务系统平台。支撑该服务的技术体系主要是分布式系统，代表性的服务商有 Salesforce、谷歌、微软等。

PaaS 把服务器平台作为一种服务提供的商业模式，通过网络进行程序提供的服务称之为 SaaS，云计算时代相应的服务器平台或者开发环境作为服务进行提供就成为了 PaaS。

主要服务包括：数据库资源、中间件资源、环境组件资源、业务/能力组件资源、平台资源提供接口。

1.4.3 SaaS（软件即服务）

SaaS 是一种以互联网为载体，以浏览器为交互方式，把服务器端的程序软件传给远程用户来提供软件服务的应用模式。在服务器端，SaaS 提供为用户搭建信息化所需要的所有网络基础设施及软硬件运作平台，负责所有前期的实施、后期的维护等一系列工作；客户只需要根据自己的需要，向 SaaS 提供商租赁软件服务，无需购买软硬件、建设机房、招聘 IT 人员，代表性的服务商有谷歌、Salesforce、Office Web Apps 等。

在云计算技术体系架构中，应用资源层 SaaS 包含各种应用（如对内服务的生产类应用、管理类应用、分析类应用，对外服务的行业应用、宽带商务应用、公众云业务，以及对内对外服务的增值业务服务平台），通过标准的应用访问接口提供 SaaS 服务。

主要服务包括：生产类应用、管理类应用、分析类应用、增值业务服务平台应用、行业应用、宽带商务应用、公众云业务、应用访问接口。

1.4.4 云安全

云计算服务的安全性由云服务商和客户共同保障。在某些情况下，云服务商还要依靠其他组织提供计算资源和服务，其他组织也应承担信息安全责任。因此，云计算安全措施的实施主体有多个，各类主体的安全责任因不同的云计算服务模式而异。

1. 云计算安全架构

云服务安全域，从 IaaS、PaaS、SaaS 三个业务层级提出安全技术规范。在这三个层级的基础上，云数据安全贯穿整个云服务侧，应从云服务域整体的角度对数据安全进行规范。

基于云计算整体架构的云计算安全架构如图 1-3 所示。

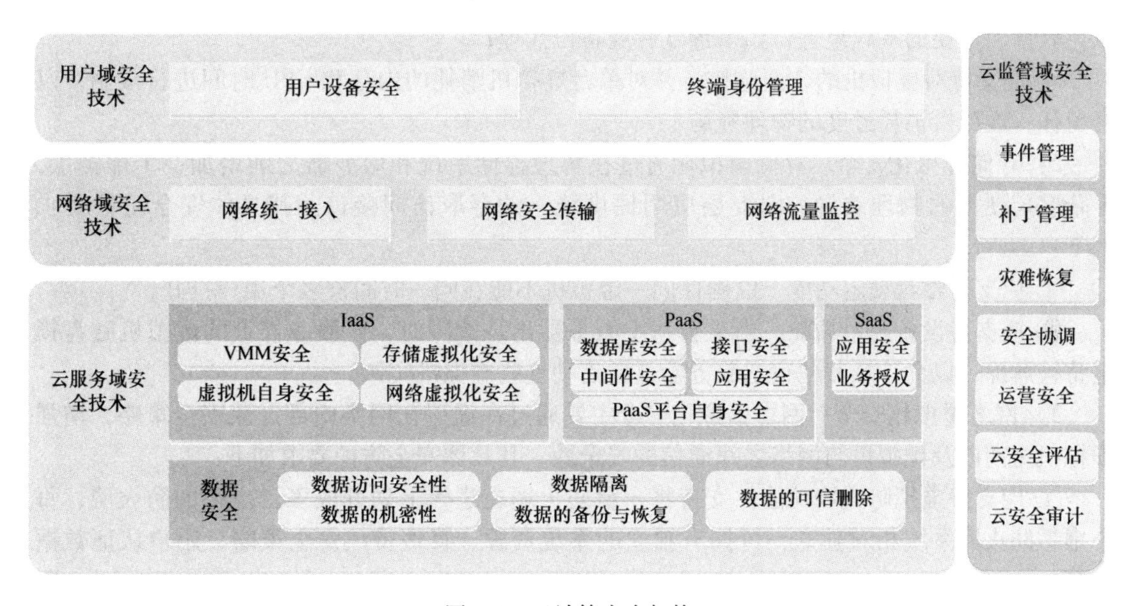

图 1-3　云计算安全架构

1）网络域：包括网络统一接入、网络安全传输、网络流量监控等物理网络安全内容。

2）用户域：包括云环境下用户所使用的终端安全等内容。

3）云服务域：包括 IaaS、PaaS、SaaS 各服务模式的安全服务内容以及数据安全。

4）云监管域：对上述三个安全域的运行情况进行监控和管理，包括事件管理、补丁管理、灾难恢复等内容。

2. 安全要求的分类

云服务商的基本安全能力要求分为10类，每一类安全要求包含若干项具体要求。10类安全要求分别是：系统开发与供应链安全、系统与通信保护、访问控制、配置管理、平台维护、应急响应与灾备、安全审计、风险评估与持续监控、安全组织与人员、物理与环境保护。

3. 云服务域安全技术要求

（1）IaaS层安全技术要求

1）VMM（Virtual Machine Monitor，虚拟监视器）安全：VMM是运行在基础物理服务器和操作系统之间的中间软件层，其相关的安全技术要求如下：

① VMM接口应严格限定为管理虚拟机所需的API，并严格控制对虚拟机提供的HTTP、Telnet、SSH等管理接口的访问，关闭不需要的功能和无关的协议端口，禁用明文方式的Telnet接口；

② 应支持通过访问控制策略管理所有资源的访问请求；

③ 在虚拟机能够使用宿主主机（即承载虚拟机环境的物理服务器）的操作系统的情况下，应避免该主机操作系统包含任何多余的角色、功能或者应用，并要求该主机仅能运行虚拟化软件和重要的基础组件，如杀毒软件或备份代理；

④ 应支持对虚拟机的全面监控，并对单台虚拟机消耗的内存和CPU时间进行限制，以避免任一虚拟机消耗过度的物理资源。

2）存储虚拟化安全：存储虚拟化通过在物理存储系统和服务器之间增加一个虚拟层，屏蔽底层硬件的物理差异，向上层应用提供统一的存取访问接口。其具体安全防护要求如下：

① 应支持磁盘锁定功能，以确保同一虚拟机不能在同一时间被多个用户打开；

② 应支持设备冗余功能，当某台宿主服务器出现故障时，该服务器上的虚拟机磁盘锁定将被解除，以允许从其他宿主服务器重新启动这些虚拟机实例。

3）网络虚拟化安全：网络虚拟化安全主要通过在虚拟化网络内部加载安全策略，增强虚拟机之间以及虚拟机与网络之间通信的安全性，其具体安全防护要求如下：

① 应支持虚拟防火墙功能，支持将一台防火墙在逻辑上划分成多台虚拟的防火墙，每个虚拟防火墙系统相对独立，可拥有独立的系统资源、管理员、安全策略、用户认证数据库等；

② 应支持采用VLAN或者分布式虚拟交换机等技术，以实现系统数据的安全隔离。虚拟交换机应支持虚拟端口的限速功能，可通过定义平均带宽、峰值带宽和流量突发大小对流量进行控制；

③ 应支持IP地址与虚拟网卡进行绑定，以防止恶意篡改。

4）虚拟机自身安全：虚拟机自身具体安全防护要求如下：

① 应支持防病毒、防恶意软件等管理策略；

② 应支持虚拟机补丁的批量升级和自动化升级；

③ 应支持对虚拟机的逻辑隔离或物理隔离，支持根据业务属性、业务安全等级、网络属性等分类方式或者通过 VLAN、不同 IP 网段的方式对虚拟机进行的逻辑隔离，对于承载如财务、商业机密等敏感业务逻辑的虚拟机，应采用专用的 CPU、存储、虚拟网络进行物理隔离；

④ 虚拟机迁移过程中，应采取隔离措施，使所有迁移发生在专有独立的网络上，以保证系统数据和内存的安全可靠。应保证迁入虚拟机的完整性和迁移前后安全配置环境的一致性。虚拟机对应的 VLAN ID、QOS 等网络层信息，外置防火墙部署的安全策略等应一并进行迁移；

⑤ 应支持虚拟机全部内存数据和增量数据的备份和恢复；

⑥ 应支持在不中断虚拟机业务的情况下，创建并管理虚拟机备份；

⑦ 在备份失效后，应及时将其删除；

⑧ 在虚拟机故障时，应支持虚拟机的快速恢复；

⑨ 虚拟机的宿主主机应支持对虚拟机的心跳监控，当虚拟机发生故障时，应支持通过管理端对虚拟机进行心跳监测，并使故障虚拟机通过备份立即恢复；

⑩ 支持对虚拟机的审计，审计内容包括电源状态，对硬件配置的更改，登录尝试、权限变更，用户对数据的访问和业务的操作记录等。

（2）PaaS 层安全技术要求

1）PaaS 平台自身安全：PaaS 提供给用户的能力是通过在云基础设施之上部署用户创建的应用而实现的，这些应用通过使用云服务商支持的编程语言或工具进行开发，用户可以控制部署的应用。同时，用户不需要管理或控制底层的云基础设施，保护 PaaS 平台本身的安全：

① 应部署用户认证、鉴权安全机制，以保证只有合法的用户才能登录 PaaS 平台，控制部署的应用以及应用主机的环境配置；

② 应部署用户分级权限机制，以防止非法用户或攻击者获取管理员根权限，管理或控制底层的云基础设施，包括网络、服务器、操作系统或存储等；

③ 应为 PaaS 平台所使用的应用、组件或 Web 服务进行风险评估，及时发现应用、组件或 Web 服务存在的安全漏洞，并及时部署补丁修复方案，以保证平台运行引擎的安全。

2）PaaS 应用安全：PaaS 应用安全是指保护用户部署在 PaaS 平台上应用的安全。在多租户的 PaaS 服务模式中，为确保自己的数据只能由自身用户与应用程序访问，应提供多租户应用隔离机制。例如，部署“沙箱”架构，其功能如下：

① 保障、维护部署在 PaaS 平台上应用的保密性和完整性；

② 监控 PaaS 程序缺陷和漏洞，避免这些缺陷和漏洞被黑客用来攻击 PaaS 平台；

③ 确保租户自身数据仅被用户或自有应用程序访问。

3）数据库安全：PaaS 数据库是结构化或非结构化的数据集，逻辑上集中管控，物理上可能分散至各个物理存储设备。为保障控制过程中数据可靠性、一致性，应采取以下安全措施：

① 数据可靠性：应支持数据冗余机制，以保证数据库的可靠性，防止数据丢失；

② 数据一致性：对数据库中数据进行修改时，应确保数据所有副本均被修改，需要部署同步机制和并发操作机制，例如，采用分布式锁机制与冲突检测技术；

③ 中间件安全：部署安全访问控制机制，保障中间件服务器的访问控制安全，如用户认证机制、身份管理机制、日志审计机制等；支持安全传输机制，在中间件与外界进行交互过程中，应支持传输过程的数据加密与完整性校验；支持中间件隔离机制，保证中间件中的各个实例相互隔离。

4）接口安全：PaaS 平台允许客户将创建的应用程序部署到服务器端运行，并且允许客户端对应用程序及其计算环境配置通过各类 API 进行控制。在此情况下，为了保证用户安全地访问 PaaS 平台各种业务应用，同时避免来自网络的攻击造成破坏，PaaS API 应采取以下安全措施：

① PaaS 平台与外界交互的网络设备 API 应部署安全访问控制机制，如 SSL 技术，以防止 DDoS 攻击、中间人攻击篡改、非法登录后窃取用户隐私数据等恶意行为；

② 应为 PaaS 平台管理员进行系统培训，使其能够熟练运用云平台的 API 相关安全控制模块，实时监控 PaaS 平台 API 调用情况。

（3）SaaS 层安全技术要求

1）SaaS 应用安全：SaaS 应用提供给用户使用运行在云基础设施之上的应用的能力，用户可以使用各种客户端设备通过浏览器来访问应用。SaaS 应用安全技术要求具有以下几方面：

① 为用户提供服务前，需要先为其提供有关安全的信息，该信息应包括设计、架构、开发、黑盒与白盒应用程序安全测试和发布管理，可以通过渗透测试（黑盒安全测试）并且进行应用的安全评估；

② 应保证通过唯一的客户标识符，在应用中的逻辑执行层可以实现多租户数据逻辑上的隔离；

③ 应支持通过维护用户访问列表、应用程序 Session、数据库访问 Session 等进行数据访问控制，并需要建立严格的组织、组、用户树和维护机制。

2）业务授权：业务系统向用户提供业务，主要工作应包括业务逻辑信息管理、业务资源存储、业务资源提供等。应支持用户通过业务提供商颁发的凭证直接访问业务系统，使用户获取业务资源。

1.5 开源云计算——OpenStack 技术架构

OpenStack 是一个开源的云平台架构，一方面与各个物理服务器上的主机虚拟化管理软件 Hypervisor 进行交互，实现对集群的物理服务器进行管理和控制；另一方面为用户开通满足配置的云主机。它是通过一系列的相关服务组件形成了一个 IaaS 层的云平台搭建方案，每个组件都提供了相应的 API，从而实现了各个组件的集成。OpenStack 官方组件关系图如

图 1-4 所示。

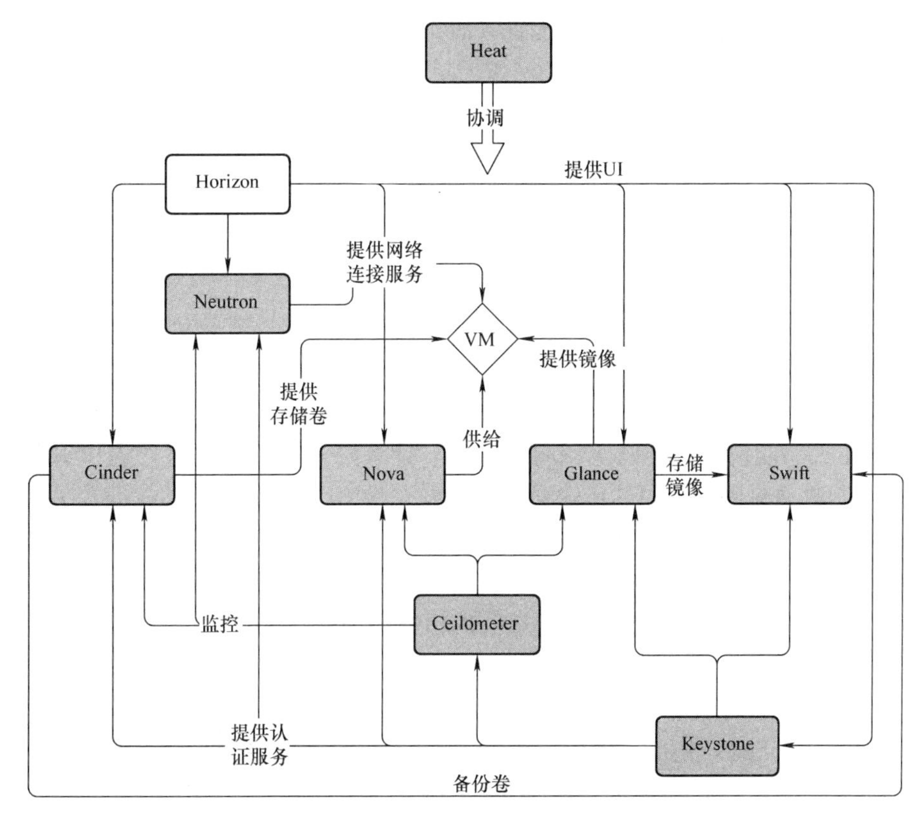

图 1-4　OpenStack 官方组件关系图

OpenStack 的每个主版本系列以字母表顺序（A ~ Z）命名，以年份及当年内的排序做版本号。主要组件的作用如下：

Nova：负责虚拟机的生命周期管理，并兼顾部分网络，主要是虚拟机相关的；

Neutron：负责虚拟环境下的网络，在早期版中称为 Quantum，新的版本改名为 Neutron；

Keystone：负责整个 OpenStack 各个组件和服务之间的安全认证机制方面的工作；

Swift：负责对象存储；

Cinder：负责块存储（block storage）；

Glance：为云主机安装操作系统提供不同的镜像选择；

Horizon：为 OpenStack 提供交互页面；

还有负责监控的 Ceilometer，负责编排的 Heat，负责消息队列相关内容的 RabbitMQ 等些组件。

通过上述组件可以看出，Nova 实现了 OpenStack 下的虚拟机的生成，Swift 和 Cinder 提供了虚拟机的存储，网络组件是 OpenStack 的重要组件之一，如果没有网络，任何虚拟机无法与外部进行通信，只是计算孤岛。因此，为了实现混合组网的研究，需要通过 Neutron 组件进行详细分析。

OpenStack 具有模块松耦合、组件配置灵活、易二次开发的特点。

1.5.1 Nova

Nova 是 OpenStack 计算的弹性控制器。OpenStack 云实例生命周期所需要的各种动作都将由 Nova 进行处理和支撑，Nova 负责管理整个云的计算资源、网络、授权及测度。虽然 Nova 本身并不提供任务虚拟能力，但是它使用 Libvirt API 与虚拟机的宿主机进行交互。Nova 通过 Web 服务 API 来对外提供处理接口。

Nova 提供了一种配置计算实例（即虚拟服务器）的方法，支持创建虚拟机、裸机服务器，并且对系统容器提供有限的支持。Nova 在现有 Linux 服务器之上作为一组守护进程运行。

Nova 的主要功能包括：实例生命周期管理、计算资源的管理、向外提供 REST 风格的 API。这三个组件通过消息中间件传输通信。

Nova 需要以下额外的 OpenStack 服务来实现基本功能：Keystone 为 OpenStack 服务提供身份和身份验证；Glance 提供了计算镜像存储库，所有计算实例都是从 Glance 镜像启动的；Neutron 负责提供计算机实例在引导时连接到的虚拟或物理网络。

1.5.2 Neutron

Neutron 是 OpenStack 中提供网络服务的核心组件，基于软件定义网络的思想，实现软件化的网络资源管理，在实现上充分利用了 Linux 系统中各种网络相关技术，支持第三方插件。

OpenStack 所在的物理网络中，Neutron 被统称为网络资源池，其能够对物理的网络资源进行灵活划分和管理，并能够对云平台上的每个用户提供独立的 VPC（Virtuar Private Cloud，虚拟私有云），该功能类似于物理拓扑环境中的 Vlan。

在 OpenStack 环境中，基于 Neutron 组件创建私有网络的过程就是创建 Neutron 中的各个资源对象并把对象进行连接的过程，因此，利用 Neutron 进行网络搭建完全可以参照物理网络的搭建方案进行规划，如图 1-5 所示。

如图 1-5 所示，首先需要创建一个外部可连接的网络对象来满足云平台的虚拟网络与互联网进行互通，然后云平台中的不同租户（租户 1、租户 2）可以在虚拟网络中创建私有网络 subnet1 和 subnet2，每个私有网络可以创建云主机。为了使每个云主机都能够访问到互联网，需要通过 vSwitch（虚拟交换机）将各自的私有网络与外部网络进行互通。

整个组网过程，Neutron 提供了基于三层网络（L3）的虚拟路由器 vRouter 与一个基于二层网络（L2）的与外部互联网互通的真实路由器，该路由器为用户提供路由、NAT 等服务。subnet 类似于物理网络中的二层局域网（LAN），每个 subnet 供平台上的租户独享。

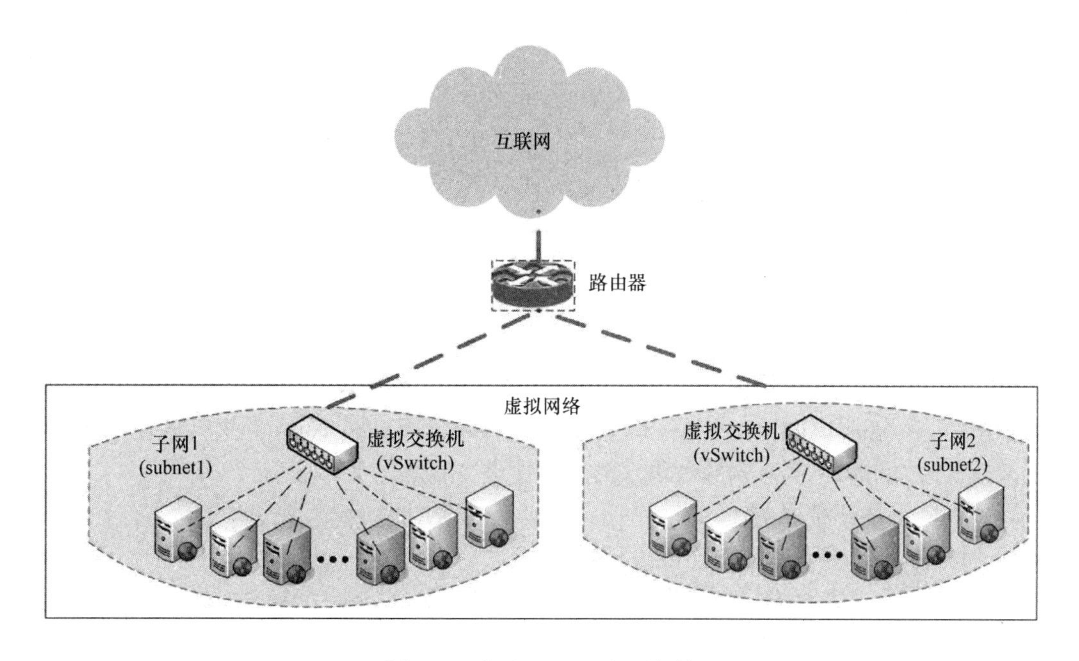

图 1-5　典型 Neutron 组网架构

Neutron 最核心的功能是针对整个云资源池中的物理二层网络进行抽象和管理，在传统网络架构下，每台物理服务器上的应用之间的通信需要利用物理服务器的网卡进行互通，将物理资源进行云化后，每台物理服务器上的各个应用可以利用虚拟机共享到一台物理服务器之中，这样多个虚拟机之间的互通则由虚拟网卡提供，物理服务器的虚拟化层——Hypervisor 可以为每个虚拟机创建一个或者多个虚拟网卡（vNIC），交换机同样也可以被虚拟出来（即 vSwitch），每个虚拟网卡与虚拟交换机的端口互联，这些虚拟交换机再通过物理服务器的物理网卡与外部的网络互通。OpenStack 的 Neutron 组件主要基于以下技术来实现：

1）TAP：该技术是 Linux 内核实现的一对虚拟网络设备，基于 TAP 驱动就可以实现虚拟网卡功能，虚拟机的每个 vNIC 都与 Hypervisor 层中的一个 TAP 设备相连；

2）Linux Bridge（网桥）：该功能是基于二层的虚拟网络设备，其功能类似于物理交换机，它的核心功能是将真实的宿主物理服务器的物理端口与虚拟机的虚拟设备 TAP 进行绑定；

3）Open vSwitch：该功能可以像配置物理交换机一样对接入到 Open vSwitch 上的各个虚拟机实现 vlan 的隔离，同样也可以基于 Open vSwitch 可以实现流量的监控功能，Open vSwitch 也提供了对 Open Flow 的支持，可以接受 Open Flow Controller 的管理，实现基于流表的数据转发。

综上所述，这些功能是实现虚拟机与物理网络互通的基础，Neutron 通过三层的抽象可以实现路由器的功能，通过二层的抽象可以实现网络映射的功能。这个功能是实现网络互通的基本功能，因此，在混合组网具体研究中将充分利用上述功能进行实现。

1.5.3 Keystone

1. Keystone 功能特点介绍

Keystone 是 OpenStack 中负责管理身份验证、服务规则和服务令牌功能的模块。用户访问资源需要验证用户的身份与权限，服务执行操作也需要进行权限检测，这些都需要通过 Keystone 来处理。Keystone 类似一个服务总线，其他服务通过 Keystone 来注册其服务的 Endpoint（服务访问的 URL），任何服务之间相互的调用，需要经过 Keystone 的身份验证，来获得目标服务的 Endpoint 来找到目标服务。

Keystone 为所有的 OpenStack 组件提供认证和访问策略服务，它依赖资深 REST（基于 Identity API）系统进行工作主要对（但不限于）Swift、Glance、Nova 等进行认证与授权。事实上，授权通过对动作消息来源者请求的合法性进行鉴定。

2. Keystone 的三种服务

1）令牌服务：含有授权用户的授权信息；

2）目录服务：含有用户合法操作的可用服务列表；

3）策略服务：利用 Keystone 具体制定用户或群组某些访问权限。

3. Keystone 认证服务内容

1）服务入口：与 Nova、Swift 和 Glance 一样，每个 OpenStack 服务都拥有一个指定的端口和专属的 URL，可以称其为入口（Endpoints）；

2）区位：在某个数据中心，一个区位具体指定了一处物理位置。在典型的云架构中，如果不是所有的服务都访问分布式数据中心或服务器的话，则也称其为区位；

3）用户：Keystone 授权使用者；

4）服务：总体而言，任何通过 Keystone 进行连接或管理的组件都被称为服务。例如，可以称 Glance 为 Keystone 的服务；

5）角色：为了维护安全限定，就云内特定用户可执行的操作而言，该用户关联的角色是非常重要的；

6）租间：租间指的是具有全部服务入口并配有特定成员角色的一个项目。

1.5.4 Swift

Swift 是 OpenStack 提供的一种分布式的持续虚拟对象存储，它类似于 Amazon Web Service 的 S3 简单存储服务。Swift 具有跨节点百级对象存储的能力。Swift 内建冗余和失效备援管理，也能处理归档和媒体流，特别是对大数据（千兆字节）和大容量（多对象数量）的测度非常高效。

Swift 具有海量对象存储、大文件（对象）存储、数据冗余管理、归档能力（处理大数据集）、为虚拟机和云应用提供数据容器、处理流媒体、对象安全存储、备份与归档和良好的可伸缩性等功能特点。

Swift 采用完全对称、面向资源的分布式存储架构设计，所有组件都可扩展，避免因单点失效而扩散并影响整个系统运转；通信方式采用非阻塞式 I/O 模式，提高了系统吞吐和响应能力，如图 1-6 所示。

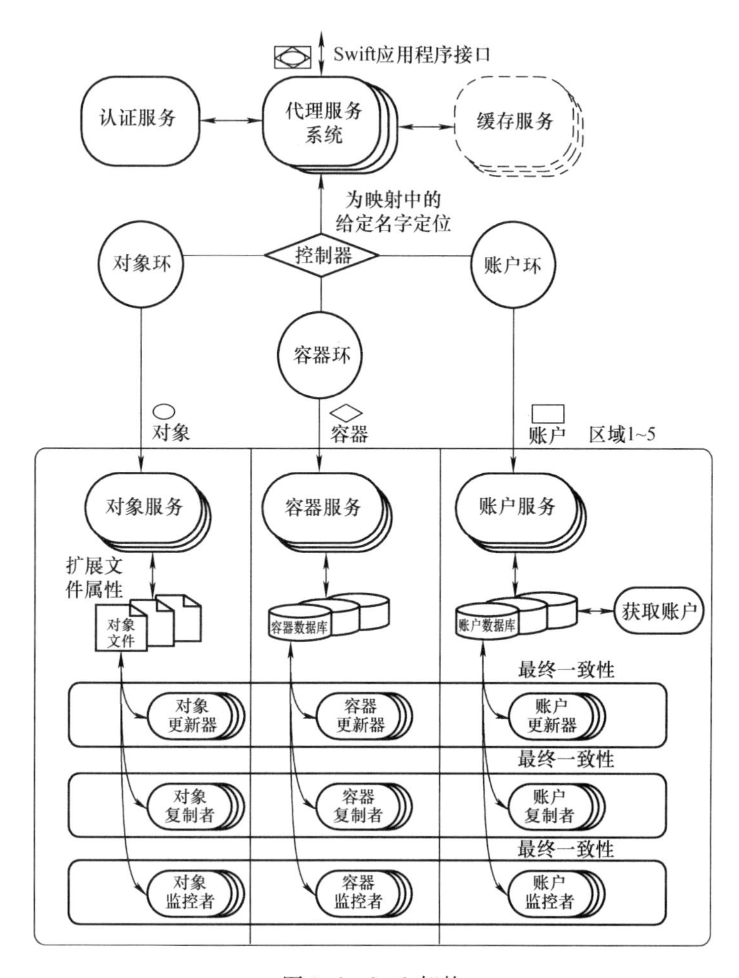

图 1-6　Swift 架构

1.5.5　Cinder

Cinder 是 OpenStack 块存储服务，用于为 Nova 虚拟机、Ironic 裸机主机、容器等提供卷。Cinder 功能特点：

1）基于组件体系结构：快速添加新的行为；

2）高度可用：扩展到非常严重的工作负载；

3）容错：隔离进程避免级联失败；

4）可恢复的：故障应该易于诊断、调试和纠正；

5）开放标准：成为社区驱动 API 的参考实现。

Cinder 的所有功能都是通过 REST API 公开，可用于使用 Cinder 构建更复杂的逻辑或自动化，这可以直接使用或者通过各种 SDK 使用。

Cinder 服务通过一系列守护进程的交互来工作，这些进程（名称为“cinder-*”）永久驻留在主机或机器上，可以从单个节点运行所有二进制文件，也可以分布在多个节点上，还可以在与其他 OpenStack 服务相应的节点上运行。

1.5.6 Glance

Glance 是 OpenStack 的镜像管理模块，负责镜像的上传、下载等管理。Glance 项目提供虚拟机镜像的查找、注册和重现，使用 Restful 接口接受虚拟机镜像管理的查询请求。

OpenStack 镜像服务器是一套虚拟机镜像发现、注册、检索系统，可以将镜像存储到以下任意一种存储中：

1）本地文件系统（默认）；

2）S3 直接存储；

3）S3 对象存储（作为 S3 访问的中间渠道）；

4）OpenStack 对象存储等。

1.5.7 Horizon

1. Horizon 功能特点介绍

Horizon 是一个用于管理、控制 OpenStack 服务的 Web 控制面板，它可以管理实例、镜像、创建密钥对，对实例添加卷、操作 Swift 容器等。除此之外，用户还可以在控制面板中使用终端（Console）或 VNC（Virtual Network Console，虚拟网络控制台）直接访问实例。

（1）Horizon 具备的功能

1）实例管理：创建、终止实例，查看终端日志，VNC 连接，添加卷等；

2）访问与安全管理：创建安全群组，管理密钥对，设置浮动 IP 等；

3）偏好设定：对虚拟硬件模板可以进行不同偏好设定；

4）镜像管理：编辑或删除镜像；

5）查看服务目录；

6）管理用户、配额及项目用途；

7）用户管理：创建用户等；

8）卷管理：创建卷和快照；

9）对象存储处理：创建、删除容器和对象；

10）为项目下载环境变量。

（2）Horizon 具备的特点

1）Dashboard 为管理员提供了图形化的接口；

2）可以访问和管理基于云计算的资源：计算，存储，网络等；

3）提供了很高的可扩展性，支持添加第三方的自定义模块，比如计费、监控和额外的管理工具；

4）支持其他云计算提供商在 Dashboard 进行二次开发。

2. 通过 Horizon 创建虚拟机的步骤

1）图形界面输入用户名密码到 Keystone 进行认证，认证通过之后会分配一个 Token，然后使用该 Token 即可访问其他服务；

2）将创建虚拟机的 Rest API 请求发送给 Nova - API（携带 Token）；

3）Nova - API 拿着此 Token 到 Keystone 查询是否合法；

4）Nova - API 和数据库进行交互，将要创建的虚拟机信息写入到数据库；

5）Nova - API 发送请求至 RabbitMQ 消息队列；

6）Nova Scheduler 监听消息队列，获取请求信息，根据算法指定的具体的计算节点，将虚拟机生成信息放入消息队列；

7）Nova Scheduler 和数据库进行交互，将虚拟机生成的信息写入到数据库；

8）被指定的 Nova Computer 监听消息队列，获取 Nova Scheduler 消息，进行虚拟机创建；

9）Nova Computer 到数据库查询需要经过 Nova Conductor、Nova Computer 与 Nova Conductor，通过消息队列进行交互；

10）Nova Conductor 更新数据库信息，然后 Nova Computer 从数据库获取到虚拟机的创建信息后进行下一步创建虚拟机的操作；

11）联系 Glance 获取镜像；

12）Glance 联系 Keystone 进行认证；

13）联系 Neutron 获取网络；

14）Neutron 联系 Keystone 进行认证；

15）Nova Computer 联系 Cinder 获取磁盘；

16）Cinder 联系 Keystone 进行认证；

17）Nova Computer 调用 KVM（Kernel - Based Virtual Machine，基于内核的虚拟机，通指内核级虚拟化技术）创建虚拟机。

1.5.8　Ceilometer

1. Ceilometer 功能特点介绍

Ceilometer 能把 OpenStack 内部发生的事件收集起来，为计费和监控以及其他服务提供数据支撑。

Ceilometer 主要功能：提供测量服务；可以收集云计算中不同服务的统计信息；云操作人员可以收集所有资源统计信息或者单个资源的统计信息；收集汇总 OpenStack 内部发生的所有事件，然后为计费和监控以及其他服务提供数据支撑服务。

2. Ceilometer 架构原理介绍

Ceilometer 架构如图 1-7 所示。Ceilometer 使用了两种数据采集的方式，其中一种是消费了 OpenStack 内各个服务自动发出的 Notification 消息，对应图中的灰色箭头，另一种是通过调用各个服务的 API 去主动轮询获取数据，对应图中的黑色细箭头。

在 OpenStack 内部，大部分事件都会发出 Notification 消息，比如创建、删除 Instance 实例时，这些计量、计费的重要信息都会发出对应的 Notification 消息，而作为 Ceilometer 组件，就是 Notification 消息的最大消费者，因此第一种方式是 Ceilometer 组件的首要数据来源，但也有一些计量消息通过 Notification 获取不到，如实例的 CPU 运行时间，CPU 一些计量消息通过 Notification 获取不到，如实例的 CPU 运行时间、CPU 使用率等，这些信息不会通过 Notification 发出，因此 Ceilometer 增加了第二种方式，即周期性的调用相关的 API 去轮询这些消息。

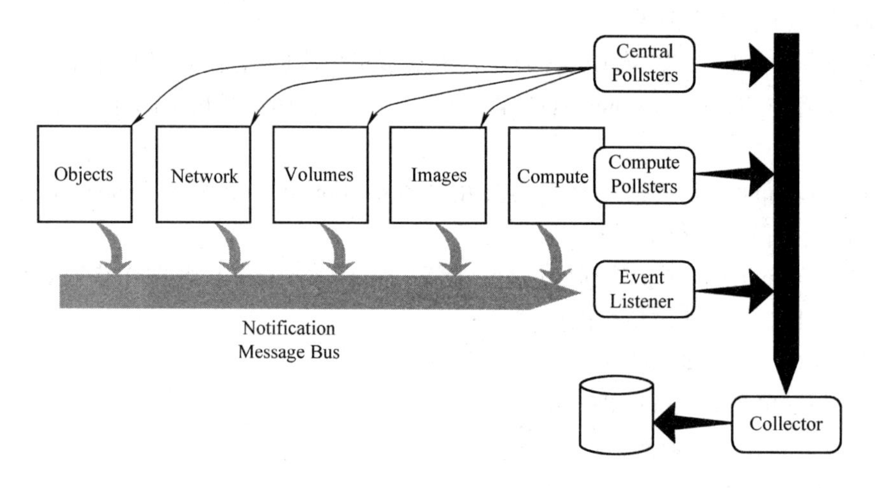

图 1-7　Ceilometer 架构

1.5.9 Heat

1. 编排

所谓编排，就是按照一定的目的依次排列。在 IT 的世界里，一个完整的编排一般包括设置服务器上机器，安装 CPU、内存、硬盘，通电，插入网络接口，安装操作系统，配置操作系统，安装中间件，配置中间件，安装应用程序，配置应用发布程序。对于复杂的需要部署在多台服务器上的应用，需要重复这个过程，而且需要协调各个应用模块的配置，比如配置前面的应用服务器连上后面的数据库服务器。图 1-8 所示为一个典型应用需要编排的项目。

管理虚拟机（VM）所需要的各个资源要素和操作系统本身就成了 IaaS 这层编排的重点。操作系统本身安装完后的配置也是 IaaS 编排所覆盖的范围。除此之外，提供能够接入 PaaS 和 SaaS 编排的框架也是 IaaS 编排的范围。

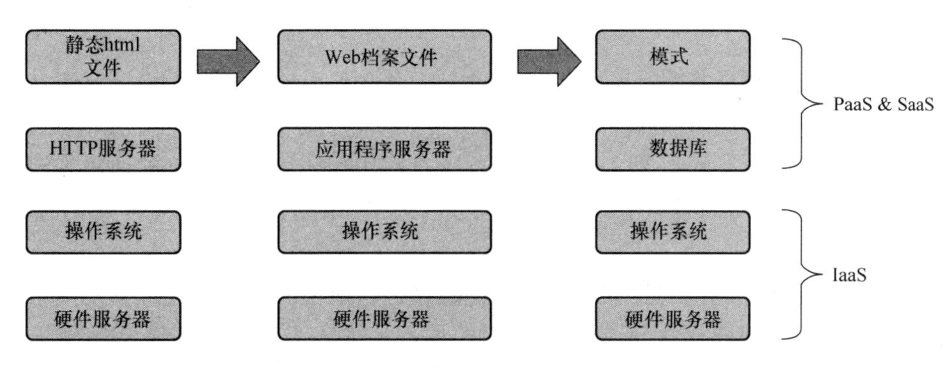

图 1-8　编排

2. Heat 功能介绍

Heat 是一个基于模板来编排复合云应用的服务。模板的使用简化了复杂基础设施、服务和应用的定义和部署。模板支持丰富的资源类型，不仅覆盖了常用的基础架构，包括计算、网络、存储、镜像，还覆盖了像 Ceilometer 的警报、Sahara 的集群、Trove 的实例等高级资源。Heat 和其他模块的关系如图 1-9 所示。

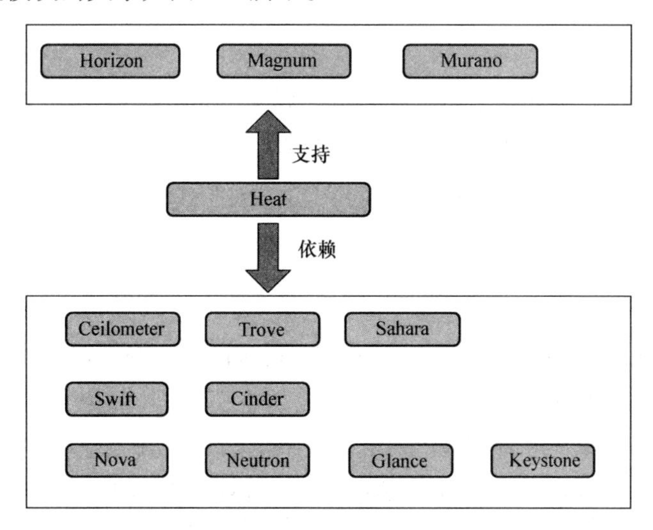

图 1-9　Heat 和其他模块的关系

3. Heat 的应用价值

Heat 采用了业界流行使用的模板方式来设计或者定义编排。用户只需要打开文本编辑器，编写一段基于 Key - Value 的模板，就能够方便地得到想要的编排。为了方便用户的使用，Heat 提供了大量的模板例子，大多数时候用户只需要选择想要的编排，通过复制—粘贴的方式来完成模板的编写。

1.5.10 RabbitMQ

1. RabbitMQ 功能特点介绍

（1）消息队列（MQ）的概念

MQ 全称为 Message Queue，即消息队列，是一种应用程序对应用程序的通信方法。应用程序通过读写出入队列的消息（针对应用程序的数据）来通信，而无需专用链接来连接它们。

消息传递指的是程序之间通过在消息中发送数据进行通信，而不是通过直接调用彼此来通信。直接调用通常是用于诸如远程过程调用的技术。排队指的是应用程序通过队列来通信。队列的使用除去了接收和发送应用程序同时执行的要求。

（2）AMQP 的概念

AMQP 的全称为 Advanced Message Queuing Protocol，即高级消息队列协议，是应用层协议的一个开放标准，为面向消息的中间件设计。消息中间件主要用于组件之间的解耦，消息的发送者无需知道消息使用者的存在，反之亦然。

AMQP 的主要特征是面向消息、队列、路由（包括点对点和发布/订阅）、可靠性、安全。

（3）RabbitMQ 的概念

RabbitMQ 是一个流行的开源消息队列系统，属于 AMQP 标准的一个实现，用于在分布式系统中存储转发消息，在易用性、扩展性、高可用性等方面表现不俗。

（4）RabbitMQ 的特点

1）使用 Erlang 编写；

2）支持持久化；

3）支持 HA；

4）提供 C#、Erlang、Java、Perl、Python、Ruby 等的客户开发端。

（5）RabbitMQ 的概念名词

1）Broker：简单来说就是消息队列服务器实体；

2）Exchange：消息交换机，它指定消息按什么规则，路由到哪个队列；

3）Queue：消息队列载体，每个消息都会被投入到一个或多个队列；

4）Binding：绑定，作用是将 Exchange 和 Queue 按照路由规则绑定起来；

5）Routing Key：路由关键字，Exchange 根据这个关键字进行消息投递；

6）Vhost：虚拟主机，一个 Broker 里可以开设多个 Vhost，用作不同用户的权限分离；

7）Producer：消息生产者，就是投递消息的程序；

8）Consumer：消息消费者，就是接受消息的程序；

9）Channel：消息通道，在客户端的每个连接里，可建立多个 Channel，每个 Channel 代表一个会话任务。

1.5.11 分布式存储系统 Ceph

1. Ceph 背景介绍

目前 Inktank 公司掌控 Ceph 的开发，但 Ceph 是开源的，遵循 LGPL 协议。Inktank 还积极整合 Ceph 及其他云计算和大数据平台，目前 Ceph 支持 OpenStack、CloudStack、OpenNebula、Hadoop 等。

目前 Ceph 最大的用户案例是 Dreamhost 的 Object Service，目前总容量是 3PB，可靠性达到 99.99999%，数据存放采用三副本。

2. Ceph 功能特点介绍

Ceph 用统一的系统提供了对象、块和文件存储功能，它可靠性高、管理简便，并且开源 Ceph 可提供极大的伸缩性——供成百上千用户访问 PB 乃至 EB 级的数据。Ceph 节点以普通硬件和智能守护进程作为支撑点，Ceph 的存储集群组织起了大量节点，它们之间靠相互通信来复制数据，并动态地重分布数据。在 OpenStack 中，可以使用 Ceph、Sheepdog、GlusterFS 作为云硬盘的开源解决方案。

Ceph 是统一存储系统，支持三种接口：Object、Block、File：Posix 接口。

Ceph 也是分布式存储系统，它的特点是：

1）高扩展性：使用普通 X86 服务器，支持 10 ~ 1000 台服务器，支持 TB 到 PB 级扩展；

2）高可靠性：没有单点故障，多数据副本，自动管理，自动修复；

3）高性能：数据分布均衡，并行化程度高。对于 Objects Storage 和 Block Storage，不需要元数据服务器。

3. Ceph 与 OpenStack 的集成

Ceph 可与 Cinder、Glance 和 Nova 集成。

Ceph 提供统一的横向扩展存储，使用带有自我修复和智能预测故障功能的商用 X86 硬件。它已经成为软件定义存储的事实上的标准。因为 Ceph 是开源的，它使许多供应商能够提供基于 Ceph 的软件定义存储系统。Ceph 不仅限于 Red Hat、Suse、Mirantis、Ubuntu 等公司，SanDisk、富士通、惠普、戴尔、三星等公司现在也提供集成解决方案。甚至还有大规模的社区建造的环境（如 CERN），为 10000 个虚拟机提供存储服务。

（1）Ceph 是一个横向扩展的统一存储平台

OpenStack 最需要的存储能力的两个方面：能够与 OpenStack 本身一起扩展，并且扩展时不需要考虑是块（Cinder）、文件（Manila）还是对象（Swift）。传统存储供应商需要提供两个或三个不同的存储系统来实现这一点。它们不同样扩展，并且在大多数情况下仅在永无止境的迁移周期中纵向扩展。它们的管理功能从来没有真正实现跨不同的存储用例集成。

（2）Ceph 具有成本效益

Ceph 利用 Linux 作为操作系统，而不是专有的系统。

（3）Ceph 是开源项目，允许更紧密的集成和跨项目开发

架构图显示了所有需要存储的不同 OpenStack 组件。它显示了这些组件如何与 Ceph 集

成，以及 Ceph 如何提供一个统一的存储系统，扩展以满足所有这些用例。

1.5.12 软件定义网络

1. SDN 概述

SDN（Software Defined Network，软件定义网络）的意义是试图摆脱硬件对网络架构的限制，这样便可以像升级、安装软件一样对网络进行修改，便于更多的 APP（应用程序）能够快速部署到网络上。SDN 的本质是网络软件化，提升网络可编程能力，是一次网络架构的重构，而不是一种新特性、新功能。SDN 将比原来网络架构更好、更快、更简单地实现各种功能特性。

2. SDN 的体系架构

SDN 的体系架构由下到上（由南到北）分为数据平面、控制平面和应用平面，具体如图 1-10 所示。

其中，数据平面由交换机等网络通用硬件组成，各个网络设备之间通过不同规则形成的 SDN 数据通路连接；控制平面包含了逻辑上为中心的 SDN 控制器，它掌握着全局网络信息，负责各种转发规则的控制；应用平面包含着各种基于 SDN 的网络应用，用户无需关心底层细节就可以编程、部署新应用。

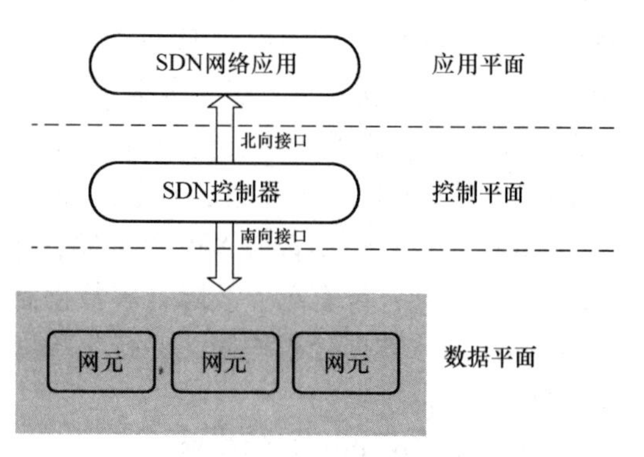

图 1-10　SDN 体系结构图

控制平面与数据平面之间通过 SDN CDPI（Control – Data – Plane Interface，控制数据平面接口）进行通信，它具有统一的通信标准，主要负责将控制器中的转发规则下发至转发设备，最主要应用的是 OpenFlow 协议。控制平面与应用平面之间通过 SDN 北向接口进行通信，而北向接口并非统一标准，它允许用户根据自身需求定制开发各种网络管理应用。

SDN 中的接口具有开放性，以控制器为逻辑中心，南向接口负责与数据平面进行通信，北向接口负责与应用平面进行通信，东西向接口负责多控制器之间的通信。最主流的南向接口 CDPI 采用的是 OpenFlow 协议。OpenFlow 最基本的特点是基于流（Flow）的概念来匹配转发规则，每一个交换机都维护一个流表（Flow Table），依据流表中的转发规则进行转发，而流表的建立、维护和下发都是由控制器完成的。针对北向接口，应用程序通过北向接口编程来调用所需的各种网络资源，实现对网络的快速配置和部署。东西向接口使控制器具有可扩展性，为负载均衡和性能提升提供了技术保障。

3. 基于 OpenFlow 的 SDN 关键组件及架构

OpenFlow 最初作为 SDN 的原型提出时，主要由 OpenFlow 交换机、控制器两部分组成。OpenFlow 交换机根据流表来转发数据包，代表着数据平面；控制器通过全网络视图来实现管控功能，其控制逻辑表示控制平面。随着 SDN 概念的不断推广，ONF 也对 SDN 的定义和架构进行了详细介绍，进一步论述了 OpenFlow 和 SDN 的相互关系。下面首先介绍基于 OpenFlow 的 SDN 关键组件，包括 OpenFlow 交换机和控制器，然后对 SDN 的技术架构进行详细说明。

（1）OpenFlow 交换机

OpenFlow 交换机负责数据转发功能，主要技术细节由 3 部分组成：流表（Flow Table）、安全信道（Secure Channel）和 OpenFlow 协议，如图 1-11 所示。

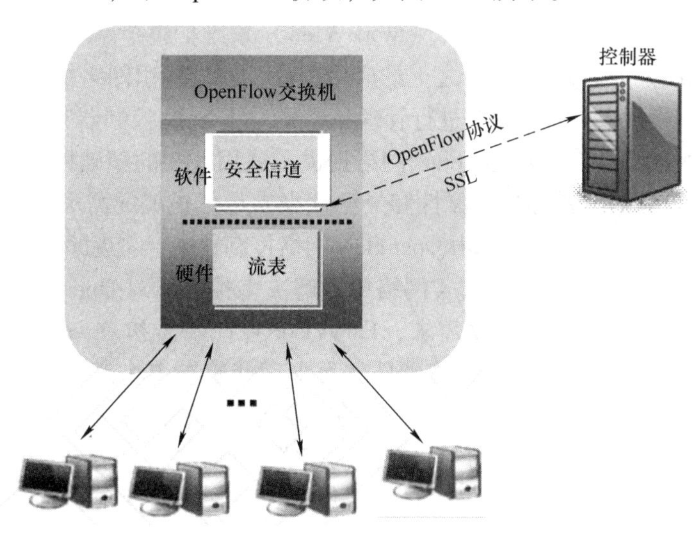

图 1-11　OpenFlow 交换机结构

每个 OpenFlow 交换机的处理单元由流表构成，每个流表由许多流表项组成，流表项则代表转发规则，进入交换机的数据包通过查询流表来取得对应的操作。为了提升流量的查询效率，目前的流表查询通过多级流表和流水线模式来获得对应操作。流表项主要由匹配字段（Match Fields）、计数器（Counters）和操作（Instructions）3 部分组成。匹配字段的结构包含很多匹配项，涵盖了链路层、网络层和传输层大部分标识。随着 OpenFlow 规约的不断更新，VLAN、MPLS 和 IPv6 等协议也逐渐扩展到 OpenFlow 标准当中。由于 OpenFlow 交换机采取流的匹配和转发模式，因此在 OpenFlow 网络中将不再区分路由器和交换机，而是统称为 OpenFlow 交换机。另外，计数器用来对数据流的基本数据进行统计，操作则表明了与该流表项匹配的数据包应该执行的下一步操作。

安全通道是连接 OpenFlow 交换机和控制器的接口，控制器通过这个接口，按照 OpenFlow 协议规定的格式来配置和管理 OpenFlow 交换机。目前，基于软件实现的 OpenFlow 交换机主要有两个版本，都部署于 Linux 系统：基于用户空间的软件 OpenFlow 交换机操作简单，便于修改，但性能较差；基于内核空间的软件 OpenFlow 交换机速度较快，同时提供了虚拟化功能，使得每个虚拟机能够通过多个虚拟网卡传输流量，但实际的修改和操作过程较复杂。另外，斯坦福大学基于 NetFPGA 实现了硬件加速的线速 OpenFlow 交换机，而网络硬件厂商如 NEC、HP 等公司也已相继推出了支持 OpenFlow 标准的硬件交换机。

（2）OpenStack 控制器

在控制器中，NOS（Network Operating System，网络操作系统）实现控制逻辑功能。NOX 最早引入这个概念的是美国加利福尼亚大学伯克利分校和斯坦福大学开发的 NOS 平台——NOX，NOX 是 OpenFlow 网络中对网络实现可编程控制的中央执行单元。可见 NOS 指的是 SDN 概念中的控制软件，通过在 NOS 之上运行不同的应用程序能够实现不同的逻辑管控功能。

在基于 NOX 的 OpenFlow 网络中，NOX 是控制核心，OpenFlow 交换机是操作实体，如图 1-12所示，NOX 通过维护网络视图（Network View）来维护整个网络的基本信息，如拓扑、网络单元和提供的服务，运行在 NOX 之上的应用程序，通过调用网络视图中的全局数据，进而操作 OpenFlow 交换机来对整个网络进行管理和控制。从 NOX 控制器完成的功能来看，NOX 实现了网络基本的管控功能，为 OpenFlow 网络提供了通用 API 的基础控制平台，但在性能上并没有太大优势，没有提供充分的可靠性和灵活性来满足可扩展的需求。不过，NOX 在控制器设计方面实现得最早，目前已经作为 OpenFlow 网络控制器平台实现的基础和模板。

为了使控制器能够直接部署在真实网络中，解决多控制器对 OpenFlow 交换机的控制共享问题，同时满足网络虚拟化的现实需求，FlowVisor 在控制器和 OpenFlow 交换机之间实现了基于 OpenFlow 的网络虚拟层，它使得硬件转发平面能够被多个逻辑网络切片（Slice）共享，每个网络切片拥有不同的转发逻辑策略。在这种切片模式下，多个控制器能够同时管理一台交换机，多个网络实验能够同时运行在同一个真实网络中，网络管理者能够并行地控制网络，因此网络正常流量可以运行在独立的切片模式下，从而保证正常流量不受干扰，如图 1-13所示。

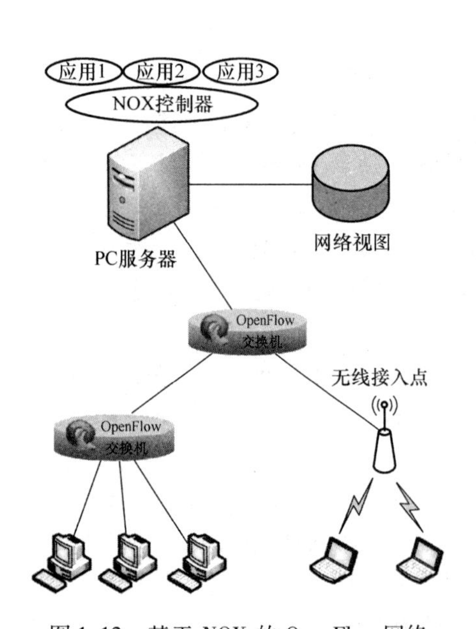

图 1-12　基于 NOX 的 OpenFlow 网络

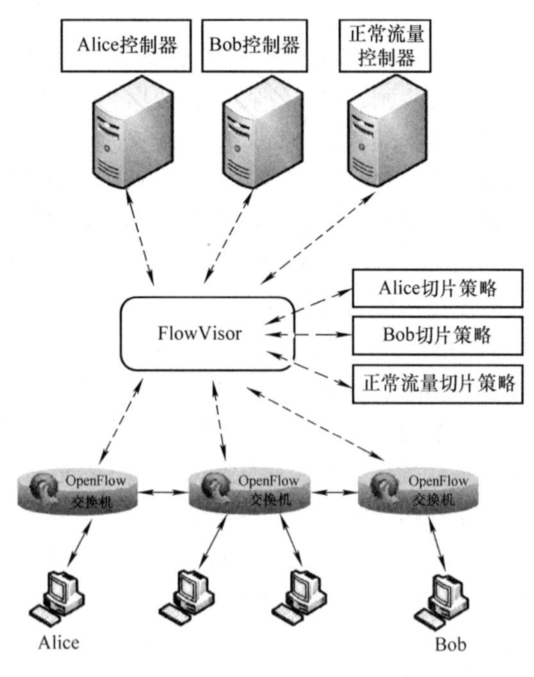

图 1-13　基于 FlowVisor 的 OpenFlow 虚拟化

目前，支持OpenFlow协议的多种控制软件已经得到开发和推广。NOX已经发布了多个版本，如NOX、Destiny、NOX Zach、POX等，它们对NOX进行了性能上的优化，并逐渐支持更多的功能，如控制台操作、SNMP控制等，其余的控制软件也得到广泛应用。

1.5.13　OpenStack的技术特点

1. OpenStack的技术特性

OpenStack是以Python编程语言编写的，整合Tornado网页服务器、Nebula运算平台，使用Twisted软件框架。在标准上，OpenStack遵循Open Virtualization Format、AMQP、SQLAlchemy等标准。虚拟机器软件包括：KVM、Xen、VirtualBox、QEMU、LXC等。

OpenStack的两个主要模块Nova和Swift，前者是NASA开发的虚拟服务器部署和业务计算模块，后者是Rackspack开发的分布式云存储模块，两者可以一起用，也可以分开单独用。OpenStack是开源项目，除了有Rackspace和NASA的大力支持外，后面还有包括Dell、Citrix、Cisco、Canonical这些重量级公司的贡献和支持，发展速度非常快。

OpenStack的技术呈现了多样化状态，比如计算虚拟化、存储虚拟化、网络虚拟化、容器和超融合等都需要有相应的涉猎和技术储备，同时这些技术基于传统基础架构体系，但是又有别于传统解决方案。这就要求我们需要具有识别OpenStack平台本身的能力、理解所承载应用以及优化云平台的能力、改造迁移现有应用的能力。

2. OpenStack平台技术优势

1）控制性：开源的平台意味着不会被某个特定的厂商绑定和限制，而且模块化的设计能把第三方的技术进行集成，从而来满足自身业务需要。

2）兼容性：OpenStack公共云的兼容性可以使企业在将来很容易地将数据和应用迁移到基于安全策略的、经济的和其他关键商业标准的公共云中。

3）可扩展性：目前，主流的Linux操作系统，包括Fedora、SUSE等都将支持OpenStack。OpenStack在大规模部署公有云时，在可扩展性上有优势，而且也可用于私有云，一些企业特性也在逐步完善中。

4）灵活性：灵活性是OpenStack最大的优点之一，用户可以根据自己的需要建立基础设施，也可以轻松地为自己的集群增加规模。

5）行业标准：来自全球10多个国家的60多家领军企业，包括Cisco、Dell、Intel以及微软都参与到了OpenStack的项目中，并且在全球使用OpenStack技术的云平台在不断地上线。

6）实践检验：实践是检验真理的唯一标准，OpenStack的云操作系统，已被全球正在运营的大型公有云和私有云技术所验证过，比如，Dell公司已经推出了OpenStack安装程序Crowbar，不仅如此，OpenStack在中国的发展趋势也非常好，包括物联网用户、国内高校以及部分大小企业，都开始利用OpenStack建立云计算环境，整合企业架构以及治理公司内部的IT基础架构。

1.6　开源云计算技术发展趋势

1.6.1　发展方向、趋势及特点

1. 开源云发展方向

传统的虚拟化平台只能提供基本运行的资源，云端强大的服务能力并没有完全得到释放。开源云理念的出现在很大程度上改变了这种现状。开源云是一系列云计算技术体系和企业管理方法的集合，既包含了实现应用开源云化的方法论，也包含了落地实践的关键技术。开源云专为云计算模型而开发，用户可快速将这些应用构建和部署到与硬件解耦的平台上，为企业提供更高的敏捷性、弹性和云间的可移植性。

以容器、微服务、DevOps 为代表的开源云技术，能够构建容错性好、易于管理和便于监测的松耦合系统，让应用随时处于待发布状态。使用容器技术将微服务及其所需的所有配置、依赖关系和环境变量打包成容器镜像，轻松移植到全新的服务器节点上，而无需重新配置环境，完美解决环境一致性问题。这使得容器成为部署微服务的最理想工具。通过松耦合的微服务架构，可以独立地对每个服务进行升级、部署、扩展和重新启动等流程，从而实现频繁更新而不会对最终用户产生任何影响。相比传统的单体架构，微服务架构具有降低系统复杂度、独立部署、独立扩展、跨语言编程的特点。

2. 开源云发展趋势

开源云技术正在加速重构 IT 开发和运维模式。以容器技术为核心的开源云技术贯穿底层载体到应用，衍生出越来越高级的计算抽象，计算的颗粒度越来越小，应用对基础设施的依赖程度逐渐降低，且更加聚焦业务逻辑。容器提供了内部自治的编译环境，打包进行统一输出，为单体架构的应用（如微服务拆分）提供了途径，也为服务向函数化封装提供了可能。容器技术实现了封装的细粒度变化，微服务实现了应用架构的细粒度变化，随着无服务器架构技术的应用推广，计算的粒度可细化至函数级，这也使得函数与服务的搭配会更加灵活。在未来，通过函数的封装与编排将实现应用的开发部署，开源云技术会越来越靠近应用内部，粒度越来越小，使用也越来越灵活。

随着云计算业务的持续发展，多云和混合云将是企业保障业务的基本设施架构，企业为了更好地拓展业务，将逐步朝着多云混合云应用的方向发展。因此，多云管理平台业务便应运而生，并且迅速发展，在云计算的未来发展进程中，多云混合云管理必将成为人们持续关注的焦点。多云管理平台指的是可以同时管理包含多个公有云、多个私有云、混合云以及各种异构资源的统一管理平台，即用户同时使用多家云服务商的产品，可以实现在一个统一的平台上进行管理配置，并监控产品的生命周期全流程，实现统一管理，无需多平台切换管理，节省用户操作和使用成本，帮助用户可以更加快捷地管理不同云服务商的资源，以利于业务的开展。多云架构可提升企业业务应用的灵活性，而且能够使业务的连续性和经营成本得到优化。企业通过多云构建灵活而且敏捷的融合云基础设施，既可以获得更高的可用性及更低的成本，又可以实现更好的业务匹配度，帮助企业的业务获得更强的竞争力。

1.6.2 技术、应用与商业趋势

1. 开源云虚拟化技术向软硬协同方向发展

随着服务器等硬件技术和相关软件技术的进步、软件应用环境的逐步发展成熟以及应用要求不断提高，虚拟化由于具有提高资源利用率、节能环保、可进行大规模数据整合等特点成为一项具有战略意义的新技术。随着虚拟化技术的发展，软硬协同的虚拟化将加快发展。在这方面，内存的虚拟化已初显端倪。

网络虚拟化发展迅速。网络虚拟化可以高效地利用网络资源，具有节省成本、简化网络运维和管理、提升网络可靠性等优点。VMware 和思科公司在网络虚拟化领域推出了 VxLAN（虚拟可扩展局域网），VxLAN 已获得多个行业领先厂商的支持。

2. 开源云分布式计算技术不断完善和提升

资源调度管理被认为是云计算的核心，因为云计算不仅是将资源集中，更重要的是资源的合理调度、运营、分配、管理。云计算数据中心的突出特点，是具备大量的基础软硬件资源，实现了基础资源的规模化。合理有效调度管理这些资源，提高这些资源的利用率，降低单位资源的成本，是云计算平台提供商面临的难点和重点。

3. 大规模分布式存储技术进入创新高峰期

在云计算环境下，存储技术将主要朝着从安全性、便携性及数据访问等方向发展。分布存储的目标是利用多台服务器的存储资源来满足单台服务器不能满足的存储需求，它要求存储资源能够被抽象表示和统一管理，并且能够保证数据读写操作的安全性、可靠性、性能等各方面要求。为保证高可靠性和经济性，云计算采用分布式存储的方式来存储数据，采用冗余存储的方式来保证存储数据的可靠性，以高可靠软件来弥补硬件的不可靠，从而提供廉价可靠的海量分布式存储和计算系统。

除了大规模分布式存储技术，P2P 存储、数据网格、智能海量存储系统等方面也是海量存储发展的趋势体现。

4. 开源云安全与隐私将获得更多关注

云计算作为一种新的应用模式，在形态上与传统互联网相比发生了一些变化，势必带来新的安全问题，例如数据高度集中使数据泄漏风险激增、多客户端访问增加了数据被截获的风险等。云安全技术是保障云计算服务安全性的有效手段，它要解决包括云基础设施安全、数据安全、认证和访问管理安全以及审计合规性等诸多问题。云计算本身的安全仍然要依赖于传统信息安全领域的主要技术。

5. 开源云细化服务质量，提升商业价值

用户需要能够让他们高枕无忧的服务品质协议，细化服务品质是必然趋势。云计算对计算、存储和网络的资源池化，使得对底层资源的管理越来越复杂，越来越重要，基于云计算的高效工作负载监控要在性能发生问题之前就提前发现苗头，从而防患于未然，实时地了解云计算运行详细信息将有助于交付一个更强大的云计算使用体验，也是未来发展的方向。

1.6.3 新挑战和新机遇

开源云十大新挑战：安全性挑战、云管理费用成本偏高、资源/专业知识缺乏、云资源池的治理和控制、数据合规性、多云环境的管理、业务/数据迁移、供应商垄断、技术成熟度、企业内部资源整合。

开源云面临的机遇：随着云技术的发展，越来越多的数据将在云中处理，企业正在使用它来实现更高的可扩展性、更高的性能。构建、部署和安全云的技能仍将是至关重要的。而且由于市场正在接受多种云模式和多种提供商，云计算相关工作者需要多种技能，涵盖不同的平台和服务，以获得持续的收益和竞争优势。

第2章 云计算标准与新技术

2.1 走近云计算标准

2.1.1 国内主流标准

在国内，工业和信息化部自2009年以来已将推动和促进云计算技术研发、产业发展和标准化工作作为重点工作内容之一，并及时组织中国电子技术标准化研究所（CESI）、全国信息技术标准化技术委员会SOA标准工作组和工业和信息化部信息技术服务标准（ITSS）工作组启动了云计算相关技术和服务标准的预研和规划工作。一方面研究国际标准工作情况，调研国内云计算应用及标准化的需求，基于此研究梳理我国的云计算标准体系和产业急需的产业标准；另一方面积极参与国际各种标准化组织的标准化工作，以提升我国在国际云计算标准化工作中的参与度，促进国内云计算标准工作和国际标准的协调发展。

对于制定国内云计算标准，从2014年9月份发布的《信息安全技术　云计算服务安全能力要求》（GB/T 31168—2014）开始，工业和信息化部、国家标准化管理委员会等每年都会发布相关的云计算标准。截至2020年5月，现行的我国国家云计算标准共36项，覆盖了云计算架构、安全、应用、技术指标、采购服务等领域。

“信息技术　云计算”系列标准涵盖范围广，包含从基础名词的定义到技术层次的接口规范，主要的标准信息如下：

《信息技术　云计算　概览与词汇》（GB/T 32400—2015）发布于2015年12月，正式实施于2017年1月1日。主要规范了云计算基本定义、概念以及相关专业词汇，是现行最基础的标准。

《信息技术　云计算　参考架构》（GB/T 32399—2015）发布于2015年12月，正式实施于2017年1月1日。主要规范了云计算平台以及平台建设的参考架构，重点从用户视图、功能视图讲解云架构以及两种视图之间的关系。

《信息技术　云计算　平台即服务（PaaS）参考架构》（GB/T 35301—2017）发布于2017年12月，正式实施于2017年12月29日。主要规范了云计算平台PaaS层的参考架构，重点从用户视图、功能视图讲解云架构以及两种视图之间的关系。

《信息技术　云计算　虚拟机管理通用要求》（GB/T 35293—2017）发布于 2017 年 12 月，正式实施于 2018 年 7 月 1 日。主要规范了：

1）虚拟机基本管理：兼容、隔离、封装以及硬件独立性；

2）虚拟机生命周期管理，包括虚拟机基本操作、资源池基本操作、模板操作、镜像操作和存储管理；

3）虚拟机配置与调度管理：包含配置管理和调度管理两个方案；

4）虚拟机监控与告警管理：包括虚拟机监控管理、告警管理以及系统日志管理；

5）虚拟机可用性和可靠性：包含可用性管理要求和可靠性管理要求；

6）虚拟机安全性管理要求：包含权限控制、访问控制和数据保护。

《信息技术　云计算　平台即服务（PaaS）应用程序管理要求》（GB/T 36327—2018）发布于 2018 年 6 月，正式实施于 2019 年 1 月 1 日。主要提出来 PaaS 应用程序的管理流程，并且规定了这些程序的一般要求和管理要求，主要内容：

1）一般要求：PaaS 客户管理员和 PaaS 用户的定义、分工和能力要求；

2）应用程序管理流程：包含开发、部署、运行和迁移 4 个阶段；

3）应用程序管理要求：包含开发、部署、管理、获取、迁移各个阶段的详细规范要求。

《信息技术　云计算　云服务运营通用要求》（GB/T 36326—2018）发布于 2018 年 6 月，正式实施于 2019 年 1 月 1 日。该标准给出了云服务总体描述，规定了相关云服务提供商在人员、流程、技术及资源方面应具备的条件和能力。

云服务分为 IaaS、PaaS、SaaS 三种模式，三种模式具备层次管理。外部服务特征包含按需服务、弹性、可计量、网络依存性四种；内部服务特征包含：

1）以人员管理、岗位结构和人员技能构成的人员因素；

2）以运营管理层、运维操作构成的流程要素；

3）以资源池化技术、计量技术、监控技术、调度技术和多租户技术构成的技术要求；

4）以基础设施资源和支撑环境构成的资源要素；

5）以安全保障技术、安全管理和安全性要求构成安全相关特征。

《信息技术　云计算　云服务级别协议基本要求》（GB/T 36325—2018）发布于 2018 年 6 月，正式实施于 2019 年 1 月 1 日。该标准给出了云服务级别协议的构成要素，明确了协议管理要求，并提供了协议中的常用指标。

CLSA（CloudService Level Agreement，云服务级别协议）明确了云服务相关的范围、内容、服务级别等。CLS 的管理包括 CSLA 框架的设计、CLSA 的签订、CLSA 的执行、CLSA 的评审和 CLSA 的变更。

CLSA 的要素包含必备要素（云服务客户、云服务提供者、服务内容、服务期限、服务时间、服务级别等级、SLO/SQO、服务交付物、责任和义务、违约责任、保密要求）和可选要素（第三方、服务优先级、变更管理流程、服务交付相关流程、资源条件、争议解决机制、服务考核要求、服务费用和支付、知识产权、通知和送达)。

CSLA的管理流程包含：设计流程、签署流程、执行流程、评审流程、变更流程。

本系列其余标准见表2-1。

表2-1　“信息技术　云计算”系列其他标准

标准名称	标准号	发布时间	实施时间	主要内容	适用对象
《信息技术　云计算　文件服务应用接口》	GB/T 36623—2018	2018年9月	2019年4月1日	规定了文件服务应用接口的基本要求和扩展要求	基于文件的云服务应用的开发、测试和使用
《信息技术　云计算　云服务交付要求》	GB/T 37741—2019	2019年8月	2020年3月1日	规定了云服务交付的方式、内容、过程、质量和管理要求	云服务提供者评估和改进自身的交付能力；云服务客户及第三方机构评价和认定云服务提供者交付能力
《信息技术　云计算　云平台间应用和数据迁移指南》	GB/T 37740—2019	2019年8月	2020年3月1日	规定了不同云平台间应用和数据迁移过程中迁移准备、迁移涉及、迁移实施和迁移交付的具体内容	指导迁移实施方和迁移发起方开展应用和数据迁移活动
《信息技术　云计算　分布式块存储系统总体技术要求》	GB/T 37737—2019	2019年8月	2020年3月1日	规定了分布式块存储系统的资源管理功能要求、系统管理功能要求、可拓展要求、兼容性要求和安全性要求	分布式存储系统的研发和应用
《信息技术　云计算　平台即服务部署要求》	GB/T 37739—2019	2019年8月	2020年3月1日	规定了云计算平台即服务部署过程中的活动和任务	平台即服务提供方进行平台即服务的部署规划、实施和评估
《信息技术　云计算　云资源监控通用要求》	GB/T 37736—2019	2019年8月	2020年3月1日	规定了对云资源进行监控的技术要求和管理要求	云服务提供者建立云资源监控能力和云服务客户评价云资源的运行情况
《信息技术　云计算　云服务采购指南》	GB/T 37734—2019	2019年8月	2020年3月1日	规定了云服务采购流程、云服务采购需求分析、云服务提供商选择、协议/合同签订和服务交付与验收的基本要求	云服务客户和云服务提供者，用于指导云服务客户采购云服务
《信息技术　云计算　云服务质量评价指标》	GB/T 37738—2019	2019年8月	2020年3月1日	规定了云服务质量的评价指标	为云服务提供商评价自身云服务质量提供办法 为云服务客户提供选择云服务提供商提供依据和第三方实施云服务质量评价提供参考

（续）

标准名称	标准号	发布时间	实施时间	主要内容	适用对象
《信息技术　云计算　云服务计量指标》	GB/T 37735—2019	2019 年 8 月	2020 年 3 月 1 日	规定了不同类型云服务的计量指标和计量单位	适用于各类云服务的提供、采购、审计和监督
《信息技术　云计算　云存储系统服务接口功能》	GB/T 37732—2019	2019 年 8 月	2020 年 3 月 1 日	规定了云存储系统提供的块存储、文件存储、对象存储等存储服务和运维服务接口的功能	指导云存储系统的研发、评估和应用

“信息安全技术　云计算”系列标准由全国信息安全标准化技术委员会提出和归口管理。包含云计算服务安全能力要求、云计算服务安全指南、云计算服务安全能力评估方法、云计算安全参考架构、云计算服务运行监管框架、政府网站云计算服务安全指南 6 个现行的实施标准，主要标准信息为：

《信息安全技术　云计算服务安全能力要求》（GB/T 31168—2014）发布于 2014 年 9 月，正式实施于 2015 年 4 月 1 日。该标准面向服务商提出了为政府部门提供服务时应具备的安全能力：

1）明确了云环境的安全责任主体，包括 IaaS、PaaS、SaaS 三种模型下的安全分工界面；

2）提出了安全措施的作用范围，包括针对于整个平台的通用安全措施、针对于特定应用的专用安全措施和混合使用的混合安全措施；

3）将安全要求划分为 10 类：系统开发与供应链安全、系统与通信保护、访问控制、配置管理、维护、应急响应与灾备、审计、风险评估与持续监控、安全组织与人员和物理与环境保护，并针对每一类安全要求提出了详细的细项分类和分级要求标准；

4）明确了云服务商的安全计划标准。至少包括针对每个应用或服务的系统拓扑、系统运营单位、与外部系统的互连情况、云服务模式和部署模式、系统软硬件清单和数据流。

《信息安全技术　云计算服务安全指南》（GB/T 31167—2014）发布于 2014 年 9 月，正式实施于 2015 年 4 月 1 日。该标准面向政府部门，提出了实验云计算服务时的信息安全管理和技术要求：

1）明确了云计算的概念、优势、安全风险和风险管理措施；

2）为云服务商的选择和运行监管提供了参考标准。

《信息安全技术　云计算服务安全能力评估方法》（GB/T 34942—2017）发布于 2017 年 11 月，正式实施于 2018 年 5 月 1 日。该标准适用于第三方评估机构，规定了云计算安全服务评估的原则、实施过程以及针对各项具体安全要求进行评估的方法，也可以供云服务商自评参考，主要包含以下内容：

1）评估原则：客观公正、可重用、可重复和可再现、灵活、最小影响及保密；

2）评估内容：主要对系统开发与供应链安全、系统与通信保护、访问控制、配置管理、维护、应急响应与灾备、审计、风险评估与持续监控、安全组织与人员和物理与环境保护等安全措施实施进行评估，并提出了详细的评估方法，基本评估办法为访谈、检查和测试；

3）评估依据：对评估结果起到佐证作用的任何实体，包括但不限于各种文档、图片、录像、录音、实物等，所有评估结果都必须有相对应的证据支持；

4）评估过程：主要包括评估准备、方案编制、现场实施和分析评估四个阶段。

《信息安全技术　云计算安全参考架构》（GB/T 35279—2017）发布于 2017 年 12 月，正式实施于 2018 年 7 月 1 日。该标准适用于所有云计算参与者在进行云计算系统规划时对安全的评估和设计，主要包含以下内容：

1）解释了云计算的参与角色，包括云服务商、云服务客户、云审计者、云代理者和云基础网络运营者并明确了他们各自的安全职责；

2）提出了云计算的安全挑战，包括宽带网络接入、客户对数据中心的可视性及控制力度、动态的系统边界、多租户、数据保密性、自动部署与弹性扩展；

3）提供了云计算安全参考架构以及云计算参与角色在其中的定位。

《信息安全技术　云计算服务运行监管框架》（GB/T 37972—2019）发布于 2019 年 8 月，正式实施于 2020 年 3 月 1 日。该标准确定了云计算服务运行监管框架，规定了安全控制措施监管、变更管理监管和应急响应的内容及监督活动，适用于对政府部门、重点行业和其他事业单位的云计算服务的运行监管。

《信息安全技术　政府网站云计算服务安全指南》（GB/T 38249—2019）发布于 2019 年 10 月，正式实施于 2020 年 5 月 1 日。该标准给出了政府网站采用云计算服务中各种参与角色的安全职责，适用于指导采用云计算服务的政府机构的网站安全保障建设。主要内容包括规划准备、部署迁移和运行管理三部分的安全规划和实施标准。

《基于云计算的电子政务公共平台总体规范》《基于云计算的电子政务公共平台管理规范》《基于云计算的电子政务公共平台技术规范》和《基于云计算的电子政务公共平台安全规范》系列标准由国家质量监督检验检疫总局、国家标准化管理委员发布，由工业和信息化部（通信）归口管理。该系列标准适用于电子政务公共平台，并详细规范了服务质量要求、系统架构、功能性能、数据管理、信息资源安全等领域的实施标准，标准内容见表 2-2。

表 2-2　电子政务公共平台相关标准

标准名称	标准号	发布时间	实施时间	主要内容	适用对象
《基于云计算的电子政务公共平台总体规范　第 1 部分：术语和定义》	GB/T 34078.1—2017	2017 年 7 月	2017 年 11 月 1 日	规定了基于云计算的电子政务公共平台常用的术语和定义	基于云计算的电子政务公共平台

（续）

标准名称	标准号	发布时间	实施时间	主要内容	适用对象
《基于云计算的电子政务公共平台管理规范　第1部分：服务质量评估》	GB/T 34077.1—2017	2017年7月	2017年11月1日	规定了基于云计算的电子政务公共平台服务质量评价指标体系、评估实施组织、评估实施程序、评估结果及应用、服务提供质量评测办法等	规定了基于云计算的电子政务公共平台的服务质量评估
《基于云计算的电子政务公共平台服务规范　第3部分：数据管理》	GB/T 34079.3—2017	2017年7月	2017年11月1日	规定了基于云计算的电子政务公共平台上和电子政务公共平台管理的所有政务数据的采集技术、存储技术、集成技术、处理技术和服务技术等五个环节的技术要求，以及数据管理目录技术、数据交换共享技术和数据质量管理技术等三个通用支撑技术的要求	基于云计算的电子政务公共平台的数据管理技术要求
《基于云计算的电子政务公共平台安全规范　第1部分：总体要求》	GB/T 34080.1—2017	2017年7月	2017年11月1日	规定了基于云计算的电子政务公共平台的安全体系架构，规定了基于云计算的电子政务公共平台资源安全保障、服务安全实施、安全运维、安全管理四个方面的要求	基于云计算的电子政务公共平台
《基于云计算的电子政务公共平台安全规范　第2部分：信息资源安全》	GB/T 34080.2—2017	2017年7月	2017年11月1日	规定了基于云计算的电子政务公共平台上承载的信息资源的访问、传输、存储及环境、备份和恢复、隔离、销毁、迁移的安全保障与管理要求	基于云计算的电子政务公共平台的信息资源安全保障技术部署、安全运维管理和安全管理等方面
《基于云计算的电子政务公共平台技术规范　第1部分：系统架构》	GB/T 33780.1—2017	2017年5月	2017年12月1日	规定了基于云计算的电子政务公共平台的系统架构，包括服务管理架构、服务资源架构、服务实施架构、服务保障架构、服务安全架构五个方面的内容	基于云计算的电子政务公共平台的设计、建设、运行、服务和管理
《基于云计算的电子政务公共平台技术规范　第2部分：功能和性能》	GB/T 33780.2—2017	2017年5月	2017年12月1日	规定了基于云计算的电子政务公共平台的机房资源、计算资源、存储资源、网络资源、信息资源、应用支持、服务受理与交付、互联互通、可靠性、安全、运行维护、软硬件设备安全可靠等方面的要求	基于云计算的电子政务公共平台

（续）

标准名称	标准号	发布时间	实施时间	主要内容	适用对象
《基于云计算的电子政务公共平台技术规范　第 3 部分：系统和数据接口》	GB/T 33780.3—2017	2017 年 5 月	2017 年 12 月 1 日	规定了电子政务公共平台之间的系统和数据接口的接口功能、访问协议、访问方式等技术要求	基于云计算的电子政务公共平台
《基于云计算的电子政务公共平台技术规范　第 6 部分：服务测试》	GB/T 33780.6—2017	2017 年 5 月	2017 年 12 月 1 日	规定了基于云计算的电子政务公共平台服务能力的测试，包括公共平台的资源利用率、安全可控性、服务功能和性能以及系统和网络的互联互通性等内容	基于云计算的电子政务公共平台

2.1.2　常见性能指标

针对云计算平台的性能测试，是基于云平台系统的物理基础，并遵循系统的核心工作流程在物理平台上展开并发访问，从而详细评估云平台的性能标准的测试。

1）CPU 使用率：CPU 就绪时间（RDY）是云计算平台主机性能的重要指标之一，该指标表示多个虚拟 CPU（vCPU）访问物理 CPU 的等待时间。每个 vCPU 等待被调度时间的百分比（%RDY）在0% ~10% 区间时，系统可以正常工作，如果该指标超过 10%，需要结合其他指标综合分析，采取调优措施来改善虚拟机的性能。

2）内存使用率：虚拟机消耗云平台主机物理内存量即为主机内存开销，主机内存状态（State）表示主机内存占用情况，当主机可用内存等于或少于 6%，表示主机无法满足内存需求。至少要有 10% 的物理内存值，如果可用物理内存值一直很小，说明计算机总的内存可能不足，或某程序没有释放内存。活动内存指标、内存膨胀指标和内存交换指标都是标志内存性能的关键指标。

3）虚拟网络：网络性能监控一般检查网络数据包的大小、数据接收和数据传输的速度等。虚拟网络性能还需要考查同一虚拟网段内虚拟机之间的通信，跨虚拟网段的虚拟机之间的通信，以及虚拟机通过虚拟网关与外网之间的通信。

4）虚拟存储 I/O：由于网络和存储设备与其他租户共享，性能比本地磁盘更加不稳定。一般使用单位时间内系统处理的 I/O 请求数量（IOPS）度量虚拟存储读写性能，I/O 请求通常为读或写数据操作请求。随机读写频繁的应用，IOPS 是关键衡量指标。

5）磁盘：一般通过磁盘读/写所用时间百分比（%DiskTime）计数器监控磁盘用于读写操作所占用的时间百分比，通过磁盘队列长度计数器监控等待进行磁盘访问的系统请求数量。

6）网络性能：网络带宽一般使用吞吐量来度量，表示在一次性能测试过程中网络上传输的数据量的总和。判断网络连接速度是否是瓶颈，可以用吞吐量指标值和目前网络的带宽进行比较。

2.1.3 可信云认证体系

1. 可信云认证背景介绍

可信云认证是由我国的数据中心联盟、云计算开源产业联盟组织、中国信息通信研究院（信通院）测试评估的面向云计算服务产业的认证体系。可信云认证的核心目标是建立云服务商的评估体系，为用户选择安全、可信的云服务商提供支撑，并最终促进我国云计算市场健康、有序发展，是我国唯一针对云计算信任体系的权威认证体系，也是国际标准之一。

可信云认证包括云主机服务、对象存储服务、在线应用服务等11部分，具体测评内容包括三大类共16项，分别是：数据管理类（数据存储持久性、数据可销毁性、数据可迁移性、数据保密性、数据知情权、数据可审查性）、业务质量类（业务功能、业务可用性、业务弹性、故障恢复能力、网络接入性能、服务计量准确性）和权益保障类（服务变更、终止条款、服务赔偿条款、用户约束条款和服务商免责条款），基本涵盖了云服务商需要向用户承诺或告知的90%的问题。可信云服务认证将系统评估云服务商对这些指标的实现程度，为用户选择云服务商提供基本依据。

可信云服务评估体系已日臻成熟，在政务、金融、通信、工业、物联网五大行业开展评估，评估内容涵盖了基础云服务、私有云软件、开发运维、安全及风险管理能力、混合云、行业云、开源治理能力等众多领域。可信云评估体系的系列标准及评估结果已经成为政府支撑、行业规范、用户选型的重要参考。

2. 可信云认证的国际化

云计算服务认证的目的主要是规范市场竞争行为，为云计算资源采购和用户选择提供依据。鉴于云计算服务认证的重要性，自2011年起，包括美国、英国、日本、韩国、德国在内的多个国家都展开了云计算服务市场的相关认证工作，其中，日本、韩国和德国的云计算服务认证与我国市场需求接近，因此它们的探索和经验对我国云计算服务认证的开展具有非常重要的借鉴意义。

（1）日本：云服务信息披露认证

云服务信息披露认证指的是云服务商必须公开认证体系要求的必选信息，通过对这些信息的评定，可以简单有效地反映云服务的安全性和可靠性，从而量化、可视化结果。日本开展云服务信息披露认证的主要目的是培育市场，以帮助云服务使用者选择更好的云服务提供商。从具体的认证机制来看，日本的云服务信息披露认证主要依托两大组织展开：FMMC（多媒体通信基金会）与ASPIC（ASP-SaaS产业会社）。两者各有分工，FMMC负责接待认证企业，组织专家评审，颁发证书；ASPIC则负责认证标准和证书管理。同时，该认证还得到日本MIC认证的支持。

云服务信息披露认证具体内容涵盖服务和供应商基本信息两部分。服务部分包括基本特征、应用、平台、服务器、网络、机房安全性、服务支撑（服务的保证、连续性）等。供应商基本信息认证包括：商业基本信息、人员情况、财务情况、资本关系、组织结构等。日本云服务信息披露：认证主要针对 ASP－SaaS、IaaS－PaaS 以及数据中心这三种云服务进行评估。由于起步较早，ASP－SaaS 认证已经成为日本云服务提供商向用户出示的认证标准之一。

（2）韩国：质量、性能、安全三大认证

韩国的云计算服务认证从服务质量、设备性能、安全三大方面展开。

在具体的认证机制上，韩国云服务认证的运营主体是第三方中立机构——韩国云服务协会（KCSA），该认证还受到韩国通信委员会（KCC）的支持。

在服务质量上，韩国云计算服务认证主要关注稳定性和连续性；在设备性能上，可扩展性和互操作性是关键指标；在安全性上，数据管理能力将得到认证。

（3）德国：可信云计算服务质量认证

可信云计算服务质量认证是德国互联网协会经欧洲云计算协会授权，牵头开发制定的云计算认证体系。该体系适用于整个欧洲的云计算认证。可信云计算服务质量认证体系拥有多个参与方，分别是德国联邦信息技术安全局、欧盟标准化委员会、欧洲认证组织（ECO）专家、云计算服务供应商、毕马威、财政金融交易方面的专家、自然科学研究机构等。

可信云计算服务质量认证包括云计算平台认证和基础设施 5 星级认证两项。在基础设施 5 星级认证中，认证方通过星级来区分云计算服务商的服务质量以及基础设施的安全水平：2 星之下的，表示没有合格，产品只能用于测试，不能接入 SAP（企业管理解决方案）系统；从 3 星开始，表明基本满足各方面的要求；4 星表明操作运营过程做得比较好，也采取了质量保证措施；5 星表明在基础设施上有很高的安全性。

2.2　标准化

2.2.1　ISO 相关的体系标准

ISO/IEC 20000 标准是国际标准化组织（ISO）于 2005 年 12 月 15 日正式发布的；其最新版本 ISO/IEC 20000－1：2018 于 2018 年 9 月 15 日正式发布，是专门针对信息技术服务管理（IT Service Management）领域的国际标准。

ISO/IEC 20000 是建立和维护 IT 服务管理体系的标准，它要求应该通过以下过程来建立信息技术服务管理体系（ITSMS）框架：确定体系范围，制定 IT 服务管理方针，明确管理职责，通过差距分析确定适合自己组织实际情况的流程框架及活动。体系一旦建立，组织应该实施、维护和持续改进 ITSMS，保持体系运作的有效性。此外，ISO/IEC 20000 和其他管理体系一样非常强调 IT 服务管理过程中文件化的工作，ITSMS 的文件体系应该包括服务管理方针、目标及其策划，新服务或变更服务策划和实施所需文件，13 个管理流程所需的流程和程序文件，以及组织围绕 ITSMS 开展的所有活动的证明材料。

1. ISO/IEC 20000 标准正式公布的两部分

ISO/IEC 20000－1：2018 是服务管理系统需求——详细描述服务提供商计划、建立、实施、运营、监控、检查、维护和改进服务管理系统的需求，以提供给其客户一个可接受的服务品质。

ISO/IEC 20000－2：2019 是服务管理实践规则——以指引和建议的方式描述第一部分中各个服务管理流程的最佳实践方法，主要内容是提供建立、实现、维护和持续改进服务管理体系的要求。服务管理体系支持服务生命周期的管理，包括规划、设计、转换、交付和改进服务，以满足协定的要求和为客户、用户、提供服务组织交付价值。

2. 价值和意义

过去，IT 组织的管理大多把注意力放在 IT 系统的建设；而今，成功的 IT 组织逐渐将焦点转移到 IT 服务的管理，提升 IT 服务管理成为 IT 组织竞争力增强的关键因素。

构建符合 ISO/IEC 20000 标准要求的服务管理体系，不仅是 IT 组织对所提供 IT 服务优良品质的证明，也是很多 IT 组织向业务导向转型的一种方式。通过管理体系的导入，使得服务流程更加规范化、专业化，并在最适合的成本范围内，提供高品质的服务，以增加服务使用者的满意度，同时，提升 IT 组织的 IT 投资回报率。

2.2.2 ITSS 标准

1. 简介

ITSS（Information Technology Service Standards，信息技术服务标准）是一套我国的成体系和综合配套的信息技术服务标准库，全面规范了 IT 服务产品及其组成要素，用于指导实施标准化和可信赖的服务。

ITSS 由国家信息技术服务标准工作组（以下简称 ITSS 工作组）组织研究制定，是我国 IT 服务行业最佳实践的总结和提升，也是我国从事 IT 服务研发、供应、推广和应用等各类组织自主创新成果的固化。

2. 原理

ITSS 充分借鉴了质量管理原理和过程改进方法的精髓，规定了 IT 服务的组成要素和生命周期，并对其进行标准化。

1）组成要素：IT 服务由人员（People）、过程（Process）、技术（Technology）和资源（Resource）组成，简称 PPTR。其中：

① 人员：指提供 IT 服务所需的人员及其知识、经验和技能要求；

② 过程：指提供 IT 服务时，合理利用必要的资源，将输入转化为输出的一组相互关联和结构化的活动；

③ 技术：指交付满足质量要求的 IT 服务应使用的技术或应具备的技术能力；

④ 资源：指提供 IT 服务所依存和产生的有形及无形资产。

2）生命周期：IT 服务生命周期由规划设计（Planning & Design）、部署实施（Implementing）、服务运营（Operation）、持续改进（Improvement）和监督管理（Supervision）5 个阶段组成，简称 PIOIS。其中：

① 规划设计：从客户业务战略出发，以需求为中心，参照 ITSS 对 IT 服务进行全面系统

的战略规划和设计，为 IT 服务的部署实施做好准备，以确保提供满足客户需求的 IT 服务；

② 部署实施：在规划设计基础上，依据 ITSS 建立管理体系、部署专用工具及服务解决方案；

③ 服务运营：根据服务部署情况，依据 ITSS，采用过程方法，全面管理基础设施、服务流程、人员和业务连续性，实现业务运营与 IT 服务运营融合；

④ 持续改进：根据服务运营的实际情况，定期评审 IT 服务满足业务运营的情况，以及 IT 服务本身存在的缺陷，提出改进策略和方案，并对 IT 服务进行重新规划设计和部署实施，以提高 IT 服务质量；

⑤ 监督管理：本阶段主要依据 ITSS 对 IT 服务服务质量进行评价，并对服务供方的服务过程、交付结果实施监督和绩效评估。

3. 内容

ITSS 的内容即为依据上述原理制定的一系列标准，是一套完整的 IT 服务标准体系，包含了 IT 服务的规划设计、部署实施、服务运营、持续改进和监督管理等全生命周期阶段应遵循的标准，涉及咨询设计、集成实施、运行维护、服务管控、服务运营和服务外包等业务领域。

4. 优势

1）对 IT 服务需方：

① 提升 IT 服务质量：通过量化和监控最终用户满意度，IT 服务需方可以更好地控制和提升用户满意度，从而有助于全面提升服务质量；

② 优化 IT 服务成本：不可预测的支出往往导致服务成本频繁变动，同时也意味着难以持续控制并降低 IT 服务成本，通过使用 ITSS，将有助于量化服务成本，从而达到优化成本的目的；

③ 强化 IT 服务效能：通过 ITSS 实施标准化的 IT 服务，有助于更合理地分配和使用 IT 服务，让所采购的 IT 服务能够得到最充分、最合理的使用；

④ 降低 IT 服务风险：通过 ITSS 实施标准化的 IT 服务，也就意味着更稳定、更可靠的 IT 服务，降低业务中断风险，并可以有效避免被单一 IT 服务厂商绑定。

2）对 IT 服务供方：

① 提升 IT 服务质量：IT 服务供需双方基于同一标准衡量 IT 服务质量，可使 IT 服务供方一方面通过 ITSS 来提升 IT 服务质量，另一方面可使提升的 IT 服务质量被 IT 服务需方认可，直接转换为经济效益；

② 优化 IT 服务成本：ITSS 使 IT 服务供方可以将多项 IT 服务成本从企业内成本转换成社会成本，比如初级 IT 服务工程师培养、客户 IT 服务教育等，这种转变一方面直接降低了 IT 服务供方的成本，另一方面为 IT 服务供方的业务快速发展提供了可能；

③ 强化 IT 服务效能：服务标准化是服务产品化的前提，服务产品化是服务产业化的前提。ITSS 让 IT 服务供方实现 IT 服务的规模化成为可能；

④ 降低 IT 服务风险：通过依据 ITSS 引入监理、服务质量评价等第三方服务，可降低 IT

服务项目实施风险；部分 IT 服务成本从企业内转换到企业外，可降低 IT 服务企业运营风险。

5. 常用评估标准

1）运行维护服务能力成熟度符合性评估：信息技术运维服务能力成熟度模型从低到高分别用四、三、二、一表示。规定了各级运维服务能力成熟度在管理、人员、过程、技术和资源方面应满足的要求。适用于运维服务供方建立、保持和改进运维服务能力，也适用于评价供方运维服务能力。

2）咨询设计通用要求符合性评估：依据《信息技术服务　咨询设计　第 1 部分：通用要求》对信息技术服务供方、需方单位开展的咨询设计通用要求符合性评估，目前没有分等级。

3）云计算服务能力符合性评估（IaaS 和 SaaS）：ITSS 云计算服务能力评估是在工业和信息化部信息技术发展司指导下，ITSS 分会参考《信息技术　云计算　云服务运营通用要求》等国家标准，组织第三方测评机构开展的云计算服务能力测评。以相关国家标准为依据，围绕云计算服务中人员、技术、过程、资源等关键要素，通过文档审查、技术测试、现场抽查、人员访谈等方式，对参评企业进行全方位的服务能力测评，从而确定参评企业所达到的能力等级。

4）数据中心服务能力成熟度符合性评估：数据中心服务能力成熟度模型提出了数据中心服务能力框架，规定了数据中心服务能力成熟度评价方法和数据中心服务能力管理要求。该标准适用于数据中心对自身服务能力激进型构建、监视、测量和评价，也适用于外部评价机构对数据中心服务能力成熟度进行测量和评价。同时，在标准编制过程中，还在多家甲方单位内部进行了验证试用，确保了标准的科学性和先进性。

2.2.3　国际标准化组织

目前，全球范围内的云计算标准化工作已经启动，全世界已经有 30 多个标准化组织宣布加入云计算标准的制订行列，并且这个数字还在不断增加。这些标准化组织大致可分为 3 种类型：

1）以 DMTF、OGF、SNIA 等为代表的传统 IT 标准化组织或产业联盟，这些标准化组织中有一部分原来是专注于网格标准化的，现在转而进行云计算的标准化工作；

2）以 CSA、OCC、CCIF 等为代表的专门致力于进行云计算标准化的新兴标准化组织；

3）以 ITU、ISO、IEEE、IETF 为代表的传统电信或互联网领域的标准化组织。

1. NIST

NIST（National Institute of Standards and Technology，美国国家标准技术研究院）由美国联邦政府支持进行大量的标准化工作，正在积极推进联邦机构采购云计算服务。NIST 作为联邦政府的标准化机构，承担起为政府提供技术和标准支持的任务，它集合了众多云计算方面的核心厂商，共同提出了目前被广泛接受的云计算定义，并且根据联邦机构的采购需求，还在不断推进云计算的标准化工作。

2. DMTF

DMTF（The Distributed Management Task Force，分布式管理任务组）是领导面向企业和Internet环境的管理标准和集成技术的国际行业组织。DMTF在2009年4月成立了“开放云计算标准孵化器”，主要关注于IaaS的接口标准化，制定开放虚拟接口格式（Open Virtualization Format，OVF），以使用户可以在不同的IaaS平台间自由地迁移。

3. CSA

CSA（Cloud Security Alliance，云安全联盟）是专门针对云计算安全方面的标准化组织，已经发布了《云计算关键领域的安全指南》白皮书，成为云计算安全领域的重要指导文件。

4. IEEE

云计算（主要是以虚拟化方式提供服务的IaaS业务）给传统的数据中心及以太网交换技术带来了一系列难以解决的问题，如虚拟机间的交换，虚拟机的迁移，数据/存储网络的融合等，作为以太网标准的主要制定者，IEEE目前正在针对以上问题进行研究，并且已经取得了一些阶段性的成果。

5. SNIA

SNIA（Storage Networking Industry Association，存储网络协会）是专注于存储网络的标准化组织，在云计算领域，SNIA主要关注于云存储标准，目前已经发布了《云数据管理接口CDMI v1.0》。

ITU、IETF、ISO等传统的国际标准化组织也已经开始重视云计算的标准化工作。ITU继成立了云计算焦点组（Cloud Computing Focus Group）之后，又在SG13工作组成立了云计算研究组（Q23）；IETF在近两次会议中都召开了云计算的BOF（Birds of Feather，专题讨论小组），吸引了众多成员的关注；ISO在ISO/IEC JTC1进行一些云计算相关的SOA（Service - Oriented Architecture，面向服务的架构）标准化工作等。这些标准化组织与其他专注于具体某个行业领域的组织不同，希望能够从顶层架构的角度来对云计算标准化进行推进，虽然短期内可能不会取得太多的成果，但长期来看，这些组织如果能够吸收众家之长，将形成云计算标准的“顶层设计”。

2.2.4　热点问题

1. 私有与开源实现给标准化造成一定的困难

从目前云计算服务提供商的情况来看，对云平台的私有和开源实现仍是主导。一方面，云计算相关的开源实现，如Hadoop、Eucalyptus、KVM等成为构建云计算平台的重要基础，一些具有自主开发能力的企业正在这些开源实现的基础上进行开发，以提供具有个性化特点的云计算业务。另一方面，具有先发优势的公司利用其成熟的技术和产品形成了事实标准，如VMware、Citrix的虚拟机管理系统，这些产品主导了云计算解决方案市场。

云平台基于开源或私有技术与云计算的标准化并不冲突，因为对于标准化来说，重点应该在于系统的外部接口，而不是系统的内部实现。但由于一些开源的实现方式无法提供面向平台间互联与互操作的接口，而一些私有或专用的云平台则由于利益关系，不愿提供开放的接口，因此给标准化造成了一定的困难。

2. IaaS 是标准化的重点

IaaS 是基础性的云计算服务，实现了基础 IT 资源（如存储、内存、CPU、网络等）的虚拟化。从产业角度来看，IaaS 具有比较成熟的产业链，是传统的企业数据中心向云计算迁移的最现实与便捷的方式，因此，IaaS 是目前市场上宣传与关注最多的云计算业务模式。从技术角度来看，IaaS 的概念和技术实现最为明确，主机虚拟化、分布式存储等技术在形式和目标上比较统一。IaaS 的标准化既有技术上的可行性，又存在市场需求，因此成为目前标准化的重点目标。

3. 互操作、业务迁移和安全是标准化的主要方向

NIST 将其云计算的标准化的重点定为互操作、可移植性与安全，这可能代表了产业界对云计算标准化方向的一种共识。目前，众多标准化组织都把云的互操作、业务迁移和安全列为云计算三个最重要的标准化方向。

云平台之间的互操作将促进云计算产业链的进一步细分，并产生更加灵活和多样化的业务形式。互操作将产生众多云间接口的标准化需求，如计算云与存储云间的接口、软件云与基础设施云间的接口等。

云间的业务迁移是维护市场秩序，避免业务垄断和用户锁定的重要基础。云间的业务迁移需要在提供同类云计算业务的提供商之间定义标准化的业务、资源、数据描述方式，这也产生了大量的标准化需求。

在云计算发展面临的挑战中，安全和隐私排在了首位。云安全被认为是决定云计算能否生存下去的关键问题，安全问题需要从法律、监管、信任体系等多个角度入手去解决，标准化只是其中的一个方面。从技术的角度看，云的安全问题带来了对云平台及客户端安全防护、数据加密、监管接口等多方面的标准化需求。

4. 市场主导者在标准化问题上态度日趋积极

标准化是避免垄断的一种技术手段，因此一些云计算的“先行者”最初对于标准化的态度并不积极。

2009 年 3 月底，由 IBM 公司发起，包括 IBM、AMD、EMC、Sun、SAP、VMWare 等在业内知名的芯片、存储、虚拟化、软件等数十家厂商和组织，共同签署了一份“开放云计算宣言”，为开放云计算制订若干原则，以保证未来云计算的互操作性。该宣言受到了微软、亚马逊、谷歌、Salesforce 等云计算先行者的抵制，这些公司均拒绝签署该宣言。

2009 年 4 月，在众多企业的支持下，DMTF 成立了“开放云计算标准孵化器”，希望能够为 IaaS 制定一套技术规范，但是目前市场上 IaaS 业务的最主要厂商亚马逊并不支持这一组织，亚马逊认为云计算还没有到需要标准化的阶段。

虽然目前在云计算产业与服务方面，我国并未在国际上取得领先的地位，但在云计算的国际标准化方面，国内许多企业与研究机构都在积极参与。

2.3　走近云运维

2.3.1　什么是IT运维

IT运维，不同的人有不同的理解，有人认为IT运维就是修电脑、看机房的；有人认为IT运维是负责公司服务器管理、网络维护的；更专业些的认为IT运维是负责应用系统维护、保证应用系统安全可靠运行的。不同的场景下IT运维涉及的内容不同，工作职责范围也不同。

IT运维简单来说就是负责IT系统的运行维护工作，保障系统安全稳定运行，给用户提供有效的IT服务。IT系统范围很广，包括每个企业都用到的OA系统，以及邮件、差旅、考勤等管理环节；还有企业内部的进销存、客户关系管理、物流管理、计费管理系统等。有的系统用于辅助日常工作，有的系统直接就是生产系统。因此保障IT系统稳定运行的运维部门就显得尤为重要。

IT运维主要包括以下八个方面的内容：

1）设备管理：对网络设备、服务器设备、存储硬件、操作设备系统运行状况进行监控和管理；

2）应用服务：对各种应用支持软件如数据库、中间件、群件以及各种通用或特定服务的监控和管理，如邮件系统、DNS（Domain Name System，域名系统）、Web等的监控和管理；

3）数据存储：对系统和业务数据进行统一存储、备份和恢复；

4）业务：包含对企业自身核心业务系统运行情况的监控和管理，对于业务的管理，主要关注该业务系统的CSF（Critical Success Factors，关键成功因素）和KPI（Key Performance Indicators，关键绩效指标）；

5）目录内容：该部分主要对于企业需要统一发布或因人定制的内容管理和对公共信息的管理；

6）资源资产：管理企业中各IT系统的资源资产情况，这些资源资产可以是物理存在的，也可以是逻辑存在的，并能够与企业的财务部门进行数据交互；

7）信息安全：信息安全管理主要依据的是国际标准ISO 17799，该标准涵盖了信息安全管理的十大控制方面，36个控制目标和127种控制方式，如企业安全组织方式、资产分类与控制、人员安全、物理与环境安全、通信与运营安全、访问控制、业务连续性管理等；

8）日常工作：该部分主要用于规范和明确运维人员的岗位职责和工作安排、提供绩效考核量化依据、提供解决经验和知识的积累及共享手段。

IT运维的主要工作内容：

1）网络建设：近几年来，网络发展和提升速度非常快，从最开始的3G到现在的4G，以及5G网络，发展速度超乎我们的想象，网络建设是非常重要的一块；

2）开发网络管理系统：开发网络管理系统是专业程度非常高的工作，一般都由运营商自主开发，加强国际化的交流，从世界各国学习相关先进技术，学些别人的长处，弥补自己在相关系统开发方面的不足之处，方能够在运维工作中遥遥领先，占据高地；

3）进行后期维护：后期维护是运维工作的重点，后期维护类似于售后服务，这对于一个企业或者运营商来说，是占据市场的份额的重要助推力。因此必不可少，而且是必须要做的。

2.3.2 IT 运维的标准和理念

IT 服务管理（IT Service Management，ITSM）是 IT 团队向其最终用户提供设计、交付、管理和改善等所有 IT 服务的过程。ITSM 致力于使 IT 流程和服务与业务目标保持一致，从而帮助组织更好地发展。

ITSM 流程通常包括五个阶段：

1）服务战略阶段（Service Strategy）：这个阶段是构建组织的 ITSM 流程的基础或框架。它涉及定义组织能够提供的服务，战略性地规划流程，以及识别和开发所需的资产以保证 ITSM 流程的运转；

2）服务设计阶段（Service Design）：此阶段的主要目的是规划和设计组织提供的 IT 服务以满足业务需求，它包括：创建和设计新服务，以及评估当前服务并进行改进。

3）服务转换阶段（Service Transition）：一旦完成了 IT 服务及其流程的设计，为了确保流程能够正常进行，对它们进行构建和测试就尤为重要，IT 团队需要确保设计不会以任何方式破坏服务，尤其是在升级或重新设计现有 IT 服务流程时，这就需要变更管理、评估风险。没有风险就不会发生转换，在转换期间积极主动很重要；

4）服务运营阶段（Service Operation）：此阶段涉及在实际环境中实施经过试验和测试的新设计或修改设计，在此阶段中，流程已经过测试并且问题也已经解决，但是新流程注定会遇到麻烦，因此，IT 团队需要密切监视流程和工作流，并积极主动地确保服务交付的连续性；

5）持续服务改进阶段（Continual Service Improvement）：成功实施 IT 流程并不是任何组织的最后阶段，对于出现的问题、用户需求和用户反馈总能够使 IT 流程有改进和开发的空间。

2.3.3 云运维发展趋势

1. 云上运维

云上运维是运维发展趋势，很多技术都能够靠云计算技术来处理，常有相匹配的商品和解决方法来处理。

第一个发展趋势是，IOE 架构（IBM 小型机、Oracle 数据库、EMC 存储设备）到开源系统 X86 架构（计算机语言指令集），其安全性早已逐渐升高到国家的层面，我国的计算机环境飞速发展，国内生产制造的要求和自主研发的工作能力愈来愈强，这也是去 IOE 较强的一个内部遗传基因。全世界开源系统技术性核心理念和互联网技术迅猛发展对 IOE 有较大的冲击性。因为 IOE 这类密闭式的管理体系通常不利于产业链或是技术性的迅猛发展，是开源系统产业链不能够接纳的，所以说去 IOE 是真实不可逆的发展趋势。

从长久看来，IOE 构架和非 IOE 构架还将是长期性共存的，由于技术性管理体系的升级换代并不是一两天能完成的，特别是在对一些当初的关键数据库查询、关键运用、关键系统软件通常部署在 IOE 这类构架下。

第二个发展趋势是运维自动化、智能化。许多产业链在运维自动化、智能化系统还需要持续迭代更新和提升，它可使运维管理产生许多高效和便捷的优势。

第三个发展趋势是双态 IT 运维。在传统式向互联网技术化、垂直化转型发展的全过程中，为了一方面确保目前业务流程运行，另一方面去融入这类新的 IT 技术性的转变，就造成了两种 IT 运维方式。“双态运维管理”指的是恒定和敏态，一个追求完美业务流程平稳的发展趋势，另一个追求完美迭代更新、迅速的转变需求。

第四个发展趋势便是产品研发经营一体化，即 DevOps。DevOps 的核心价值包含精益化管理、灵巧等基础理论，根据持续交付、持续集成的专用工具链，也有一些轻巧的 IT 服务管理方法。根据这种核心理念和专用工具相互打造出的产品研发经营一体化的步骤管理体系，使 IT 经营更为高效率，迭代更新更快，意见反馈更快，尽快考虑内部的业务流程要求和用户需求，这也是产品研发经营一体化核心理念的使用价值所属。

第五个发展趋势便是云计算技术、IT 混合云和结合云。根据虚拟技术搭建的云服务平台，包含结合云或是 IT 混合云，通过底层融合多类云资源来形成更大的服务平台，以支撑点互联网大数据、AI 智能化、运维管理，并包含其他领域物联网的情景。

第六个发展趋势是智能化。为了业务发展，用户搭建了各种各样信息化管理系统和服务平台，但同时通常也产生了许多“堡垒”，造成信息管理系统堵塞，业务流程紊乱的问题。

2. 新的挑战

随着用户计算环境从传统自建 IDC（互联网数据中心）向公有云环境的转变，运维工作也从内网环境迁移到公网中。这对用户来说是一个非常大的转变，因为在传统环境下所有的 IT 基础设施和数据都是由用户自己掌控，对公网的暴露面也更小。一旦用户将业务和数据都迁移到公有云，用户会更重视业务和数据安全问题。

公有云在基础架构安全性方面远超一般用户自建 IDC，但在某些方面也会面临一些新的安全风险和挑战。比如公有云的运维管理工作都必须通过互联网去完成，如何安全地运维公有云上的系统。这将会面临以下几方面的风险：

1）运维流量被劫持：公有云场景下运维最大的变化就是运维通道不在内网，而是完全通过互联网直接访问公有云上的各种运维管理接口，很容易被嗅探或遭受中间人劫持攻击，造成运维管理账号和凭证泄露；

2）运维管理接口暴露面增大：原来黑客需要入侵到内网才能暴力破解运维管理接口的密码，而现在公有云上的用户一般都是将 SSH、RDP 或其他应用系统的管理接口直接暴露在互联网，只能依靠认证这一道防线来保证安全，黑客仅需破解密码或绕过认证机制就能直接获取管理员权限；

3）账号及权限管理困难：多人共享系统账号密码，都使用超级管理员权限，存在账号信息泄露和越权操作的风险；

4）操作记录缺失：公有云中的资源可以通过管理控制台、API、操作系统、应用系统多个层面进行操作。如果没有操作记录，一旦出现被入侵或内部越权滥用的情况将无法追查损失和定位入侵者。

2.4 云原生概述

2.4.1 概述

云原生（Cloud Native）是指技术帮助企业和机构在公有云、私有云和混合云等新型动态环境中，构建和运行可弹性扩展的应用。云原生的代表技术包括容器、服务网格、微服务、不可变基础设施和声明式API。这些技术能构建容错性好、易于管理和便于观察的松耦合系统。结合可靠的自动化手段，云原生技术可以使开发者轻松地对系统进行频繁并可预测的重大变更。

CNCF（Cloud Native Computing Foundation，云原生计算基金会）是致力于使云原生计算具有普遍性和可持续性的开源软件基金会，2015年由谷歌牵头成立，基金会成员目前已有一百多家企业与机构，包括亚马逊、微软、思科等大型企业。

CNCF给出了云原生应用的三大特征：

1）容器化封装：以容器为基础，提高整体开发水平，形成代码和组件重用，简化云原生应用程序的维护。在容器中运行应用程序和进程，并作为应用程序部署的独立单元，实现高水平资源隔离。

2）动态管理：通过集中式的编排调度系统来动态地管理和调度。

3）面向微服务：明确服务间的依赖，互相解耦。

云原生包含了一组应用的模式，用于帮助企业快速、持续、可靠、规模化地交付业务软件。云原生由微服务架构、DevOps和以容器为代表的敏捷基础架构组成。

云原生是面向“云”而设计的应用，因此技术部分依赖于传统云计算的三层概念，即IaaS、PaaS和SaaS，例如，敏捷的不可变基础设施交付类似于IaaS，用来提供计算网络存储等基础资源，这些资源是可编程且不可变的，直接通过API可以对外提供服务；有些应用通过PaaS服务本来就能组合成不同的业务能力，不一定需要从头开始建设；还有一些软件只需要“云”的资源就能直接运行起来为云用户提供服务，即SaaS能力，用户直接面对的就是原生的应用。

2.4.2 要素

云原生的要素包括持续交付、DevOps、微服务、容器四部分。持续交付指的是缩小开发者认知，灵活开发方向；微服务指的是内聚更强，更加敏捷；容器技术的主要作用是使资源调度、微服务更容易；DevOps 的技术理念是以终为始，运维合一。

2.4.3　产业现状

1. 开源技术成为云原生技术领域的主流，国内企业初露头角

在开源技术的支持和推动下，云原生的理念不断丰富和落地，并迅速从以容器技术、容器编排技术为核心的生态，扩展至涵盖微服务、自动化运维（含 DevOps）、服务监测分析等领域，云原生技术闭环初见雏形，主要体现在：

1）容器技术应用持续深化：Docker 技术热度不减，Kubernetes 已成为被企业选用最多的容器编排技术；

2）微服务技术应用逐步落地：云原生应用开发框架 Spring Cloud 已经成为分布式微服务框架中的领导者之一，开源服务网格 Istio 进一步简化服务间通信；

3）Devops 助力敏捷开发持续交付：开源 IT 运维自动化平台 Ansible、Saltstack、持续集成工具 Jenkins 等关注度持续提升；

4）云原生领域中国企业开源贡献显著：腾讯的开源微服务框架 TARS、阿里的开源分布式服务框架 Dubbo 分别捐赠给了 Linux 基金会和 Apache 基金会，容器镜像仓库 Harbor 已经进入 CNCF（云原生计算基金会）孵化。

云原生部分开源软件及框架统计见表 2-3。

开源分布式存储技术 Redis、Ceph 应用广泛。Redis 作为在微服务和容器开发者中最受欢迎的高性能开源键值（Key - Value）存储数据库，目前已被 9 亿个容器使用。开源分布式存储系统 Ceph，凭借其高可靠性、高性能、易扩容三大特性，抢占了大部分云平台存储的市场。目前，市场上 70% ~80% 的 OpenStack 云平台都在采用 Ceph 作为底层的存储平台。2018 年 11 月 12 日，Linux 基金会在德国柏林成立了 Ceph 基金会，以支持 Ceph 项目的成长，这意味着该项目将得到更加系统化的管理以及更高效的发展。

表 2-3　云原生部分开源软件及框架统计

云原生	开源软件/框架	所属企业/基金会	GitHub Star 数	GitHub Commit 数	GitHub Contributer 数
容器及容器编排	Docker	Docker	2800	44855	1953
	Swarm	Docker	5600	3553	163
	Kubernetes	CNCF	53500	79210	2151
	Harbor（我国企业开源项目）	CNCF 孵化	8000	6728	127
微服务	Spring Cloud	Pivotal	/	/	/
	Istio	Google、IBM、Lyft 等	17900	7908	376
	Dubbo（我国企业开源项目）	Apache	26900	3441	202
	TARS（我国企业开源项目）	Linux	6900	532	42

（续）

云原生	开源软件/框架	所属企业/基金会	GitHub Star 数	GitHub Commit 数	GitHub Contributer 数
DevOps	Ansible	Ansible	37500	45080	4418
	Jenkins	Linux	13100	28381	556
	Saltstack	Saltstack	10000	106318	2239
	blueKing（我国企业开源项目）	腾讯	2800	10282	29

OpenStack 已成为应用最广泛的开源云管理平台。从发起至今，OpenStack 几乎已经成为云计算开源技术的事实标准，并广泛覆盖网络、虚拟化、操作系统、服务器等各个方面。众多企业已经加入 OpenStack 基金会，截至 2019 年 5 月，OpenStack 基金会拥有白金会员 8 家，包括 AT&T、Ericsson、Intel、华为等公司，黄金会员 24 家，基金会合作伙伴 104 家。OpenStack 市场规模逐年增大，目前已经在超过 78 个国家和地区的企业中使用，管理着超过 500 万个处理器核心，并在电信、金融、政府、能源、交通、制造、医疗、教育等行业获得广泛应用。

2. 国际云计算巨头通过收购强化开源布局

开源对于云计算领域而言是大势所趋，头部云计算公司开始深刻地认识到，不论是过去、现在还是未来，开源技术对于云计算的发展都起到至关重要的作用。近年来，多家国际大型企业收购开源公司，以借助开源技术开拓更为广阔的市场，整体提升本公司在云计算领域的市场竞争力。

云服务商借助开源技术增强自身服务能力拓展用户群体。2018 年 3 月，全球最大 SaaS 服务提供商 Salesforce 以 65 亿美元收购开源应用集成服务发行商 MuleSoft。Saleforce 表示，收购 MuleSoft 有助于公司成立“整合云”服务，把传统的企业内部计算与公共云中的数据和应用程序结合在一起，同时，借此举可以增强自身的软件开发能力，扩大产品覆盖范围，通过将 MuleSoft 植入 Salesforce Integration Cloud，帮助客户连接多个数据源，加强其云计算资产组合能力。

开源代码托管平台已经成为企业级云服务的重要组成。2018 年 6 月，微软正式宣布以 75 亿美元的价格收购全世界最大的开源软件代码库和开发工具服务商 GitHub。据该公司官方数据统计，截至 2018 年 9 月，开源代码托管平台 GitHub 上已经有 9600 多万个库，相比前一年增长了 40% 以上。选择收购 GitHub 对于微软布局开源领域至关重要，微软希望借此促成 Azure 和 GitHub 在云端的结合，推动广大开发者在微软的云端开发并运行应用，这一举措的本质是为微软构建一个繁荣的生态，而众所周知在 IT 行业中，生态的繁荣才是保持科技公司在激烈的竞争中保持长盛不衰的关键所在。

传统软硬件开发企业借助开源布局混合云及多云管理。2018 年 10 月，IBM 以 340 亿美元收购开源 Linux 发行商 Red Hat 公司，收购完成后，Red Hat 将作为一个独立的单元加入 IBM 的混合云团队。IBM 公司希望借助此次收购重点解决云用户对于混合云及云管理的相关需求，帮助客户更快地创建云本地业务应用程序，增强多云时代数据和应用程序的可移植性和安全性，为云用户提供全栈式云解决方案，促使 IBM 成为首屈一指的混合云供应商。在此过程中，IBM 将利用两家公司在该领域关键技术上的共同优势，包括 Linux、容器、Kubernetes、多云管理以及云管理等，助力其在混合云方面掌握领先的核心技术。

3. 云计算与开源互相影响，推动商业模式变革

开源许可证一般都规定只有在“分发”时才需要遵守相关许可证的要求，对外公开源代码。云计算的产生，创造了以 SaaS 形式提供服务的全新模式，对传统的开源模式造成了巨大的影响。目前，大部分主流的开源许可证并没有将以 SaaS 形式提供服务视为“分发”场景，因此云服务提供商在使用开源软件提供云服务时，一般不必提供相应源代码。

应　用　篇

第 3 章 云平台服务模式

3.1 云服务模式

3.1.1 标准产品

1. 云服务器

（1）产品定义

云服务器是通过云提供的一种基础云计算服务。客户无需提前采购硬件设备，而是根据业务需要，随时创建所需数量的云服务器。在使用过程中，随着业务的扩展，可以随时扩容磁盘、增加带宽。如果不再需要云服务器，也能随时释放资源，节省费用。

此外，云服务器提供了块存储产品。块存储是为云服务器提供的低时延、持久性、高可靠性的数据块级随机存储产品。块存储支持在可用区内自动复制客户的数据，防止意外硬件故障导致的数据不可用，保护客户的业务免于组件故障的威胁。就像对待硬盘一样，客户可以对挂载到实例上的块存储做分区、创建文件系统等操作，并对数据持久化存储。

（2）功能特点

云服务器具有高可用性、安全、弹性的特点。

1）高可用性：公有云会使用更严格的 IDC 标准、服务器准入标准以及运维标准，以保证云计算整个基础框架的高可用性、数据的可靠性以及云服务器的高可用性。公有云所提供的每个地域都存在多可用区。当客户需要更高的可用性时，可以利用公有云的多可用区搭建自己的主备服务或者双活服务。在云的整个框架下，这些服务可以非常平滑地进行切换。无论是两地三中心，还是电子商务以及视频服务等，都可以找到对应的行业解决方案。

2）稳定性与安全性：公有云专有网络也更加稳定和安全。

稳定性：业务搭建在专有网络上，而网络的基础设施将会不停进化，使每天都拥有更新的网络架构以及更新的网络功能，使业务永远保持在一个稳定的状态。专有网络允许客户自由地分割、配置和管理自己的网络。

安全性：面对互联网上不断的攻击行为，专有网络天然就具备流量隔离以及攻击隔离的功能。业务搭建在专有网络上后，专有网络会为业务筑起第一道防线。

3）弹性：云计算最大的优势就在于弹性。弹性能力能够保证大部分企业在云上所构建的业务都能够承受巨大的业务量压力。

① 计算弹性：纵向的弹性，即单个服务器的配置变更，可以根据业务量的增长或者减少自由变更自己的配置；横向的弹性，利用横向的扩展和缩减，配合云的弹性伸缩，完全可以做到定时定量的伸缩，或者按照业务的负载进行伸缩；

② 存储弹性：云拥有很强的存储弹性，在云计算模式下，存储弹性将为客户提供海量的存储，当客户需要时可以直接购买，为存储提供最大保障；

③ 网络弹性：云上的网络也具有非常大的灵活性，云的专有网络可以保证在所有的网络配置与线下 IDC 机房配置相同，并且可以拥有更多的可能性，可以实现各个机房之间的互联互通，各个机房之间的安全域隔离，对于专有网络内所有的网络配置和规划都会非常灵活。

云服务器提供了丰富的块存储产品类型，包括基于分布式存储架构的弹性块存储产品和基于物理机本地硬盘的本地存储产品。

2. 存储类产品

（1）块存储

1）产品定义：块存储为云服务器实例提供高效可靠的存储设备，它是一种高可用、高可靠、低成本、可定制化的块存储设备，可以作为云服务器的独立可扩展硬盘使用。块存储提供数据块级别的数据存储为 VM 提供数据可靠性保证。

2）功能特点：

① 弹性可扩展：可以自由配置存储容量，按需扩容，以满足业务数据扩容需求，灵活应对 TB/PB 级数据的大数据处理场景；

② 多存储类型：提供普通、高性能和 SSD 三种类型，满足业务不同性能要求。其中，SSD 块存储采用 NVMe 标准高性能 SSD，单盘最大提供 24000 随机 IOPS，260MB/s 的吞吐率，能够轻松支撑业务侧高吞吐量 DB 访问；

③ 稳定可靠：在每个存储写入请求返回给用户之前，就已确保数据被成功写入跨机架的存储节点中，能够保证任何一个副本故障时快速进行数据迁移恢复，以保护客户的应用程序免受组件故障的威胁；

④ 简单易用：通过简单的创建、挂载、卸载、删除等操作即可管理及使用块存储，节省人工管理部署成本；

⑤ 快照备份：客户可以通过拍摄块存储的时间点快照来备份数据，防止因篡改和误删导致的数据丢失，保证在业务故障时能够快速回退。

3）分类：块存储的分类见表 3-1。

表 3-1　块存储的分类

<table>
<tr><td rowspan="7">块存储</td><td rowspan="5">弹性块存储</td><td rowspan="2">共享块存储</td><td>SSD 块存储</td></tr>
<tr><td>高效块存储</td></tr>
<tr><td rowspan="3">云盘</td><td>SSD 云盘</td></tr>
<tr><td>高效云盘</td></tr>
<tr><td>普通云盘</td></tr>
<tr><td rowspan="2">本地存储</td><td>NVME SSD 本地盘</td><td rowspan="2">—</td></tr>
<tr><td>SATA HDD 本地盘</td></tr>
</table>

① 弹性块存储：是云为云服务器提供的数据块级别的随机存储，具有低时延、持久性、高可靠性等特点，采用三副本的分布式机制，为云服务器提高数据可靠性保证，可以随时创建或释放，也可以随时扩容。根据是否可挂载到多个云服务器，弹性块存储可分为：

a. 云盘：一块云盘只能挂载到同一地域、同一可用区的一台云服务器，云盘分为 SSD 云盘、高效云盘和普通云盘；

b. 共享块存储：一块共享块存储可以同时挂载到同一地域、同一可用区的多台云服务器。其中，共享块存储分为 SSD 块存储和高效块存储；

② 本地存储：也称为本地盘，是指挂载在云服务器所在物理机（宿主机）上的本地硬盘，是一种临时块存储，是专为对存储 I/O 性能有极高要求的业务场景而设计的存储产品，该类存储为实例提供块级别的数据访问能力，具有低时延、高随机 IOPS、高吞吐量的 I/O 能力。

4）应用场景：关系型数据库/NoSQL 数据库、企业办公应用、海量数据分析等。

（2）对象存储

1）产品定义：对象存储服务（Object Storage Service，OSS）是通过云提供的海量、安全、低成本、高可靠的云存储服务。它具有与平台无关的 RESTful API 接口。可以在任何应用、任何时间、任何地点存储和访问任意类型的数据。OSS 适合各种网站、开发企业及开发者使用。

2）功能特点：

① 访问灵活提供标准的 RESTful API 接口，通过丰富的 SDK 包、客户端工具、控制台，像使用文件一样，方便上传/下载、检索、管理用于 Web 网站或者移动应用海量的数据；

② 支持数据生命周期管理和流式写入和读取，支持边读边写，真正实现文件流式存储，视频录像秒级回放；

③ 提供多维度、多层次的安全防护与访问控制，保障客户的数据安全灵活的鉴权，授权机制；

④ 提供 STS 和 URL 鉴权和授权机制，及白名单，防盗链，主子账号功能；

⑤ 提供跨区域复制功能实现数据异地容灾：强大的数据处理能力，协助客户对存储在 OSS 上的文件进行加工处理；

⑥ 图片处理：支持 jpg、png、bmp、gif、webp、tiff 等多种图片格式的文件格式转换、缩略图、剪裁、水印、缩放等多种操作；

⑦ 音视频转码基于 OSS 存储，提供高质量，高速并行音视频转码能力，让客户的音视频文件轻松应对各种终端设备；

⑧ 内容加速分发：OSS 作为源站，搭配 CDN 进行加速分发，稳定、无回源带宽限制、性价比高，一键配置；不断丰富的行业解决方案产品包；安防行业、在线点播，交互式直播，图片处理与存储等。

3）应用场景：图片和音视频等应用的海量存储、网页或者移动应用的静态和动态资源分离。

3. 网络类产品

（1）专有网络

1）产品定义：专有网络（Virtual Private Cloud，VPC）是基于云构建的一个隔离的网络环境，专有网络之间逻辑上彻底隔离。客户能够在自己定义的虚拟网络中使用云资源。

2）功能特点：VPC 是一个独立的虚拟化网络，可提供独立的路由器和交换机组件，包括私网 IP 地址范围、子网网段和路由配置等。不同的 VPC 之间实现彻底逻辑隔离。

3）应用场景：本地数据中心 + 云上业务的混合云模式、多租户的安全隔离、主动访问公网的抓取类业务。

（2）负载均衡

1）产品定义：负载均衡（Server Load Balancer，SLB）是对多台云服务器进行流量分发的均衡服务，可以通过流量分发扩展应用系统对外的服务能力，通过消除单点故障提升应用系统的可用性。

2）功能特点：

① 协议支持：目前可提供四层（TCP 和 UDP）和七层（HTTP 和 HTTPS）的负载均衡服务；

② 健康检查：支持对后端云服务器进行健康检查，负载均衡服务会自动屏蔽异常状态的实例，待该云服务器恢复正常后自动解除屏蔽；

③ 会话保持：在会话的生命周期内，可以将同一客户端的会话请求转发到同一台后端云服务器上；

④ 调度算法：支持轮询、加权轮询（WRR）、加权最小连接数（WLC）三种调度算法；

⑤ 域名 URL 转发：针对七层协议（HTTP 和 HTTPS），支持按设定的访问域名和 URL 将请求转发到不同的虚拟服务器组；

⑥ 多可用区：支持在指定可用区创建负载均衡实例，在多可用区部署的地域还支持主备可用区，当主可用区出现故障时，负载均衡可自动切换到备可用区上提供服务；

⑦ 访问控制：通过添加负载均衡监听的访问白名单，仅允许特定 IP 访问负载均衡服务；

⑧ 安全防护：提供防 DDoS 攻击能力；

⑨ 证书管理：针对 HTTPS，提供统一的证书管理服务，证书无需上传到后端云服务器，解密处理在负载均衡上进行，降低后端云服务器的 CPU 开销；

⑩ 带宽控制：支持根据监听设置其对应服务所能达到的带宽峰值；

⑪ 提供公网和私网类型的负载均衡服务：客户可以根据业务场景来选择配置对外公开或对内私有的负载均衡服务，系统会根据客户的选择分配公网或私网服务地址；公网类型的负载均衡默认使用经典网络；私网类型的负载均衡服务可以选择使用经典网络或专有网络；

⑫ 提供丰富的监控数据：实时了解负载均衡运行状态；

⑬ 管理方式：提供控制台、API、SDK 多种管理方式。

3）服务特点：

① 高可用采用全冗余设计，无单点，支持同城容灾，搭配 DNS 可实现跨地域容灾，可用性高。根据应用负载进行弹性扩容，在流量波动情况下不中断对外服务；

② 低成本与传统硬件负载均衡系统高投入相比，成本低。

4）应用场景：高访问量的业务、横向扩张系统、消除单点故障、同城容灾（多可用区容灾）。

（3）弹性公网 IP

1）产品定义：弹性公网 IP（Elastic IP Address，EIP），是可以独立购买和持有的公网 IP 地址资源。目前，EIP 可绑定到专有网络类型的 ECS 实例、专有网络类型的私网 SLB 实例和 NAT 网关上。

弹性公网 IP 是一种网络地址转换（Network Address Translation，NAT）IP，它实际位于云的公网网关上，通过 NAT 方式映射到了被绑定的实例位于私网的网卡上。因此，绑定了弹性公网 IP 的专有网络实例可以直接使用这个 IP 进行公网通信，但是在实例的网卡上并不能看到这个 IP 地址。

2）功能特点：

① 灵活独立的公网 IP 资源；

② 动态绑定和解绑；

③ 按需购买和灵活管理。

3）应用场景：业务系统高可靠的需求、带宽使用成本降低的需求、保证系统实时性的需求，应用于游戏业务精确分区，游戏玩家多房间接入需求。

4. 数据库类产品

（1）产品定义

云关系型数据库（Relational Database Service，RDS）是一种稳定可靠、可弹性伸缩的在线数据库服务。基于云分布式文件系统和高性能存储，RDS 支持 MySQL、SQL Server、PostgreSQL 和 PPAS（Postgre Plus Advanced Server，一种高度兼容 Oracle 的数据库）引擎，并且提供了容灾、备份、恢复、监控、迁移等方面的全套解决方案。

MySQL 是全球最受欢迎的开源数据库，作为开源软件组合 LAMP（Linux + Apache + MySQL + Perl/PHP/Python）中的重要一环，广泛应用于各类应用。

（2）功能特点

1）便宜易用：即开即用、按需升级、透明兼容、管理便捷。

2）高性能：参数优化、SQL 优化建议、高端硬件投入。

3）高安全性：防 DDoS 攻击、访问控制策略、系统安全。

4）高可靠性：双机热备、多副本冗余、数据备份、数据恢复。

（3）应用场景：异地容灾、数据多样化存储、持久化缓存数据、大数据分析。

5. 安全类产品

（1）DDoS 高防 IP

1）产品定义：DDoS 高防 IP 是针对互联网服务器在遭受大流量的 DDoS 攻击后导致服务不可用的情况下，推出的付费增值服务，用户可以通过配置高防 IP，将攻击流量引流到高防 IP，确保源站的稳定可靠。

2）功能特点：防护多种 DDoS 类型攻击，随时更换防护 IP、弹性防护、精准防护报表、防护海量 DDoS 攻击、精准攻击防护、隐藏用户服务资源、弹性防护、高可靠性和高可用性。

3）应用场景：DDoS 高防 IP 可服务于云内以及云外所有客户，主要使用场景包括：金融、娱乐（游戏）、媒资、电商、政府等对用户业务体验实时性要求较高的业务接入高防 IP 进行防护。

（2）Web 应用防火墙

1）产品定义：Web 应用防火墙（Web Application Firewall，WAF）基于云安全大数据能力，用于防御 SQL 注入、XSS 跨站脚本、常见 Web 服务器插件漏洞、木马上传、非授权核心资源访问等 OWASP 常见攻击，并过滤海量恶意 CC 攻击，避免客户的网站资产数据泄露，保障网站的安全与可用性。

2）功能特点：WAF 可以帮助客户应对各类 Web 应用攻击，确保网站的 Web 安全与可用性，其可以防护常见 Web 应用攻击、恶意 CC 攻击防护、精准访问控制、强大报表分析、强大 Web 防御能力、网站专属防护、大数据安全能力、检测快、防护稳、高可靠、高可用的服务。

3）应用场景：Web 应用防火墙，服务于云上以及云外所有客户。该服务主要应用于金融、电商、O2O、互联网＋、游戏、政府、保险、政府等对安全要求较高的各类网站。

6. 管理工具类产品

（1）产品定义

云监控是一项针对云资源和互联网应用进行监控的服务。云监控服务可用于收集获取云资源的监控指标，探测互联网服务可用性，以及针对指标设置警报。

云监控服务能够监控云服务器、云数据库和负载均衡等各种云服务资源，同时也能够通过 HTTP、ICMP 等通用网络协议监控互联网应用的可用性。借助监控服务，客户可以全面了解客户在云上的资源使用情况、性能和运行状况。借助报警服务，客户可以及时做出反应，保证应用程序顺畅运行。

云监控对用户提供 Dashboard、站点监控、云产品监控、自定义监控和报警服务。

(2) 应用场景

云服务监控、系统监控、及时处理异常场景、及时扩容场景、站点监控、自定义监控等。

3.1.2　分层服务模式

根据 NIST 的定义，云计算主要分为三种服务模式，而且这三层的分法主要是从用户体验的角度出发的。

1. IaaS

第一层是 IaaS，有时候也叫做 Hardware-as-a-Service，即“基础设施即服务”，客户通过 Internet 可以从完善的计算机基础设施获得服务。例如 AWS、OpenStack，CloudStack 提供的虚拟机计算服务。通过这种模式，用户可以从供应商那里获得所需要的虚拟机或者存储资源来装载相关应用，同时这些基础设置的繁琐的管理工作将由 IaaS 供应商来处理。IaaS 能通过它上面对虚拟机支持众多的应用。IaaS 主要的用户是系统管理员。

Iaas 的基本功能为：资源抽象、资源监控、负载管理、数据管理、资源部署、安全管理和计费管理。

2. PaaS

第二层是 PaaS，某些时候也叫做中间件。PaaS 即“平台即服务”。通过 Paas 模式，客户可以在一个包括 SDK，文档和测试环境等内的开发平台上非常方便的编写应用，而且不论是部署还是运行，都无需为服务器、操作系统、网络和存储等资源管理操心，这些繁琐的工作都由 PaaS 供应商负责处理，而且 PaaS 在整合率上非常惊人，比如一台运行 Google App Engine 的服务器能够支撑成千上万的应用。PaaS 主要的用户是开发人员，把服务器平台作为一种服务提供的商业模式。例如 Sea，通过互联网就直接能使用的开发平台，不需要在本地安装各类的开发环境。

PaaS 的服务功能需求包括：良好的开发环境、丰富的服务、自动的资源调度、精细的管理和监控。

3. SaaS

第三层是 SaaS，即“软件即服务”，国内通常叫做软件运营服务模式，简称为软营模式，提供的是软件服务。这一层是和我们的生活每天接触的一层，大多是通过网页浏览器或者移动终端 APP 来接入，任何一个远程服务器上的应用都可以通过网络来运行。

SaaS 主要面对的是普通用户，尽管这些网页服务是用作商务和娱乐或者两者都有，但这也算是云技术的一部分。

SaaS 服务特点包括：随时随地访问、支持公开协议、安全保障和多用户。

IaaS、PaaS、SaaS 三者之间没有必然的联系，只是三种不同的服务模式，都是基于互联网，按需按时或按流量付费。在实际的商业模式中，PaaS 的发展促进了 SaaS 的发展，因为提供了开发平台后，SaaS 的开发难度降低了。

从用户体验角度而言，三者之间的关系是独立的，因为它们面对的是不同的用户；从技术角度而言，它们并不是简单的继承关系，因为 SaaS 可以是基于 PaaS 或者直接部署于 IaaS 之上，PaaS 可以构建与 IaaS 之上，也可以直接构建在物理资源之上。

IaaS、PaaS、SaaS 三者之间的关系可以参考图 3-1。

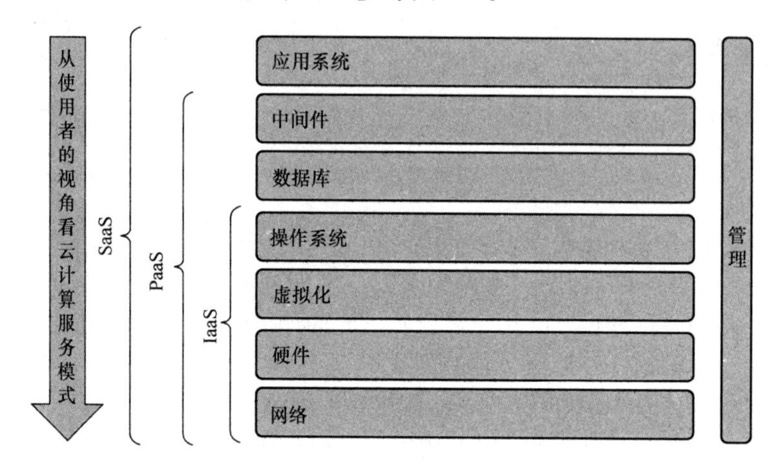

图 3-1　IaaS、PaaS、SaaS 三者之间的关系

3.1.3　云应用服务质量评估

云应用服务质量，是指云服务的质量，包括各种功能性和非功能性的交付水平。

1. 云主机服务质量评估

1）通用处理能力，包括 vCPU 运算处理能力、内存处理能力、硬盘处理能力、网络传输能力、在线可用性、对弹性主机服务。

2）系统处理能力，即对不同典型应用组件的支持能力评估，包括 Web 网站、J2EE 应用、关系数据库、Hadoop、邮件系统和中间件等。

3）行业应用承载能力，即对行业不同典型产品的承载能力评估，包括 ERP 产品、CRM 产品和其他典型产品。

4）交付服务内容评估，包括界面交互服务、计费服务、技术支持服务、资料信息服务、其他服务。

2. 对象存储服务质量评估

对象存储服务质量评估主要考查以下性能指标要求。

（1）数据存储的持久性

1）用户数据应有本地副本，且有大于 1 份的数据副本；

2）对象存储服务提供商具有跨机房或异地备份的能力。

（2）数据可销毁性

用户终止服务的时候，除非有特殊约定，对象存储服务提供商应该立即将用户数据彻底删除；服务过程中，如果用户提出数据删除要求，服务商应立即删除数据；如果用户提出高级清零要求时，对象存储服务提供商应提供相应的服务；在存储设备报废时，服务提供商应使用消磁、损毁等方式进行处理。

（3）数据可迁移性

在用户提出数据迁移需求时，对象存储服务提供商能够提供迁入和迁出工具或迁入和迁出人工服务。具体为：对象存储服务提供商可提供管理工具、API、SDK，用户可以使用管理工具、API、SDK 完成数据迁移；对象存储服务提供商也可提供数据迁入和迁出人工服务，帮助用户完成数据迁移。如果以代码可编程方式提供服务，还应包括对象有关的代码的迁移。

（4）数据私密性

1）对象存储服务提供商应保证非公开对象外部无法获取；

2）保证不同用户之间的隔离，不能相互控制、篡改文件等；

3）用户授权的情况下，对象存储服务商才能获得数据；

4）供应商应遵守中国政府旨在保护用户信息/隐私的相关法律法规。

（5）数据知情权

为我国政府提供对象存储服务的数据中心（包括备份数据的数据中心）必须在我国境内，并且达到以下要求：

1）对象存储服务提供商告知数据中心及备份数据中心的位置；

2）对象存储服务提供商对用户数据进行的操作均需获得用户授权，向用户告知操作的细节，并进行日志留存；

3）在任何情况下对象存储服务提供商不能将用户相关信息及数据转移至我国境外的国家和地区。

4）提供对象存储服务的系统和平台相关的维护、管理、升级等操作均需在我国境内进行。

（6）服务可审查性

1）对象存储服务提供商应依法配合国家监管机构、司法机构等政府部门的安全检查，符合相关数据安全管理规定，应制定完备的安全和服务两方面的运维管理制度和组织机制，并在运维管理系统中实现相应功能；

2）对象存储服务提供商应接受由政府或用户指定的第三方机构的审查和监测；

3）实际功能与对象存储服务提供商宣称的功能一致，并应提供详尽的用户使用指南。

（7）服务功能

实际功能与服务协议的功能一致，并提供以下文档：

1）提供用户使用指南；

2）提供与承诺相符的业务功能的材料，包括：云服务商应能提供用户有关使用其云服务产品的操作指导/说明、安全参考框架等资料；

3）必须涵盖如下功能示范：新增一条数据、修改一条数据、下载一条数据、删除一条数据、查询一条数据，上述功能可以通过 API、页面、工具、代码等，任意一种或几种方式实现。

（8）服务可用性

1）服务资源调配能力：服务商应能按照服务协议中承诺的时间，完成用户需求的扩容或缩减。

2）故障恢复能力：对象存储服务提供商应具备完善的故障恢复机制，在服务发生故障时，应能在承诺时间内恢复业务至正常水平，并提供完整的故障报告。

3.2 IaaS 模式

3.2.1 资源抽象

资源抽象主要是将下层的物理硬件资源统一进行抽象，抽象成和单个物理硬件无关的资源集合，上层无需关心物理机器的型号，只需专注于具体的资源即可。

资源抽象层需要重点做好 3 件事：

1）收集和管理具体物理资源；

2）重新封装抽象的硬件资源属性，使之成为上层可以使用的一个实体，既可以是容器，也可以是虚拟机或者资源集合；

3）数据存储问题：做业务少不了要在本机存储数据，为了能够全局调度，需要解决三个场景下的问题：一是数据不需要永久本地存储但是会实时写到本地的，如应用的日志；二是需要永久存储的如 DB 数据；三是分布式存储场景中，要做到存储与计算分离。

资源的收集就是收集物理机器的资源，例如当前型号的机器有多少可用的 CPU、内存、磁盘等信息，它可以分为 4 个方面的内容。

1）资源的信息管理；

2）大量物理机器的集群管理；

3）资源的合理分配策略和算法；

4）资源的信息管理。

3.2.2 计算负载管理

云计算主机是通过云计算技术将 IT 设备的硬件、存储及网络等资源统一虚拟化为相应的资源池，再从资源池分割成独立的虚拟主机（服务器）的产品。每个云主机都可分配独立公网 IP 地址、独立操作系统、独立超大空间、独立内存、独立 CPU 资源、独立执行程序和独立系统配置等。

在进行服务器承载能力计算之前，需要明确以下指标：

1）虚拟化开销：采用虚拟技术之后，会带来额外的 CPU 和内存开销，包括：

① 虚拟架构 CPU 开销：裸金属架构小于 5%；

② 虚拟架构内存开销：约占该服务器内存容量的2%。

2）虚拟机调度开销：多个虚拟桌面共享服务器时还将带来虚拟机之间的调度开销，开销会随着虚拟机数量的增加而增加，按中等密度计取，调度开销约占10%。

3）服务器负荷率：为保证服务器的健康持续运行，服务器CPU负荷率按80%考虑，服务器内存负荷率按90%考虑。

3.2.3 数据存储管理

数据存储管理就是根据不同的应用环境通过采取合理、安全、有效的方式将数据保存到某些介质上，并能保证有效的访问。总的来讲，它包含两个方面的含义：一方面，它是数据临时或长期驻留的物理媒介；另一方面，它是保证数据完整安全存放的方式或行为。

数据存储是数据流在加工过程中产生的临时文件或加工过程中需要查找的信息。数据以某种格式记录在计算机内部或外部存储媒介上。数据存储要命名，这种命名要反映信息特征的组成含义。数据流反映了系统中流动的数据，表现出动态数据的特征；数据存储反映系统中静止的数据，表现出静态数据的特征。

1. 集中存储介绍

（1）直接附加存储（Direct Attached Storage，DAS）

DAS是指将存储设备通过SCSI接口直接连接到一台服务器上使用。DAS购置成本低，配置简单，使用过程和使用本机硬盘并无太大差别，对于服务器的要求仅仅是一个外接的SCSI口，因此对于小型企业很有吸引力。

但是DAS也存在诸多问题：

1）服务器本身容易成为系统瓶颈；

2）服务器发生故障，数据不可访问；

3）对于存在多个服务器的系统来说，设备分散，不便管理。同时多台服务器使用DAS时，存储空间不能在服务器之间动态分配，可能造成资源浪费；

4）数据备份操作复杂。

（2）网络附加存储（Network Attached Storage，NAS）

NAS指的是将存储设备通过标准的网络拓扑结构（例如以太网）连接到一群计算机上。NAS是部件级的存储方法，它的重点在于帮助解决迅速增加存储容量的需求。

NAS实际是一种带有瘦服务器的存储设备。这个瘦服务器实际是一台网络文件服务器。NAS设备直接连接到TCP/IP网络上，网络服务器通过TCP/IP网络存取管理数据。NAS作为一种瘦服务器系统，易于安装和部署，管理使用也很方便，同时由于可以允许客户机不通过服务器直接在NAS中存取数据，因此对服务器来说可以减少系统开销。NAS为异构平台使用统一存储系统提供了解决方案。由于NAS只需要在一个基本的磁盘阵列柜外增加一套瘦服务器系统，对硬件要求很低，软件成本也不高，甚至可以使用免费的Linux解决方案，成本只比直接附加存储略高。

最大存储容量是指NAS存储设备所能存储数据容量的极限，通俗地讲，NAS设备能够支持的最大硬盘数量乘以单个硬盘容量，就是最大存储容量。这个数值取决于 NAS 设备的硬件规格。不同的硬件级别，适用的范围不同，存储容量也就有所差别。通常，一般小型的 NAS 存储设备会支持几百 GB 的存储容量，适合中小型公司作为存储设备共享数据使用，而中高档的 NAS 设备应该支持 TB 级别的容量。

NAS 存在的主要问题是：

1）由于存储数据通过普通数据网络传输，因此易受网络上其他流量的影响。当网络上有其他大数据流量时会严重影响系统性能；

2）由于存储数据通过普通数据网络传输，因此容易产生数据泄漏等安全问题；

3）存储只能以文件方式访问，而不能像普通文件系统一样直接访问物理数据块，因此会在某些情况下严重影响系统效率，比如大型数据库就不能使用 NAS。

（3）存储区域网（Storage Area Network，SAN）

SAN 是一种专门为存储建立的独立于 TCP/IP 网络之外的专用网络。一般的 SAN 提供 2G～4Gbit/s 的传输速率，同时 SAN 网络独立于数据网络存在，因此存取速度很快，另外 SAN 一般采用高端的 RAID 阵列，使 SAN 的性能在几种专业网络存储技术中傲视群雄。SAN 由于其基础是一个专用网络，因此扩展性很强，不管是在一个 SAN 系统中增加一定的存储空间还是增加几台使用存储空间的服务器都非常方便。通过 SAN 接口的磁带机，SAN 系统可以方便高效地实现数据的集中备份。

SAN 作为一种新兴的存储方式，是未来存储技术的发展方向，但是，它也存在一些缺点：

1）不论是 SAN 阵列柜还是 SAN 必需的光纤通道交换机，价格都是十分昂贵的，就连服务器上使用的光通道卡的价格也是不容易被小型商业企业所接受的；

2）需要单独建立光纤网络，异地扩展比较困难。

（4）互联网小型计算机系统接口（Internet Small Computer System Interface，iSCSI）技术

使用专门的存储区域网成本很高，而利用普通的数据网来传输 SCSI 数据实现和 SAN 相似的功能可以大大降低成本，同时提高系统的灵活性。iSCSI 就是这样一种技术，它利用普通的 TCP/IP 网络来传输本来用存储区域网来传输的 SCSI 数据块。iSCSI 的成本相对 SAN 来说要低不少。随着千兆网的普及，万兆网也逐渐成为主流，使 iSCSI 的速度相对 SAN 来说并没有太大的劣势。

iSCSI 存在的主要问题是：

1）新兴的技术，提供完整解决方案的厂商较少，对管理者技术要求高；

2）通过普通网卡存取 iSCSI 数据时，解码成 SCSI 需要 CPU 进行运算，增加了系统性能开销，如果采用专门的 iSCSI 网卡虽然可以减少系统性能开销，但会大大增加成本；

3）使用数据网络进行存取，存取速度冗余受网络运行状况的影响。

（5）存储应用

网络存储的应用可以说从网络信息技术诞生的那天就已经开始，应用的领域随着信息技术的发展而不断增加，但大的分类包括以下 4 类：

1）互联网服务提供商（Internet Service Provider，ISP），国内主要的ISP有中国电信，中国网通，中国联通，中国铁通，中国教育与科研网，长城宽带等。

2）互联网内容提供商（Internet Content Provider，ICP），即提供互联网信息搜索、整理加工等服务，如新浪、搜狐等。

3）网络应用服务商（Application Service Provider，ASP），主要为企、事业单位进行信息化建设、开展电子商务提供各种基于互联网的应用服务。

4）网络存储服务商（Network Storage Provider，NSP），主要为企业，个人提供网络存储、传输、处理等服务的商家，如数据银行、互联网数据中心企业。

2. 分布式存储介绍

随着互联网业务的兴起和飞速发展，数据已成爆发式增长。与此同时，原有存储系统在性能、建设成本和周期、扩展性、数据管理和使用等方面都无法再适应新兴应用对存储的需求。

新兴业务对存储需求的快速变化以及不确定性成为主要挑战，这不仅仅体现在互联网业务中，尤其在金融、大型企业、政府和制造业领域。新业务以天级甚至小时级的上线速度，更精准的用户需求分析，使得存储系统面临新的挑战：新建存储系统周期长与新兴业务快速上线间的矛盾；系统庞大，管理复杂，运维人员压力变大；存储性能无法满足越来越多的数据并行处理应用需求；客户需求分析、业务数据分析与决策推荐等需求，引发对大数据、云计算等新技术应用的需求。

由于分布式存储能够快速适应产业变化，满足安全、可靠、弹性、高速的存储技术发展的主要趋势，成为推动云计算、大数据行业发展的核心引擎和重要力量，使用云存储可以快速构建私有云或者公有云存储服务。

分布式云存储是通过系统软件将通用硬件的本地存储资源组织起来构建全分布式存储池，实现向上层应用提供分布式对象存储服务，提供丰富的业务功能和增值特性，帮助用户轻松应对业务快速变化引发的数据灵活、高效存储需求。

产品价值：

1）企业级高速存储：多层级高并发数据处理架构，系统高速索引方案可有效解决高并发下海量数据的筛选和快速访问。内部高效负载均衡策略，数据与元数据分层管理并均匀分布于各节点，消除元数据访问瓶颈，保障在海量数据和大规模场景下的系统性能。采用高效的分布式哈希算法、I/O并行处理等技术实现节点性能优化。

2）多介质存储服务融合：云存储可以将HDD、SSD、NMVe等硬件存储介质通过分布式技术组织成大规模存储资源池，为上层应用和客户端提供业界通用的标准接口，消除传统数据中心多类型存储系统资源孤岛和硬件资源利用不均的问题。

3）弹性平滑扩容：云存储采用全分布式架构以弹性高效的能力满足未来数据存取需求，支持通过横向扩展存储节点实现系统容量和性能的线，简化资源需求规划流程；系统可模块化扩展至EB级容量，满足客户云业务规模需求。

4）安全及数据保护：云存储充分考虑到数据对于客户的价值以及数据安全性的重要

性，提供了多租户安全认证机制和 ACL（访问控制列表）访问控制，同时支持客户可指定加密算法对数据实现落盘加密。

5）开放兼容：云存储基于开源 Ceph 和开放架构，提供标准的 RESTful 接口和 AWS S3 兼容的接口，融合主流云计算生态，为私有云、公有云及混合云数据中心按需提供横向扩展的数据存储层。

3.2.4 网络管理

网络管理（Network Management）的定义是监测、控制和记录电信网络资源的性能和使用情况，以使网络有效运行，为用户提供一定质量水平的电信业务。网络管理是指网络管理员通过网络管理程序对网络上的资源进行集中化管理的操作，包括配置管理、性能和记账管理、问题管理、操作管理和变化管理等。一台设备所支持的管理程度反映了该设备的可管理性及可操作性。而交换机的管理功能是指交换机如何控制用户访问交换机，以及用户对交换机的可视程度如何。通常，交换机厂商都提供管理软件或满足第三方管理软件远程管理交换机。一般的交换机满足 SNMP/MIBI/MIB Ⅱ统计管理功能，复杂一些的交换机会增加通过内置 RMON 组（mini - RMON）来支持 RMON 主动监视功能。

1. 网络设计

考虑到未来网络有较大的扩展空间，同时需具备良好的电源和网络条件。为了保证满足弹性扩展的需求，云化网络系统的设计时遵循下述原则。

（1）安全性、可靠性和容错性

由于云平台业务考虑向外部用户、内部业务部门提供数据类服务的性质，决定了其网络设计首要的原则就是，保证用户的设备或内容在一个安全、可靠的网络环境下进行信息安全可靠的传输和处理。

网络设计从安全可靠的角度讲，就是将核心网络设备互为冗余备份、网络连接采用双链路连接、网络设备的选型要考虑模块的冗余等。目的是使整个网络尽可能减少单点故障而引起的系统无法运行。

（2）开放式、标准化

网络平台的目的在于互连不同制造厂商的设备，实现计算机软、硬件资源的数据交换。为此必须建立一个由开放式、标准化的网络系统组成的平台来满足当前可实现的应用要求，又能适应今后系统扩展的需要。

（3）可扩展性

网络结构分层次设计，网络设备采用模块化、堆栈式的系统结构，为今后随着业务的发展完善、各种特色增值业务的部署，提供一个灵活方便的升级和扩充的途径。

（4）实用性、先进性、成熟性

通信和计算机技术的发展日新月异。因此，方案不仅要能适应新技术发展方向，保证计算机网络的先进性，同时也要兼顾成熟的网络技术和经济实用性。

（5）大容量

云计算中心不但要提供高带宽和多业务，而且能随时升级网络以满足将来的业务需要，包括提供多种接入端口，满足不同带宽的专线接入业务等。

（6）可管理性

网络运维平台可以提供7×24小时不间断的网络监控、技术服务与支持，标准监控程序每隔5min会检测网络连接状况，出现问题立即告警并及时通知用户。控制中心同时提供恒温、恒湿的机房环境，自动防火告警等服务。

2. 总部管理平台网络设计

云平台总部管理将各地分散的IDC资源统一调度，各IDC基地通过各自的互联网出口为用户提供服务，图3-2所示为中国联通云计算平台参考组网架构，接下来以此为例来进行说明。

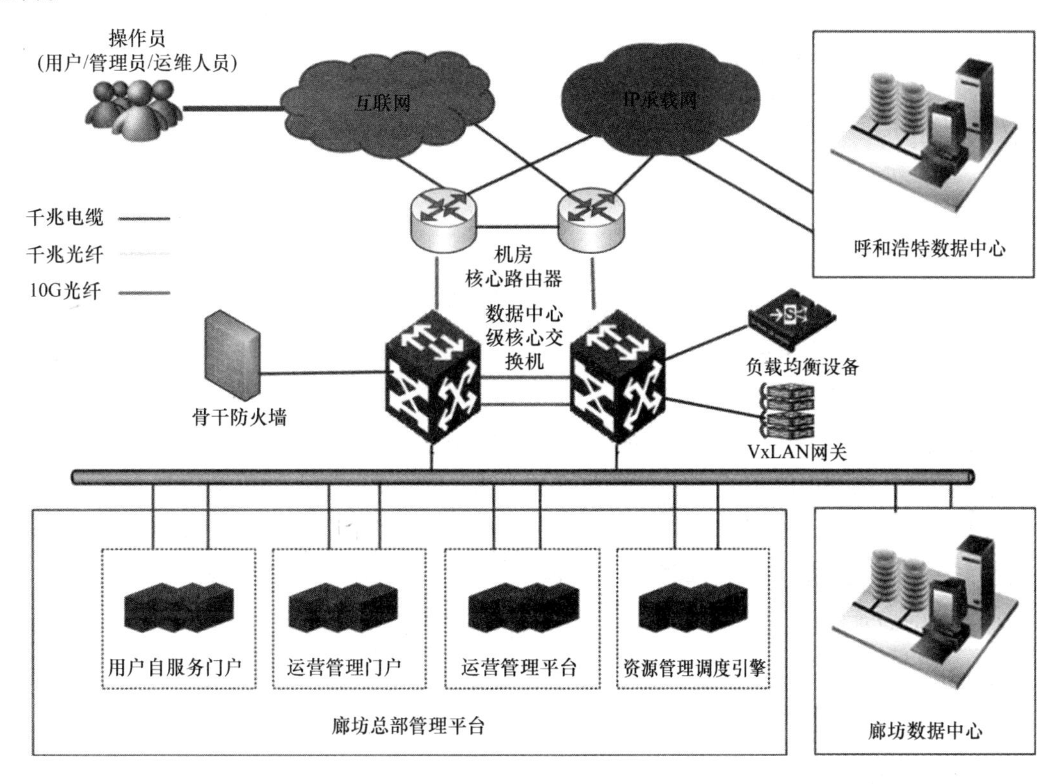

图3-2　中国联通云计算平台参考组网架构

（1）总部网络结构

1）平台总部节点内部主要划分门户安全域、运维管理安全域、业务运行安全域等，通过核心交换机一虚多的技术实现逻辑隔离；

2）业务运行安全域中根据不同租户划分不同的安全子域，通过VLAN技术进行隔离，安全域之间的互访通过侧挂在核心交换机上的防火墙进行控制；

3）总部节点通过防火墙与互联网连接，为互联网用户提供业务安全访问入口；

4）总部节点通过机房 IP 承载 A 网出口与基地互联网数据中心机房互通，实现对二级资源的管理调度；

5）省分或基地互联网数据中心节点通过本地互联网出口，为互联网用户提供服务。

（2）系统网络结构

数据中心内部网络示意图如图 3-3 所示，应用服务器和统一存储间通过 IPSAN 方式互连，部署 14 台接入交换机、1 台防火墙、1 台负载均衡设备、2 台核心交换机构建资源池内部网络，基于 overlay 网络技术，通过 VxLAN 方式，实现跨数据中心的备份方案，同数据中心的 HA 方案。

配置 VxLAN 应用网关，以支持数据中心与用户通过互联网连接时，进行 VxLAN 数据包的封装与解封装。

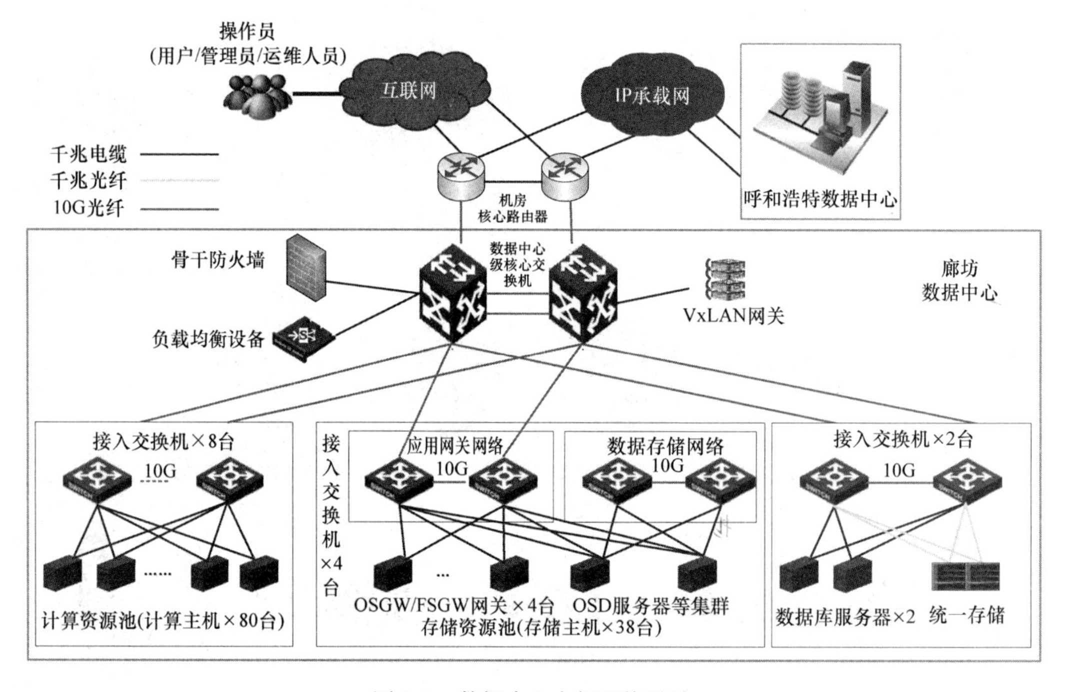

图 3-3　数据中心内部网络设计

3. 网络带宽估算

（1）互联网带宽

考虑现有业务需求，廊坊节点、呼和浩特节点互联网带宽需求约为 1Gbit/s，在业务开展初期可使用千兆端口上联，后期可根据业务发展情况申请万兆上联。

（2）IP 承载 A 网带宽

IP 承载 A 网用户实现管理节点对各资源池节点的管理调度，考虑业务开展初期，业务量较小，同时考虑 IP 承载 A 网支撑情况，呼和浩特节点暂时配置 10Mbit/s 带宽，上联物理端口根据A网设备情况使用百兆或者千兆均可；廊坊节点通过机房内核心交换设备实现管理节点与资源池设备的互通。

数据中心节点之间采用热备模式，进行业务数据和存储数据的异步备份，存储数据1PB，设定业务运营12个月后可以达到满配，取忙时集中系系数为10%，那么数据中心间传输带宽 = （系统总容量/运营满足天数）×忙时集中系数×1000×8/3600≈600Mbit/s。

考虑到30%带宽冗余考虑，因此IP承载网A网总带宽为900Mbit/s。

3.2.5 安全服务

加强网络信息系统安全性，对抗安全攻击而采取的一系列措施称为安全服务。安全服务的主要内容包括：安全机制、安全连接、安全协议和安全策略等，它们能在一定程度上弥补和完善现有操作系统和网络信息系统的安全漏洞。

1. 硬件安全要求

1）系统使用的设备不能是已停产或即将停产设备；软件应是定制开发后通过研究院测试验证的软件的最新稳定版本；采用先进的技术，设备运行稳定、可靠，具有很好的可扩充能力，提供较强的处理能力。

2）数据存储采用IPSAN方式，配置物理热备盘，常用或重要的数据采用RAID 0+1方式存储。

3）所有硬件产品应能够正常安装在机架/机柜中。

4）高可靠性及低维护成本、较低的业务/应用开发成本。

5）提供及时的维护服务和全面的技术支持。

6）硬件设备均应提供双电源、多电源配置。

2. 云平台软件安全要求

（1）虚拟机安全

虚拟网卡设定VLAN，虚拟机运行在独立的分区中，需要确保各分区间的安全隔离，虚拟机间禁止进行内存间的直接数据交换。在未经授权的情况下，虚拟机内禁止查看、读取宿主服务器上其他虚拟机的虚拟化数据。如虚拟磁盘文件、虚拟机配置文件等。

1）同一物理服务器上的虚拟机隔离：同一物理机服务器上资源隔离，包括CPU、内存、内部网络隔离、磁盘I/O必须进行有效的隔离，不会因为某一个虚拟机被攻击而导致其他同一物理服务器上的虚拟机被影响。

2）数据中心内部虚拟机访问隔离：要能提供虚拟防火墙，如安全组功能，确保不同租户的虚拟机之间的网络隔离（包括同一个物理主机内的不同虚拟机）。针对每个安全组可以定义ACL规则，如对外开放某个具体的服务或端口，允许外部某个IP地址访问虚拟机的某个端口，也可安全组之间相互授权访问。

3）恶意VM预防：云平台要能防止同一个物理主机内VM能嗅探到其他VM的数据包。云平台要有能力防止恶意虚拟机的IP欺骗和ARP地址欺骗，限制虚拟机只能发送本机地址的报文。

4）虚拟机操作日志审计：系统管理员通过运营平台进行的VM操作，便于审计。

（2）数据安全

1）敏感数据加密存储：用户的敏感数据，如信用卡信息、密码、用等应该在平台中加密存储，防止内部恶意用户通过直接访问数据库而得到用户信息，从而执行一些恶意操作。

2）数据访问控制：用户数据的访问必须经过严格的身份认证和授权，防止非法用户访问。

3）多份存储：重要数据支持多份拷贝存储，避免由于出现磁盘故障等原因导致数据丢失。

4）数据分类和隔离：最终用户的数据，应用服务的数据，虚拟化环境的管理数据属于不同的数据，需要隔离存放并被赋予分开的管理权限。

5）完善的日志记录：管理员做的任何维护操作应该有完整的日记记录，如登录数据库、挂载用户的数据卷，方便事后的审计。

（3）访问安全

1）严格控制访问途径：如果通过Web界面能完全执行的功能，就没有必要提供其他的访问途径，如OSshell命令行的访问。

2）访问日志：通过记录用户的访问行为，使每个用户对自己的行为负责，这个日志通常需要放在远程结点，由专门的日志管理用户进行访问。

3）强制性的访问控制，是基于用户访问控制基础上的额外的访问控制．如即使是Host的Root用户，也只能做有限的操作。

4）确访问认证过程中认证密码和Private Key的安全性。

5）防止访问过程中的“中间人”攻击。

（4）接口安全

1）接口数据传输加密：管理平台与周边非信任域之间的接口数据传输要支持SSL加密，如平台与计费支撑系统的计费接口，保证数据的传输安全。

2）接口身份认证：管理平台如对外提供开放的API接口时，需要对接入的用户进行严格的身份认证，如X.509证书，防止非法用户接入。

（5）系统安全

因为系统是7×24小时不间断运行的业务运营平台，其网络、主机、存储设备、系统软件等部分应该具有极高的可靠性；同时为保证系统安全可靠地运行，保守企业和用户秘密，维护企业和用户的合法权益，系统应具备良好的安全策略，安全手段，安全环境及安全管理措施。

1）网络：网络设备与网络链路应有冗余备份功能，核心网络设备应采用高可靠的设备；网络设备应保证7×24小时不间断运行。

2）服务器：关键性服务器应采用高可用性方案。系统应冗余配置，保证系统无单一故障点，发生故障后能够快速切换，保证7×24小时不间断运行。

3）存储、备份及恢复：存储设备应具有极高的可靠性。系统应有良好的备份手段。系统数据和业务数据可联机备份、联机恢复，恢复的数据必须保持其完整性和一致性。

（6）信息安全

1）网络安全：

① 网络系统应支持访问控制、安全检测、攻击监控等一系列安全功能，应提供完整的网络监控、报警和故障处理功能；

② 网络系统和服务器系统应具有入侵检测的功能，可监控可疑的连接、非法访问等，采取的措施包括实时报警、自动阻断通信连接或执行用户自定义的安全策略；

③ 网络和服务器系统应能定期检查安全漏洞，根据扫描的结果更正网络安全漏洞和系统中的错误配置；

④ 使用加密技术对传输的数据加密；

⑤ 与其他系统的连接须设置防火墙，并定义完备的安全策略。

2）系统安全：

① 系统应具有防病毒能力，防病毒软件应具备全面查杀病毒、查杀病毒准确无误、管理方便、病毒特征码自动更新、安装简单的特点；

② 要求系统内部配置的基于 Windows 操作系统的服务器应同时配置防病毒软件；

③ 系统应具备访问权限的识别和控制功能，提供多级密码口令或使用硬件钥匙等保护措施，对各种管理员必须授予不同级别的管理权限，要保证只有授权的人员或系统可以访问某种功能，获取业务数据，有非法访问或系统安全性受到破坏时必须告警，任何远程登录用户的口令均必须具有有效期，有效期满则自行作废；

④ 系统应提供日志记录功能，以便及时掌握系统安全状态；操作系统应符合 C2 级以上安全标准；提供完整的操作系统监控、报警和故障处理能力；操作系统的配置直接影响系统的安全，应定期对文件、账户、组、口令的配置检测，以保证操作系统的坚固程度；应定期对可执行程序作完整性检查，以防止被恶意修改；能够检测操作系统内部是否有黑客程序驻留；能够监控应用程序的运行情况；日志中要求采用错误标识代码准确标识错误点；

⑤ 数据库应支持 C2 或以上级安全标准、多级安全控制，支持数据库存储加密、数据传输通道加密及相应冗余控制；

⑥ 系统应提供相应措施保证交易信息、话单信息的完整性/安全性/可靠性；

⑦ 系统应具有安全审计功能。

3）应用软件安全：应用系统的用户管理、权限管理应充分利用操作系统和数据库的安全性；应用软件运行时须有完整的日志记录，必须具有应用监控及调度功能。

4）业务安全：云平台和外部系统之间的连接采用特定的认证和访问控制鉴权方案。

3. 存储与备份安全

（1）存储

1）存储数据包括原始日志数据、定购关系数据、用户原始话单数据、统计数据等；

2）存储设备应具有极高的可靠性。系统应有良好的备份手段。系统数据和业务数据可联机备份、联机恢复，恢复的数据必须保持其完整性和一致性。存储重要数据采用

RAID0 + 1存储。

（2）备份

系统应提供安全可靠的联机数据备份功能，支持系统的双机备份功能；卖方应提供有关数据备份的详细说明，包括备份方式、备份周期、备份介质和相关软件的列表，备份策略的制定必须充分考虑到出现异常时数据的恢复。

3.2.6 计费

云服务计费平台，指通过精确可靠地采集 IaaS、PaaS 和 SaaS 服务资源的各种指标数据，依据一定的计费算法来计算出所提供服务资源的费用，或者预测服务可能产生的费用，并将这些信息展示给用户和云服务的提供商的平台。同时，它还应结合第三方平台，提供便捷的支付手段。

云服务计费平台主要包括三个方面。

1. 计费系统基础架构

计费系统基础架构主要包括账号管理模块、安全审计模块、鉴权认证模块、费用查询模块以及第三方支付平台接口。

1）账号管理模块：云服务计费平台与提供商的云服务账号进行对接，实现用户账号的统一管理。

2）安全审计模块：提供包括用户行为的审计数据，以及管理账号的操作数据的管理和审计。

3）鉴权认证模块：采用多层次、多粒度的统一权限控制，实现数据的安全保密；对应用访问进行授权控制，防止非法使用。

4）费用查询模块：查询已购买的服务和已发生的费用，并具有根据输入条件模拟和预测服务产生的费用的功能。

5）第三方支付平台接口：与第三方支付平台对接，实现安全的交费、续费交易。

2. 硬件服务计费

IaaS、PaaS、SaaS 都是离不开底层硬件资源的云计算架构技术，因此需要采集硬件资源使用的数据，并依此计算相关的费用。硬件资源采集的数据主要有 CPU 占用率、存储空间大小、存储访问次数、网络带宽和网络访问出入流量。这些数据的组合，可以形成多种形式的收费算法，如服务器费用按需后付费、带宽费用按流量后付费、带宽按限制最高带宽预付费、服务器费用包时预付费等。

计费平台除了支持上述基本计费算法以外，还需要支持各种灵活的优惠措施算法，例如基本费率依据使用时间长短、容量或者流量自动调整以及在一段时期内进行一定折扣促销等。

3. 软件服务计费

软件服务计费指针对于 PaaS 和 SaaS 中的软件应用部分，计算相关费用。其中包括按组件的固定收费，以及跟用户数、在线用户数相关的浮动收费等传统软件计费方式。此外，还有根据用户交易次数等云计算特有的计费方式，这都要求软件服务计费同样需要数据采集功能。因为云计算的特点，软件资源计费同样要求具有弹性，可按照用户需要随时调整软件资源数量。

配置服务器和基础架构的高昂成本曾一度限制了开发 SaaS 应用的能力。例如，需要花费几周甚至几个月的时间来规划、预定、装运和安装数据中心的新服务器硬件。现在，新的计费和计量方式让硬件和操作系统（IaaS）的采购只需要几分钟就可完成。

以 IaaS 为例，其计费的考虑要点包括：

1）服务器每小时按需服务的模式；

2）保留服务器以备更好地规划；

3）根据应用程序性能增加或减少计算资源单元；

4）根据使用的实例数进行基于存储卷的计量；

5）预付与预留的基础架构资源；

6）集群服务器资源。

这些元素大多是按月计费。

另一个例子是，在某些已启动的服务器上，由于运行着大量虚拟服务器，在计费时会出现一些折扣。在大型部署中，启动和停止实例和按照集群利用率进行计费与 IaaS 管理都合在一起，单个服务器的管理和资源利用会随着企业应用程序的增加而增加，按照集群收费（可能包括自定义资源，如路由器和其他设备和服务）可帮助企业降低管理成本。

3.3　PaaS 模式

3.3.1　中间件

中间件是一类连接软件和应用的计算机软件或服务，它通过网络进行交互。该技术所提供的互操作性，推动了分布式体系架构的演进，该架构通常用于支持并简化那些复杂的分布式应用程序，包括 Web 服务器、事务监控器和消息队列软件。

1. 中间件定义

中间件是一种独立的系统软件或服务程序，分布式应用软件借助这种软件在不同的技术之间共享资源，中间件位于客户机服务器的操作系统之上，管理计算资源和网络通信。

中间件是基础软件的一大类，属于可复用软件的范畴。顾名思义，中间件处于操作系统软件与用户的应用软件的中间。中间件在操作系统、网络和数据库之上，应用软件的下层，作用是为处于自己上层的应用软件提供运行与开发的环境，帮助用户灵活、高效地开发和集成复杂的应用软件。

2. 中间件基本功能

中间件是独立的系统级软件，连接操作系统层和应用程序层，屏蔽具体操作的细节，为不同操作系统提供应用的接口标准化、协议统一化，中间件一般提供如下功能。

（1）通信支持

中间件为其所支持的应用软件提供平台化的运行环境，该环境屏蔽底层通信之间的接口差异，实现互操作。

（2）应用支持

中间件的目的是服务上层应用，提供应用层不同服务之间的互操作机制。它为上层应用开发提供统一的平台和运行环境，并封装不同操作系统，向应用提供统一的标准接口，使应用的开发和运行与操作系统无关，实现其独立性。中间件的松耦合结构、标准的封装服务和接口，有效的互操作机制，都能给应用结构化和开发方法提供有力的支持。

（3）公共服务

公共服务是对应用软件中共性功能或约束的提取，将这些共性功能或约束分类实现，作为公共服务提供给应用程序使用。通过提供标准、统一的公共服务，可减少上层应用的开发工作量，缩短应用的开发时间，并有助于提高应用软件的质量。

3. 中间件分类

（1）事务式中间件

事务式中间件又称事务处理管理程序，是当前使用最广泛的中间件之一，其主要功能是提供联机事务处理所需要的通信、并发访问控制、事务控制、资源管理、安全管理、负载平衡、故障恢复和其他必要的服务。事务式中间件支持大量客户进程的并发访问，具有极强的扩展性。由于事务式中间件具有可靠性高、极强的扩展性等特点，主要应用于电信、金融、飞机订票系统、证券等拥有大量客户的领域。

（2）过程式中间件

过程式中间件又称远程过程调用中间件。过程中间件一般从逻辑上分为两部分：客户和服务器。客户和服务器是一个逻辑概念，既可以运行在同一计算机上，也可以运行在不同的计算机上，甚至客户和服务器底层的操作系统也可以不同。客户和服务器之间的通信可以使用同步通信，也可以采用线程式异步调用，所以过程式中间件有较好的异构支持能力，简单易用，但由于客户和服务器之间采用访问连接，所以在易剪裁性和容错方面有一定的局限性。

（3）面向消息的中间件

面向消息的中间件简称消息中间件，是一类以消息为载体进行通信的中间件，利用高效可靠的消息机制来实现不同应用间大量的数据交换。按其通信模型的不同，消息中间件的通信模型有两类：消息队列和消息传递。通过这两种通信模型，不同应用之间的通信和网络的复杂性可实现脱离，摆脱对不同通信协议的依赖，可以在复杂的网络环境中高可靠、高效率地实现安全的异步通信。消息中间件的非直接连接，支持多种通信规程，达到多个系统之间的数据的共享和同步。消息中间件是一类常用的中间件。

（4）面向对象中间件

面向对象中间件又称分布对象中间件，是分布式计算技术和面向对象技术发展的结合，简称对象中间件。分布对象模型是面向对象模型在分布异构环境下的自然拓广。面向对象中间件给应用层提供多种不同形式的通信服务，通过这些服务，上层应用对事务处理、分布式数据访问，对象管理等处理更简单易行。OMG（Object Management Group，对象管理组织）是分布对象技术标准化方面的国际组织，它制定出了 CORBA 等标准。

（5）Web 应用服务器

Web 应用服务器是 Web 服务器和应用服务器相结合的产物。应用服务器中间件可以说是软件的基础设施，利用构件化技术将应用软件整合到一个确定的协同工作环境中，并提供多种通信机制，事务处理能力，及应用的开发管理功能。由于直接支持三层或多层应用系统的开发，应用服务器受到了广大用户的欢迎，是目前中间件市场上竞争的热点，J2EE 架构是目前应用服务器方面的主流标准。

4. 中间件的优势和局限性

（1）优势

1）满足大量应用的需要；

2）运行于多种硬件和操作系统平台；

3）支持分布式计算，提供跨网络、硬件和操作系统平台的透明性的应用或服务的交互功能；

4）支持标准的协议；

5）支持标准的接口。

（2）局限性

中间件能够屏蔽操作系统和网络协议的差异，为应用程序提供多种通信机制，并提供相应的平台以满足不同领域的需要。尽管中间件为应用程序提供了一个相对稳定的高层应用环境。但是，中间件所应遵循的一些原则离完美还有很大距离，多数流行的中间件服务使用专有的 API 和专有的协议，应用建立于单一厂家的产品，不同厂家的产品间很难相互操作。有些中间件服务只提供某些特定平台的实现，从而限制了应用在异构系统之间的移植。应用开发者在这些中间件服务之上建立自己的应用还要承担相当大的风险，随着技术的发展，他们往往还需重写他们的系统。

5. 中间件的应用

中间件与电子商务的整合。互联网是电子商务发展的基础，让商户可以通过它，把商业扩展到能到达的任意地点。这其中离不开大量的信息传输，而电子商务则使用了 B/S 的技术来达到大量数据处理的目的。中间件在 B/S 模式下起到了功能层的作用。当用户从 Web 界面向服务器提交了数据请求或者应用请求时，功能层负责将这些请求分类为数据或应用请求，再向数据库发出数据交换申请。数据库对请求进行筛选处理之后，再将所需的数据通过功能层传递回到用户端，如此处理，单一用户可以进行点对面的操作，无须通过其他软件进行数据转换。

3.3.2 数据库

数据库（Database，DB）的定义是“按照数据结构来组织、存储和管理数据的仓库”，是一个长期存储在计算机内的、有组织的、可共享的、统一管理的大量数据的集合。数据库是以一定方式储存在一起、能与多个用户共享、具有尽可能小的冗余度、与应用程序彼此独立的数据集合，可视为电子化的文件柜，即存储电子文件的处所，用户可以对文件中的数据进行新增、查询、更新、删除等操作。

1. 数据库架构的组成

（1）云数据库服务

云数据库服务包括关系型云数据库服务和非关系型云数据库服务两种。其中关系型云数据库服务是一种稳定可靠、可弹性伸缩的在线数据库服务，采用即开即用方式。云数据库服务技术上兼容 MySQL、SQL Server 等一种或多种关系型数据库应用调用方式，并提供数据库服务在线扩容、备份回滚、性能监测及分析功能。而非关系型云数据库服务能帮助用户安全、可靠、快速的构建对数据规模、并发访问、扩展能力和实时性要求都很高的应用服务。

（2）数据库应用系统

数据库应用系统是指基于数据库的应用软件，例如学生管理系统、财务管理系统等。数据库应用系统由两部分组成，分别是数据库和程序。数据库由数据库管理系统软件创建，而程序可以由任何支持数据库编程的程序设计语言编写，如 C 语言、Visual Basic、Java 等。

（3）数据库管理系统

数据库管理系统（Database Management System，DBMS）用来创建和维护数据库。例如，Access、SQL Server、Oracle、Postgre SQL 等都是数据库管理系统。图 3-4 所示为 DB、DBMS 和数据库应用系统之间的联系。

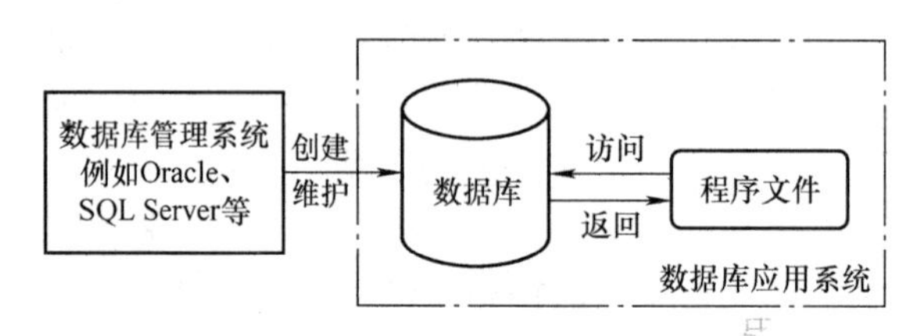

图 3-4　DB、DBMS 和数据库应用系统之间的联系

（4）关系数据库管理系统

关系数据库管理系统（Relational Database Management System，RDBMS）是指包括相互联系的逻辑组织和存取这些数据的一套程序（数据库管理系统软件）。关系数据库管理系统就是管理关系数据库，并将数据逻辑组织的系统。常用的关系数据库管理系统产品有 Oracle、IBM 的 DB2 和微软的 SQL Server。

（5）对象关系数据库管理系统

对象关系数据库管理系统（Object Oriented Data Base System，OODBS）是数据库技术与面向对象程序设计方法相结合的产物。对于 OO 数据模型和面向对象关系数据库管理系统的研究主要体现在：研究以关系数据库和 SQL 为基础的扩展关系模型；以面向对象的程序设计语言为基础，研究持久的程序设计语言，支持 OO 模型；建立新的面向对象数据库系统，支持OO数据模型。

2. 数据库系统的组成

（1）计算机硬件

计算机硬件是指有形的物理设备，它是计算机系统中实际物理设备的总称，由各种元器件和电子线路组成，计算机硬件的配置必须满足数据库系统的需要。

（2）数据库集合

数据库集合是存放数据的仓库，将数据按一定格式有组织地存放在计算机存储器中，并实现数据共享功能的数据集合。数据库是数据库系统操作的对象，可为多种应用服务，具有共享性、集中性、独立性与较小的数据冗余。数据库集合应包含数据表、索引表、查询表与视图。

（3）数据库管理系统（DBMS）及相关软件

DBMS及相关软件用于对数据库进行统一的管理和控制，以保证数据库的安全性和完整性。用户通过DBMS访问数据库中的数据，数据库管理员也通过DBMS进行数据库的维护工作。DBMS有以下4个基本功能：

1）数据定义功能：可以通过DBMS提供的数据定义语言（Data Definition Language，DDL）对数据库的数据对象进行定义。

2）数据操纵功能：可以通过DBMS提供的数据操纵语言（Data Manipulation Language，DML）对数据库进行基本操作，如查询、插入、删除与修改等。

3）数据库的运行管理：DBMS能统一地对数据库在建立、运行和维护时进行管理与控制，可保证数据库的安全性与完整性，并使数据库在故障后得以恢复。

4）数据库的建立和维护功能：DBMS能对数据库进行初始输入、数据转换与修改、恢复与重组、性能监控与分析，以确保数据库系统的正常运行。

3. 数据库系统的特点

1）数据冗余度低：最大程度地减少了数据库系统中的重复数据，使存取速度更快，在有限的存储空间内可以存放更多的数据。

2）数据独立性高：数据和程序彼此独立，数据存储结构的变化尽量不影响用户程序的使用，使应用程序的开发更加自由。

3）数据共享度高：可以使更多的用户充分使用已有数据资源，减少资料收集、数据采集等重复劳动和相应费用，降低了系统开发成本，提高用户工作效率。

4）数据安全性和完整性高：数据库系统可以防止数据丢失和被非法使用，保护数据的正确、有效和相容。

5）并发控制和数据恢复：数据可以并发控制，避免并发程序之间的相互干扰，多用户操作可以进行并行调度；具有数据的恢复功能，在数据库被破坏或数据不可靠时，系统有能力把数据库恢复到最近某个时刻的正确状态。

6）易于使用、便于扩展：数据库系统的使用简单，开发的应用软件便于用户掌握。

4. 目前流行的数据库简介

目前流行且常用的数据库管理系统，包括 Access、SQL Server、MySQL、Oracle、DB2 和 PostgreSQL 等。

(1) Access

Access 数据库管理系统是 Microsoft Office 套装软件的成员，它最早由微软公司于 1994 年推出，运行于 Windows 操作系统平台。其主要用户为个人和小型企业，当前很多小型 ASP 网站也用 Access 创建和管理后台数据库。Access 的最大特点是易学易用，开发简单。其最大的问题是安全性问题。

(2) SQL Server

SQL Server 数据库管理系统最初由 Microsoft、Sybase 和 Ashton - Tate 三家公司共同研发，后来 Microsoft 公司主要开发和商品化 Windows NT 平台上的 SQL Server，而 Sybase 公司则主要研发 SQL Server 在 UNIX 平台上的应用。

Microsoft SQL Server 是一种基于客户机/服务器的关系数据库管理系统，其专门为大中型企业提供数据管理功能，其安全性和保密性非常好，因此，目前也有很多大中型网站采用 Microsoft SQL Server 作为后台数据库系统。

(3) MySQL

MySQL 数据库管理系统由瑞典的 T. c. X. DataKonsultAB 公司研发，目前该公司已被 Sun 公司收购。MySQL 是一种高性能、多用户与多线程的，创建在服务器/客户结构上的关系型数据库管理系统。其最大的特点是部分免费、容易使用、性能稳定和运行速度高。目前，很多 JSP 网站和全部 PHP 网站都采用 MySQL 作为其后台数据库系统。

(4) Oracle

Oracle 数据库管理系统是 Orcale 公司研制的一种关系型数据库管理系统，是一种协调服务器和用于支持任务决定型应用程序的开放型数据库管理系统。Orcale 公司是世界最大的企业软件公司之一，主要为大企业、大公司提供企业软件，其主要产品有数据库、服务器、商务应用软件以及决策支持工具等。

(5) DB2

DB2 数据库管理系统由 IBM 公司研制开发，它起源于最早的关系数据库管理系统 System R。DB2 的主要用户也是大中型企业。

(6) PostgreSQL

PostgreSQL 起源于美国加州大学伯克利分校的数据库研究计划，它是一种非常复杂的对象 - 关系型数据库管理系统（ORDBMS)，也是目前功能强大、特性丰富和复杂的自由软件数据库管理系统，甚至商业数据库也不具备它的一些特性。

3.3.3 数据中台

1. 数据中台产生背景

数据中台是商业模式的产物，是从流程驱动转向数据驱动的结果。现在比较流行的数据中台，可以理解为PaaS。随着大数据，人工智能新技术的发展，出现了像分布式计算，容器化，机器学习人工智能等技术框架。这种变化使PaaS层开始出现以数据驱动为核心，充分利用数据价值，提供服务应用，最终形成数据中台。

2. 数据中台作用

企业需要一个强大的中间层为高频多变的业务提供支撑，为不同的受众用户提供多端访问渠道。数据中台能够帮用户快速“找到”数据，明确数据在哪里。通过数据中台相关工具，用户可以实现自动化抽取现在运行数据库的库表定义、字段属性和关联关系，实现快速数据位置定位；分析数据使用频度和调用关系，挖掘数据血缘关系，构建网络图谱，实现数据关系高维展示，分析系统搬迁上云，容灾备份和字段变更等影响范围。

数据中台能够帮助用户应用数据，发挥数据价值，以数据为驱动，形成数据闭环，不断优化模型算法，动态调整模型，提高模型效率和准确度，更好挖掘数据价值。

3. 数据中台体系架构

广义的数据中台体系包括基础中台、技术中台、数据中台和业务中台，它们合称为“大中台”。

（1）基础中台

基础中台为大中台的底层基础支撑，也称之为PaaS容器层，要求平台灵活高效，这就意味着对容器集群管理与容器云平台的选择十分重要，技术运用得是否到位直接影响平台的开发效率和运维程度，在这方面，目前Docker和Kubernets（K8S）独占鳌头，同时对应的DevOps与CI/CD理念也随着兴起。

敏捷开发和DevOps都是为了更好更快的发布产品而提出的一种理念，而CI/CD是实现这两者理念的一种方法，即持续集成、持续交付。这些理念、工具、方法论都是基础中台的组成部分。

（2）技术中台

技术中台是随着平台化架构的发展所演进的产物，从技术层面来讲，大中台技术延续平台化架构的高聚合、松耦合、数据高可用、资源易集成等特性，之后结合微服务方式，将企业核心业务下沉至基础设施中，基于前后端分离的模式，为企业打造一个连接一切、集成一切的共享平台，技术中台架构的底层为应用提供层，即企业信息化系统或伙伴客户相关信息化系统等；上层为集成PaaS层，将服务总线、数据总线、身份管理、门户平台等中间件产品和技术融入，作为技术支撑；数据层通过数据中台，结合主数据、大数据等技术，发挥数据治理、数据计算、配置分析的能力，服务中台层与共享服务层共同支持应用层中的行业业务，为用户提供个性化的服务。

（3）数据中台

数据中台部分用于进行数据管理，打造数字化运营能力。数据中台中不仅包括对业务数据的治理，还包括对海量数据的采集、存储、计算、配置、展现等一系列手段。

数据中台主要从系统、社交、网络等渠道采集结构化或半结构、非结构化数据，按照所需的业态选择不同技术手段接入数据，之后将数据存入到相应的数据库中进行处理，通过主数据治理以及脏数据清理，保证所需数据的一致性、准确性和完整性，之后将数据抽取或分发至计算平台中，通过不同的分析手段根据业务板块、主题进行多维度分析、加工处理，之后得到有价值的数据用于展现，辅助决策分析。

（4）业务中台

技术中台从技术角度出发，数据中台从业务数据角度出发，业务中台则从企业全局角度出发，从整体战略、业务支撑、连接用户、业务创新等方面进行统筹规划，由基础中台、技术中台、数据中台联合支撑来建设业务中台。

业务中台底层以 PaaS 为核心的互联网中台作为支撑，通常将开源的、外采的、内研的信息化系统、平台等作为基础的能力来封装成核心技术层，通过系统整合、业务流程再造、数据治理分析等一系列活动为企业的业务提供支撑，形成特有的业务层，通过连接上下游伙伴、内外部客户、设备资源系统，建立起平衡的生态环境，最终支撑起业务的发展与创新。

3.3.4 容器

容器技术是云原生技术的底层基石，一般说的“容器”，都是“Linux 容器”。容器早期是用来在 Chroot 环境（隔离 Mount Namespace 的工具）中做进程隔离（使用 Namespace 和 Cgroups）。而现在 Docker 所用的容器技术，和当时并没有本质上的区别。容器的本质，就是一组受到资源限制，彼此间相互隔离的进程。隔离所用到的技术都是由 Linux 内核本身提供的。其中 Namespace 用来做访问隔离，Cgroups 用来做资源限制。容器就是一种基于操作系统能力的隔离技术，图 3-5 所示为虚拟化技术和容器技术的对比图。

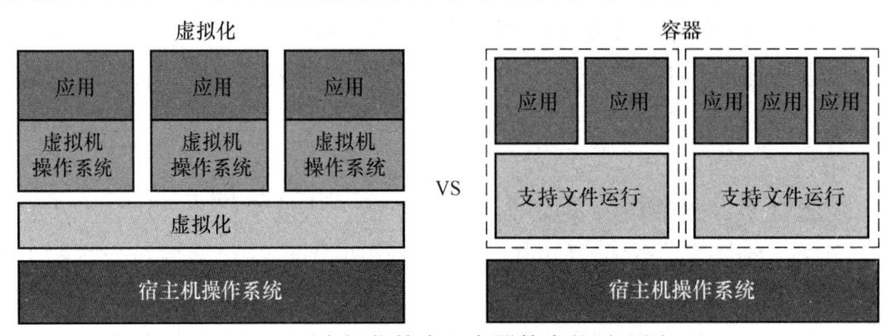

图 3-5　虚拟化技术和容器技术的对比图

可以看出，容器是没有自己的操作系统的，直接共享宿主机的内核，也没有 Hypervisor 这一层进行资源隔离和限制，所有对于容器进程的限制都是基于操作系统本身的能力来进行的，由此容器获得了一个很大的优势：轻量化，由于没有 Hypervisor 这一层，也没有自己的操作系统，自然占用资源很小，因此镜像文件占用空间也相应要比虚拟机小。

1. Docker 架构

Docker 在早期所有功能都是做在 Docker Engine 里面的，之后功能越来越多，且很多功能已经和基础的容器运行时没有关系了（比如 Swarm 项目）。所以为了兼容 OCI 标准，Docker 也做了架构调整。将容器运行时相关的程序从 Docker Daemon 剥离出来，形成了 Containerd。Containerd 向 Docker 提供运行容器的 API，二者通过 gRPC 进行交互。Containerd 最后会通过 runC 来实际运行容器。调整后的 Docker 架构图如图 3-6 所示（Docker 1.12 版本以后）。

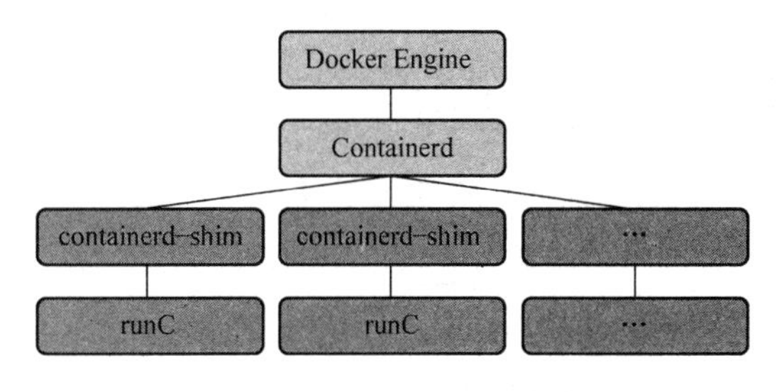

图 3-6　调整后的 Docker 架构图

其中 containerd - shim 称之为垫片，它使用 RunC 命令行工具完成容器的启动、停止以及容器运行状态的监控。containerd - shim 进程由 Containerd 进程拉起，并持续存在到容器实例进程退出为止（和容器进程同生命周期）。这种设计的优点是，只要是符合 OCI 规范的容器，都可以通过 containerd - shim 来进行调用。

2. CRI（Container Runtime Interface，容器运行时接口）

CRI 不仅定义了容器的生命周期的管理，还引入了 K8S 中 Pod 的概念，并定义了管理 Pod 的生命周期。在 K8S 中，Pod 是由一组进行了资源限制的，在隔离环境中的容器组成。而这个隔离环境，称之为 Podsandbox。在 CRI 的早期机制中，主要是支持 Docker 和 Rocket 两种。其中 Kubelet 是通过 CRI 接口，调用 docker - shim，并进一步调用 Docker Api 实现的。Docker 独立出来了 Containerd，K8S 也顺应潮流，孵化了 CRI - Containerd 项目，用以将 Containerd 接入到 CRI 标准中。

3. CRI - O

CRI - O 是云原生计算基金会（CNCF）K8S 孵化器的一个开源项目，当容器运行时（Container Runtime）的标准被提出以后，Red Hat 通过构建一个更简单的运行时，而且这个运行时仅仅为 K8S 所用，最后定名为 CRI - O，它实现了一个最小的 CRI。CRI - O 允许直接从 K8S 运行容器，不需要任何不必要的代码或工具。CRI - O 支持“受信容器”和“非受信容器”的混合工作负载。

4. K8S 架构

K8S 的容器接入方案分别经历了如图 3-7 所示的四个阶段（从右往左）：

1）最早是在 Kubelet 这一层进行适配，通过启动 docker - manager 来访问 Docker；

2）K8S 1.5 版本之后引入了 CRI，通过 docker - shim 的方式接入 Docker。shim 程序一般由容器厂商根据 CRI 规范自己开发，实现方式可以自己定义。

3）Docker 在分离出 Containerd 后，K8S 也顺应潮流，孵化了 CRI - Containerd 项目，用于和 Containerd 对接。

4）目前孵化的 CRI - O 项目直接使用 RunC 去创建容器。

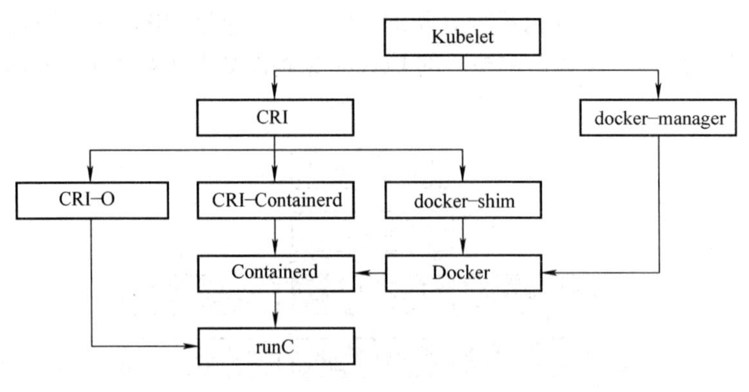

图 3-7　K8S 架构

3.3.5　微服务化

1. 微服务定义

传统的 Web 应用核心分为业务逻辑、适配器以及应用程序接口（API）或通过用户界面（UI）访问的 Web 界面。业务逻辑定义业务流程、业务规则以及领域实体；适配器包括数据库访问组件、消息组件以及访问接口等。

尽管是遵循模块化开发，但最终它们会打包并部署为单体式应用。例如 Java 应用程序会被打包成 WAR 格式，部署在 Tomcat 或 Jetty 上。这种单体应用比较适合于小项目，优点是

1）集中式管理，开发简单直接；

2）避免重复开发；

3）功能在本地，避免分布式的管理和调用开销。

这样的服务也有它的缺点，主要是开发效率低、代码维护难、部署不灵活、稳定性不高、扩展性不够等。因此，现在主流设计一般会采用微服务架构，其思路不是开发一个巨大的单体式应用，而是将应用分解为小的、互相连接的微服务。一个微服务完成某个特定功能，每个微服务都有自己的业务逻辑和适配器，一些微服务还会提供 API 给其他微服务和应用客户端使用。

每个业务逻辑都被分解为一个微服务，微服务之间通过 REST API 通信。一些微服务也会向终端用户或客户端开发 API。但通常情况下，这些客户端并不能直接访问后台微服务，而是通过 API 网关来传递请求。API 网关一般负责服务路由、负载均衡、缓存、访问控制和鉴权等任务。

2. 微服务架构的优点

1）微服务架构解决了复杂性问题，将单体应用分解为一组服务。虽然功能总量不变，但应用程序已被分解为可管理的模块或服务。这些服务定义了明确的远程过程调用（Remote Procedure Call，RPC）或消息驱动的 API 边界。微服务架构强化了应用模块化的水

平，而这通过单体代码库很难实现。因此，微服务开发的速度要快很多，更容易维护。

2）微服务架构的体系结构使每个服务都可以由专注于此服务的团队独立开发，只要符合服务 API 契约，开发人员可以自由选择开发技术，这就意味着开发人员可以采用新技术编写或重构服务，由于服务相对较小，所以这并不会对整体应用造成太大影响。微服务架构可以使每个微服务独立部署，开发人员无需协调对服务升级或更改的部署。这些更改可以在测试通过后立即部署。所以微服务架构也使得 CI/CD（持续集成/持续交付）成为可能。

3）微服务架构使每个服务都可独立扩展，只需定义满足服务部署要求的配置、容量、实例数量等约束条件即可。比如可以在 EC2 计算优化实例上部署 CPU 密集型服务，在 EC2 内存优化实例上部署内存数据库服务。

3. 微服务架构的缺点和挑战

微服务架构也会带来新的问题和挑战。其中一个就和它的名字类似，微服务强调了服务大小，但实际上这并没有一个统一的标准。

（1）微服务架构的主要缺点

1）微服务的分布式特点带来的复杂性：开发人员需要基于 RPC 或者消息实现微服务之间的调用和通信，而这就使服务之间的发现、服务调用链的跟踪和质量问题变得复杂。

2）微服务架构对测试也带来了很大的挑战：传统的单体 Web 应用只需测试单一的 REST API 即可，而对微服务进行测试，则需要启动它依赖的所有其他服务，大大增加了测试难度。

（2）微服务架构的挑战

1）分区的数据库体系和分布式事务：在微服务架构下，不同服务可能拥有不同的数据库。CAP（Consistency、Availability、Partition tolerance，一致性、可用性、分区容错性）原理的约束，使开发人员不得不放弃传统的强一致性，而转而追求最终一致性，这对开发人员来说是一个挑战。

2）微服务的另一大挑战是跨多个服务的更改，比如在传统单体应用中，若有 A、B、C 三个服务需要更改，A 依赖 B，B 依赖 C，只需更改相应的模块，然后一次性部署即可。但是在微服务架构中，则需要仔细理清每个服务组件的逻辑关系。例如先更新 C，然后更新 B，最后更新 A。

3）部署基于微服务的应用复杂度增加：单体应用可以简单地部署在一组相同的服务器上，然后前端使用负载均衡即可。每个应用都有相同的基础服务地址，例如数据库和消息队列。而微服务由不同的大量服务构成。每种服务可能拥有自己的配置、应用实例数量以及基础服务地址。这里就需要不同的配置、部署、扩展和监控组件。此外，还需要服务发现机制，以便服务可以发现与其通信的其他服务的地址。

3.4 SaaS 模式

3.4.1 特点

SaaS 简言之就是软件部署在云端，让用户通过互联网来使用它，即云服务提供商把 IT 系统的应用软件层作为服务出租出去，而消费者可以使用任何云终端设备接入计算机网络，然后通过网页浏览器或者编程接口使用云端的软件。

1. SaaS 的服务模式

SaaS 的种类与产品已经非常丰富，面向个人用户的服务包括：账务管理、文件管理、照片管理、在线文档编辑、表格制作、资源整合、日程表管理、联系人管理等；面向企业用户的服务包括：在线存储管理、网上会议、项目管理、CRM（客户关系管理）、ERP（企业资源管理）、HRM（人力资源管理）、STS（销售管理）、EOA（协调办公系统）、财务管理、在线广告管理以及针对特定行业和领域的应用服务等。

与传统软件相比，SaaS 依托于互联网，不论从技术角度还是商务角度都拥有与传统软件不同的特性，在 SaaS 模式下，软件使用者无需购置额外硬件设备、软件许可证及安装和维护软件系统，通过互联网浏览器在任何时间、任何地点都可以轻松使用软件并按照使用量定期支付使用费，如图 3-8 所示。

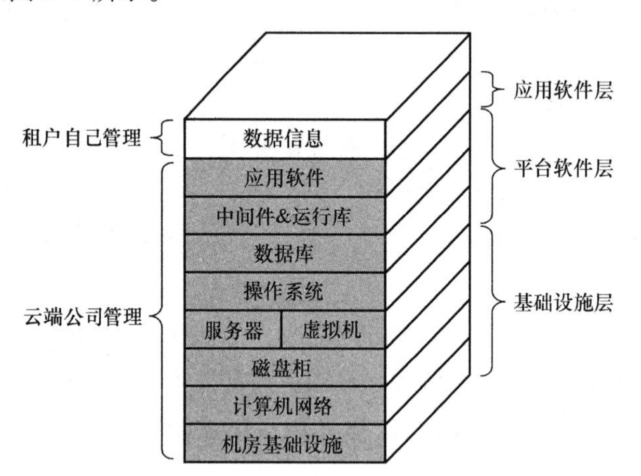

图 3-8 SaaS 云层次结构图

SaaS 提供商这时有 3 种选择：

1）租用别人的 IaaS 云服务，自己再搭建和管理平台软件层和应用软件层；

2）租用别人的 PaaS 云服务，自己再部署和管理应用软件层；

3）自己搭建和管理基础设施层、平台软件层和应用软件层。

从云服务消费者的角度来看，SaaS 提供商负责 IT 系统的底三层（基础设施层、平台软件层和应用软件层），也就是整个 IT 层，最后直接把应用软件出租出去。

2. 适合做 SaaS 应用软件的特点

1）复杂：软件庞大、安装复杂、使用复杂、运维复杂，单独购买价格昂贵，如 ERP、CRM 系统及可靠性工程软件等。

2）高效的多用户支持（Multi-Tenant-Efficient）特性：当一个用户试图通过某个基于 SaaS 模式的客户关系管理应用（Customer Relationship Management）来访问本公司的客户数据时，它所连接的这一基于 SaaS 模式的客户关系管理应用可能正同时被来自不同企业的成百上千个终端用户所使用，此时所有用户完全不知道其他并发用户访问的存在。这种在 SaaS 应用中极为常见的场景就要求基于 SaaS 模式的系统可以支持在多用户间最大程度共享资源的同时严格区分和隔离属于不同客户的数据。

3）模块化结构：按功能划分成模块，租户需要什么功能就租赁什么模块，也便于按模块计费，如 ERP 系统划分为订单、采购、库存、生产、财物等模块。

4）多租户：能适合多个企业中的多个用户同时操作，也就是说，使用同一个软件的租户之间互不干扰。租户一般指单位组织，一个租户包含多个用户。

5）多币种、多语言、多时区支持。

6）非强交互性软件：如果网络延时过大，那么强交互性软件作为 SaaS 对外出租就不太合适，会大大降低用户的体验度，除非改造成弱交互性软件或者批量输入/输出软件。

3.4.2 应用分类与优势

1. 适合云化并以 SaaS 模式交付给用户的软件

1）企事业单位的业务处理类软件：这类软件一般被单位组织用来处理提供商、员工、投资者和客户相关的业务，如开具发票、资金转账、库存管理及客户关系管理等。

2）协同工作类软件：这类软件用于团队人员一起工作，团队成员可能都是单位组织内部的员工，也可能包含外部的人员，例如日历系统、邮件系统、屏幕分享工具、协作文档创作、会议管理及在线游戏。

3）办公类软件：这类软件用于提高办公效率，如文字处理、制表、幻灯片编辑与播放工具，以及数据库程序等。基于 SaaS 云服务的办公软件具备协同的特征，便于分享，这是传统的本地化办公软件所没有的。

4）软件工具类：这类软件用来解决安全性或兼容性问题，以及在线软件开发，如文档转换工具、安全扫描和分析工具、合规性检查工具及线上网页开发等。

随着互联网进一步延伸到世界各地，带宽和网速进一步提升，以及云服务提供商通过近距离部署分支云端，从而进一步降低网络延时，可以预计，能够云化的软件种类将越来越多。

2. SaaS 模式具有的优势

1）云终端少量安装或不用安装软件：直接通过浏览器访问云端 SaaS 软件，非常方便且具备很好的交互体验，消费者使用的终端设备上无需额外安装客户端软件。

配置信息并不会存放在云终端里，所以不管用户何时何地使用何种终端操作云端的软件，都能看到一样的软件配置偏好和一致的业务数据，云终端成了无状态设备。

2）有效使用软件许可证：软件许可证费用能大幅度降低，因为用户只用一个许可证就可以在不同的时间登录不同的计算机，而在非 SaaS 模式下，必须为不同的计算机购买不同的许可证（即使计算机没被使用），从而导致可能过度配置许可证的现象。另外，专门为保护软件产权而购置的证书管理服务器也不用买了，因为在 SaaS 模式下，软件只运行在云端，软件开发公司只跟云服务提供商打交道并进行软件买卖结算即可。

3）数据安全性得到提高：对于公共云和云端托管别处的其他云来说，意味着 SaaS 软件操纵的数据信息存储在云端的服务器中，云服务提供商也许把数据打散并把多份数据副本存储在多个服务器中，以便提高数据的完整性，但是从消费者的视角看，数据是被集中存放和管理的。

云服务提供商能提供专家管理团队和专业级的管理技术和设备，如合规性检查、安全扫描、异地备份和灾难恢复，甚至是建立跨城市双活数据中心。当今大的云服务提供商能够使数据安全性和应用软件可用性达到 4 个“9”的级别。

对于云端就在本地的私有云和社区云来说，好处类似于公共云，无处不在的网络接入，使人们再也不用复制数据并随身携带，从而避免数据介质丢失或者被盗。数据集中存放管理还有利于人们分享数据信息。

4）有利于消费者摆脱 IT 运维的技术“泥潭”而专注于自己的核心业务：SaaS 云服务消费者只要租赁软件即可，而无须担心底层（基础设施层、平台软件层和应用软件层）的管理和运维。

5）消费者能节约大量前期投资：消费者不用装修机房，不用建设计算机网络，不用购买服务器，也不用购买和安装各种操作系统和应用软件，这样就能节省成百上千万元的资金。

6）SaaS 云服务的实际应用：电子邮件和在线办公软件、计费开票软件、CRM、协作工具、CMS、财务软件、销售工具、ERP、在线翻译等。

实　践　篇

第4章 云数据中心

4.1 云数据中心

4.1.1 概述

随着通信、计算机和网络技术的发展、应用以及人们对信息化认识的深入，数据中心的概念已经发生了巨大的变化，从计算机发明至今，数据中心的发展主要经过了四个阶段。从20世纪60年代到80年代后期的主要为科研和国防领域科学计算服务的大型计算机专用机房，称为第一代数据中心；到1990年前后，计算机设备进入塔式服务器和小型机房的时代，并出现了专业分工的机房设备制作企业和机房工程实施服务企业，这个时期的机房，称为第二代数据中心；再到2000年前后，第一次出现了真正意义上的“数据中心”，即以提供互联网数据处理、存储、通信为服务模式的互联网数据中心，此时发展到了第三代数据中心；而如今，云计算的到来，正引领数据中心进入第四代发展阶段——云数据中心时代。

云数据中心是云计算数据中心（Cloud Computing Data Center，CDC）的简称，作为支撑云服务的物理载体，处于云计算技术体系的核心地位。它以基于云计算技术架构为特征，以调度技术及虚拟化技术等为手段，通过建立物理的、可伸缩的、可调度的、模块化的计算资源池，将IT系统和数据中心基础设施合二为一，以崭新的业务模式向用户提供高性能、低成本、弹性的持续计算能力、存储服务及网络服务。云计算数据中心包括计算资源、存储资源、电力资源、交互能力以及弹性、负载均衡及虚拟化资源部署方式，而所有的计算、存储及网络资源都是以服务的方式提供的。这种新型服务最大的好处在于合理配置整个网络内的资源，提高IT系统能力的利用率，降低成本、节能减排，真正实现数据中心的绿色、集约化。

云数据中心不仅是一个机房设施和网络的概念，还是一个服务概念，它构成了网络基础资源的一部分，是互联网和信息化发展的“基石”，它提供了一种高端的数据传输服务和高速接入服务。

中国联通公司是国内云数据中心建设的领跑企业，目前已经在国内布局建设了12个大型云数据中心基地，基地间通过高速、大容量、性能优质的新一代网络实现互联，具备辐射全国、规模分布、虚拟存储、弹性调度、安全防护、绿色节能的云数据中心服务能力。

4.1.2 要素

云数据中心是传统数据中心适应市场需求的升级，也是数据中心演进的方向，云数据中心一般具有以下五大要素。

1. 面向服务

云数据中心的整体结构都是以服务为导向。通过将自身的物理资源进行虚拟化和聚合，以松耦合的方式提供多种服务的综合承载。用户可从服务目录中进行选择自己所需的各类资源，而云数据中心底层实现这些资源供给的方法，对用户是完全透明的。

2. 资源池化

面向服务是云数据中心对外提供服务的宗旨，而资源池化则是云数据中心的实现途径。在云数据中心内部，各类 IT 资源和网络资源一起构成了统一的资源池，以便对逻辑资源和各类物理资源进行去耦合。对于用户而言，所面对的都是以逻辑形式统一存在的资源，用户只需要关注如何使用和操作这些资源，不必关心这些资源与哪些实际物理设备相关联。

3. 高效智能

云数据中心主要基于虚拟化和分布式计算等技术。现代的集群设备成本较低，利用这些低廉的硬件设备可以实现相对高效的信息承载、数据存储与处理。另外，云数据中心可以综合运用各种调度策略，达到负载均衡、资源部署与调度智能化的目的。

4. 按需供给

通过资源池化将物理资源转化为统一的逻辑资源后，云数据中心的底层架构可以根据用户的实际需求对资源实现动态供给。另外，云数据中心还可以根据实际的需求趋势，对底层的物理硬件设备进行智能地容量规划，从而保证在实际需求之前满足供给。

5. 低碳环保

云数据中心中通过虚拟化技术可以实现绿色节能的目标，综合运用各种基于能耗的调度策略，可以在满足需求的前提下有效降低云数据中心设备的投入和运营维护成本。

4.1.3 总体架构

云计算技术的发展推动着数据中心架构的变化，云计算架构模式的引入，使数据中心的架构更适应用户业务的快速变化，体现数据中心的敏捷性。通过引入云化技术，对计算、存储、网络等资源进行统一的管理，实现资源的共享，提高企业资源的利用率。在机房设计方面，引入低碳环保理念，通过模块化机房、云主机自动管理技术等构建绿色机房。随着新理念、新技术引入，云数据中心架构随之出现。云数据中心总体架构是数据中心构建的顶层设计，为数据中心的建设提供重要支撑作用。云数据中心架构自下而上由数据中心机房层、物理资源层、基础设施层、平台服务层、软件服务层、终端用户层六大部分构成。

数据中心机房层是数据中心的基石，为数据中心系统提供基础承载环境。数据中心机房由机房布局、综合布线、机柜、电力系统、消防设施、机房运维中心、制冷系统、监控门禁系统等组成。

物理资源层是指为数据中心信息系统提供物理承载的各类资源，主要有服务器、网络设备、存储设备、安全设备、负载均衡设备等。

基础设施层通过云化技术对物理资源进行虚拟化，以云主机的形式为用户构建虚拟计算资源池、虚拟存储资源池、虚拟网络资源池。

平台服务层为用户提供开发平台、软件运行环境、管理平台等，支持应用软件开发，为开发用户提供编程语言、程序库、公用服务和工具链方面的支持。

软件服务层为用户提供各种应用业务场景的服务，如电子商务网站、门户网站、社交网站、在线应用软件、移动互联网应用等。

终端用户层是指各类用户（软件开发人员、系统管理维护人员、应用用户、平台运营商等）通过笔记本电脑、台式计算机、平板电脑、智能手机等接入终端，访问数据中心的软件服务。

数据中心各层向上提供支撑，数据中心机房层为物理资源层提供承载环境，物理资源层为基础设施层提供基础资源，是虚拟计算资源、虚拟存储资源、虚拟网络资源的基础。平台服务层以基础设施服务为基础，为开发用户提供开发支持能力，为上层软件运行提供环境支持。软件服务层为终端用户层提供各类服务，适应各类应用场景。终端用户层通过各类终端接入数据中心，使用各类软件服务。

4.1.4　智能化系统

云数据中心智能化系统主要由综合布线系统、安全防范系统、环境及设备监控系统、楼宇自控系统、火灾报警及联动控制系统、电气火灾监控系统等组成。各系统的设计应根据机房的等级，按现行国家标准《智能建筑设计标准》（GB 50314）、《安全防范工程技术规范》（GB 50348）、《建筑设计防火规范》（GB 50116）、《视频显示系统工程技术规范》（GB 50464）的规范要求执行。

综合布线系统是将语音信号、数据信号的配线，经过统一的规范设计，综合在一套标准的配线系统上，它主要由工作区子系统、水平配线子系统、干线子系统、设备间子系统、进线间子系统及管理等组成。

安全防范系统是以建立纵深防护体系为原则，设置重点目标防护、区域防护和周界防护，为整个数据中心建筑提供全面的安全保障。安防监控中心可设在机房楼一层，对全区进行统一的监控管理。安全防范系统包括集成视频安防监控系统、出入口控制系统、入侵报警系统等，各系统之间应具备联动控制功能，紧急情况时，出入口控制系统应能接受相关系统的联动控制信号，自动打开疏散通道上的门禁系统，实现数字化电子地图、多画面显示和录像控制等功能。

环境及设备监控系统主要是对数据中心的各类设备（配电设备、UPS 电源、发电机、机房空调、消防系统、安防门禁系统等）的运行状态、空气质量（温湿度、洁净度）、供电电压、电流、频率、配电开关状态、排水系统等进行实时监控并记录历史数据，实现管理人员对机房遥测、遥信、遥控、遥调的管理功能，为机房的高效管理和安全运行提供有力的技术保证。

楼宇自控系统能够自动控制建筑物内的机电设备。通过软件，系统地管理相互关联的设备，发挥设备整体的优势和潜力，提高设备利用率，优化设备的运行状态和时间（但并不影响设备的工效），从而可延长设备的服役寿命，降低能源消耗，减低维护人员的劳动强度和工时数量。

火灾报警及联动控制系统主要包括火灾自动报警系统、消防联动控制系统、火灾应急广播系统、消防直通对讲电话系统、应急照明系统等。该系统在发生火灾的两个阶段发挥着重要作用：第一阶段（报警阶段），在火灾初期，往往伴随着烟雾、高温等现象，通过安装在现场的火灾探测器、手动报警按钮，以自动或人为方式向监控中心传递火警信息，达到及早发现火情、通报火灾的目的；第二阶段（灭火阶段），通过控制器及现场接口模块，控制建筑物内的公共设备（如广播、电梯）和专用灭火设备（如排烟机、消防泵），有效实施救人、灭火，达到减少损失的目的。

应急照明是在正常照明系统因电源发生故障，不再提供正常照明的情况下，供人员疏散、保障安全或继续工作的照明。应急照明不同于普通照明，它主要包括备用照明、疏散照明、安全照明三种。应急照明一般采用智能集中控制型消防应急照明系统，系统由中央监控站、电池主站、安全电压型集中电源点式监控型标志灯/照明灯、通信模块等组成。

为防范电气火灾，需设置电气火灾监控系统，系统主机可设在消防控制室。在人员密集、有易燃物品的场所，达到一定的面积空间或功能区，重要配电箱进线处设置漏电检测元件，实现数据采集，以及实现漏电报警的就地及远方检测功能，当采集到用电回路漏电故障，即发出报警信号，提示维修人员对故障线路勘查检修。漏电报警信号的检测及采集通过信号线送至消防控制室的漏电监控系统报警主机。

4.2 核心技术

4.2.1 网络架构设计

随着网络技术的发展，数据中心已经成为提供 IT 网络服务、分布式并行计算等的基础架构，为加速现代社会信息化建设、加快社会进步，发挥举足轻重的作用。云数据中心对于网络有高带宽、低时延、高可靠性、高灵活性、低能耗的要求，因此构建云数据中心网络需要具备以下要素。

1）良好的可扩展性：因为随着网络应用的不断发展，更多的服务器将会连接到数据中心中，这就要求数据中心拓扑能够具有容纳更多服务设备的能力。

2）多路径容错能力：为保证拓扑的容错性能，要求拓扑必须具有路径多样性，这样对于链路或是服务器故障等都有很好的容错效果，同时并行路径能够提供充裕带宽，当有过量业务需要传输服务时，网络能动态实现分流，满足数据传输需求。

3）低时延：云数据中心为用户提供视频、在线商务、高性能计算等服务时，用户对网络时延比较敏感，需要充分考虑网络的低时延特性要求，实现数据的高速率传输。

4）高带宽网络传输能力：数据中心各服务器之间的网络通信量很大且很难预测，达到TB或PB级，乃至ZB级，这就要求拓扑结构能够保证很好的对分带宽，实现更大吞吐量的数据通信，这样才能有效地保证高带宽的应用请求得到服务响应。

5）模块化设计：充分利用模块化设计的优点，实施设备模块化添加、维护、替换等，降低网络布局和扩展的复杂度。另外，充分考虑业务流量特点及服务要求，保证通信频繁的设备处在同一模块内，降低模块之间的通信量，便于优化网络性能，实现流量均衡。

6）网络扁平化：随着融合网络的发展，网络扁平化要求构建网络的层数要尽可能少，以利于网络流量均衡，避免过载，方便管理。

7）绿色节能：因云数据中心运营能耗开销甚大，合理的布局有利于数据中心散热，实现降低能耗开销、保护网络设备的目的。

传统树形结构是较早用于构建数据中心的网络拓扑，该拓扑是一种多根树形结构，属于Switch－Only型拓扑，底层采用商用交换设备与服务器相连，高层则是采用高性能、高容量、高速率交换设备。该网络模型一般分为三层：接入层（终端接入网络）、汇聚层（基于策略的网络连接）和核心层（高速交换网络主干）。

1）接入层：接入层向本地网段提供终端设备接入。在接入层中，减少同一网段的终端设备数量，能够向工作组提供高速带宽。接入层可以选择不支持VLAN和三层交换技术的普通交换机。

2）汇聚层：汇聚层是网络接入层和核心层的“中介”，就是在终端设备接入核心层前先做汇聚，以减轻核心层设备的负荷。汇聚层具有实施策略、安全工作组接入、虚拟局域网（VLAN）之间的路由、源地址或目的地址过滤等多种功能。在汇聚层中，一般选用支持三层交换技术和VLAN的交换机，以达到网络隔离和分段的目的。

3）核心层：核心层是网络的高速交换主干，对整个网络的连通起到至关重要的作用。核心层应该具有如下几个特性：可靠性、高效性、冗余性、容错性、可管理性、适应性、低延时性等。在核心层中，应该采用千兆以上高带宽的交换机。因为核心层是网络的重要性突出的枢纽中心，核心层设备一般采用双机冗余热备份模式，同时使用负载均衡功能，来改善网络性能。

传统三层网络架构示意图如图4-1所示。

4.2.2　网络融合技术

以太网、存储网络及高性能计算网络融合是数据中心网络发展的趋势，通过融合可以实现降低成本、降低管理复杂度、提高安全性等目的。现阶段主要的网络融合技术有光纤以太网通道技术、数据中心桥接技术及多链接透明互联技术等。

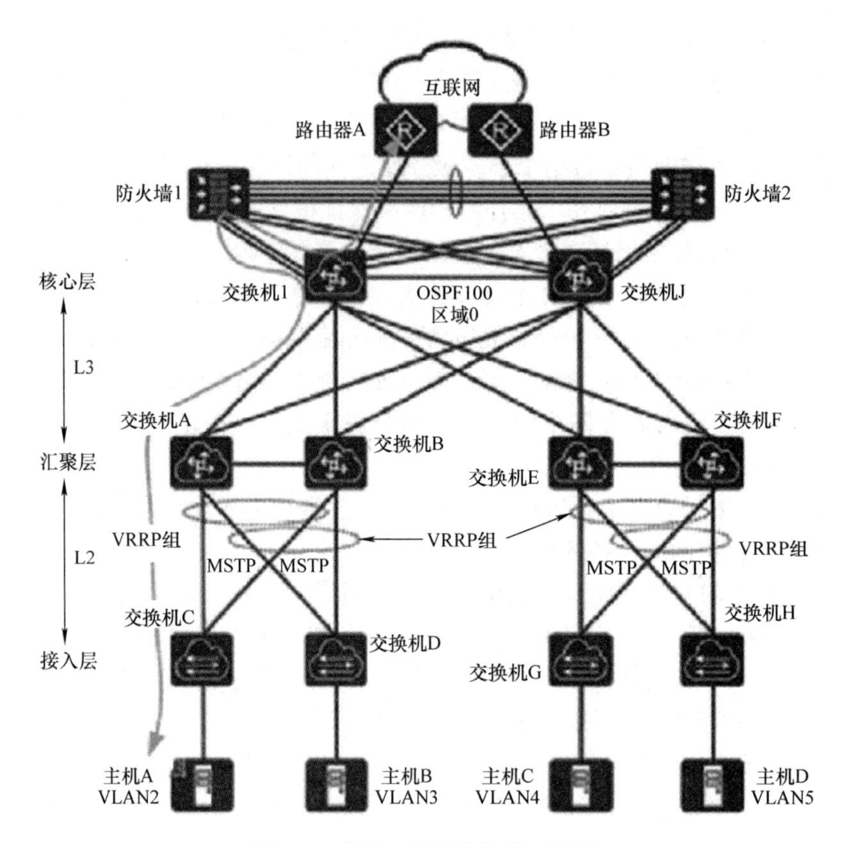

图 4-1　传统三层网络架构示意图

1. 以太网光纤通道技术

近年来，计算机网络呈现飞速发展的势头，使互联网产生的服务量不断增大，尤其是云存储服务的出现，对存储容量、传输速率和响应时间的要求也越来越高。大型的网络服务提供商使用数据中心提供统一的存储服务，而数据中心通常采用 FC 协议和 iSCSI 协议搭建 SAN（存储区域网），分别称为 FC－SAN 和 IP－SAN。

以太网光纤通道（Fibre Channel over Ethernet，FCoE）协议使 FC 协议能在以太网上传输，可以将数据和存储网络统一到以太网上，实现了网络融合（Network Convergence）。FCoE 可以和数据中心现有的以太网和 FC－SAN 设备无缝互通，将存储融入以太网架构，同时保证了 FC－SAN 的功能和高性能。以太光纤通道将光纤通道帧映射并封装到以太网帧中，从而使得光纤通道存储流能在以太网上传输，加上 FCoE 交换机（支持 FCoE 帧和 FC 帧的转换及 IP 帧）的支持，可以将以太网上 IP 数据和 FC 数据等其他数据流整合到统一网络链路，构成一个融合的网络。

FCoE 为存储网络流量提供统一交换网络，网络融合能够整合和有效地利用资源，减少交换基础设施、服务器的 I/O 适配器和线缆的数量，从而大幅减少电力和冷却成本。同时，简化的基础设施也能降低管理和运营的开支。FCoE 可以和数据中心现有的以太网及 FC 基础设施无缝互通，充分利用网络融合带来的优势。

2. 数据中心桥接技术

数据中心桥接（Data Center Bridge，DCB）是由 IEEE 首先提出的标准，在融合架构中，存储、数据网络、群集通信和管理流量全部共享同一个以太网基础结构。DCB 支持基于硬件的带宽分配，它有可能支持 iSCSI，融合以太网远程直接内存访问（Remote Dinet Memory Access，RDMA）或 FCoE。

DCB 技术最大的作用是实现了使用不同网络技术的存储网络和以太网络融合成为一张大网。DCB 技术是针对传统以太网的一种增强，这种增强型的以太网叫无损以太网，就是保证以太网络不丢（数据）包。DCB 技术主要包括以下标准：优先级流控（Priority Flow Control，PFC）标准（IEEE 802. 1Qbb）、阻塞通知（Congestion Notification，CN）标准（IEEE 802. 1Qau）、增强型传输选择（Enhanced Transmission Selection，ETS）标准（IEEE 802. 1Qaz）、最短路径桥（Shortest Path Bridging，SPB）标准（IEEE 802. 1aq）等。

3. 多链接透明互联技术

多链接透明互联（Transparent Inter Connection of Lots of Links，TRILL）是 IETF（国际互联网工程任务组）推荐的连接层网络标准。其主要目的是为克服生成树协议（Spanning Tree Protocol，STP）在规模上和拓扑重聚方面存在的不足。TRILL 技术通过在传统二层以太网中引入三层路由思想，把三层网络的稳定和二层网络的灵活、三层网络的高性能与二层网络可扩展的优点集中在一起，形成了一种新的二层网络架构，TRILL 是一个基于最短路径架构路由的多重标准以太网络协议，主要作用是整合了网桥和路由器的优点，将链路状态路由技术应用在二层，提高对单播和多播在多路径方面的支持，并降低时延。

4.2.3　网络性能测试

网络性能测试是通过测试工具对可用于系统设计、配置和维护的性能参数进行测试，然后得到的一组结果。它与用户的操作和终端性能无关，体现的是网络自身的特性。视频数据、电子商务等应用场景，因其数据业务占用带宽大且具有实时性，因此需要有效地对网络进行预测和使用控制手段来保证网络服务质量。网络性能测试是得到网络性能的基本手段，网络性能测试是一个信息收集和分析的过程，是获得网络性能指标的有效方法，也是维护系统性能的有效手段。网络性能测试是一个通过网络设备采集网络信息，然后解析信息再从网络中提取一些性能数据的过程，是一种在实际环境中探索网络特性的有效手段。网络端到端数据传输是在网络上通过端到端测试找出在进行数据传输时其数据包的丢失和延时动态变化特性的一个过程，网络性能反映网络所提供服务的质量水平。网络性能测试可以分析网络承载的关键业务，因此可采用一定的测试方法来获取网络性能指标，最终确保用户应用服务体验质量。

网络性能测试是对实际运营的网络进行性能测试分析，而后发现问题和评估性能的过程。网络性能测试可以依据采用的是主动还是被动方式、集中还是分布式的测试体系结构、发送的测试包的类型和发送与截取测试包的采样方式等内容来划分。

网络测试技术由于网络的体系结构和安全因素而被广泛使用和研究。在不同层次上，如网络层、传输层和应用层等都各自对应着不同的测试指标。其中网络层测试指标主要有连通性、带宽、时延和丢包率；传输层测试指标主要有丢包率、吞吐量和连接数；应用层测试指标主要有页面丢失率、应答延迟和吞吐量。同时也有如丢包率等某些指标能在不同层次上都采用，它们通过不同角度在各个不同层次上去衡量同一个网络的状况，能更清晰地通过不同层的衡量结果进行网络性能的研究。网络性能测试是用来描述网络运行中的特定性能，它主要针对端到端连通性（Connectivity）、带宽（Bandwidth）、延迟（Delay）、延迟抖动（Delay Jitter）、丢包（Packet Loss）、吞吐量（Throughput）等性能指标进行测试。其中带宽是网线里所能传递流量的最大速度，主要是用来说明网络传递数据的能力；延迟是从信息输入网络到离开网络在传递过程中所消耗的时长；延迟抖动指的是延迟的变化程度，它直接影响网络应用之间的交互；丢包是由于网络发生拥塞使得路由器缓存溢出或数据包延迟过大而造成的数据包丢失，它会造成数据重传进而增加了数据的延迟。带宽是应用向网络请求所需要的最基本的网络资源，它指的是某条端到端网络路径的带宽，而丢包、延迟以及延迟抖动等一些其他的性能指标则是在确定带宽的前提下，网络中某种流量负载下的性能表现形式，它们可为网络规划的性能效果提供衡量标准。

网络性能测试一般是利用如ICMP和TCP等网络协议开展测试，主要有主动测试，被动测试以及主、被动这两种测试相结合测试方法。其中主动测试只需要把测试工具部署在测试源端上，由监测者主动发送探测流去监测网络设备的运行情况，从网络的反馈中观察分析探测流的行为来评估网络性能而得到需要的信息。被动测试是指在链路或路由器等设备上对网络进行监测，为了解网络设备的运行情况，监测者需要被动地采集网络中现有的标志性数据。主动测试比较适合对端到端的时延、丢包以及时延变化等参数的测量，而被动测试则更适用于对路径吞吐量等流量参数的测试。目前常用的网络性能测试工具见表4-1。

表4-1　常用的网络性能测试工具

对应的性能指标	实现的工具	相关的算法
带宽容量	Bprobe、Nettimer、Sprobe	包对算法
带宽利用率	Cprobe	包对算法
带宽容量、往返时延、丢包率	Bing、Pchar、Pathchar	可变包长算法
可用带宽、丢包率	Pathrate、Pipechar	Packet train
可达带宽	Iperf、Netperf、Ttcp	Path flooding
可用带宽	Pathload	SLOPS
丢包率、双向时延	Ping	ICMP echo
单向时延	Owping	GPS 主动测量
网络拓扑、双向时延	Traceroute	Varied TTL
可用带宽	Treno	TCP 仿真

从测试方式来看，主动测试相应的工具主要有测试综合传输性能的Netperf、测试RTT

和连通性的Ping、测试链路带宽的Pathchar等；被动测试相应的工具主要有能对网络容量负载趋势进行综合描述的NetFlow和对网络性能进行综合统计的MRTGt等。Netperf采用为批量数据传输模式和请求/应答模式，根据应用的不同进行不同模式的网络性能测试，它可以确定大多数网络类型端到端的性能；Iperf能够提供丢包率和网络吞吐率信息等一些统计信息，它能用于优化应用程序和主机参数；Pathchar是第一款基于单分组技术的带宽测试工具；Pchar的实现思想与Pathchar基本类似，它能支持不同大小种类的探测分组，它还拥有三种不同的线性衰减算法，达到获取RTT最小区域与探测分组大小的目的。

4.2.4　虚拟化技术

虚拟化（Virtualization）技术最早出现在20世纪60年代的IBM大型机系统，在70年代的System 370系列中逐渐流行起来。这些机器通过一种叫虚拟机监控器（Virtual Machine Monitor，VMM，又称Hypervisor）的程序在物理硬件之上生成许多可以运行独立操作系统软件的虚拟机（Virtual Machine，VM）。虚拟化技术的本质在于对计算机系统软硬件资源的划分和抽象。计算机系统的高度复杂性是通过各种层次的抽象来控制的，每一层都通过层与层之间的接口对底层进行抽象，隐藏底层具体实现而向上层提供较简单的接口。

1. 虚拟化技术层次

计算机系统包括五个抽象层：硬件抽象层、指令集架构层、操作系统层、库函数层和应用程序层，虚拟化可以在每个抽象层来实现。虚拟化平台是操作系统层虚拟化的实现。在系统虚拟化中，虚拟机是在一个硬件平台上模拟一个或者多个独立的和实际底层硬件相同的执行环境。每个虚拟的执行环境里面可以运行不同的操作系统，即客户机操作系统（Guest OS）。Guest OS通过虚拟机监控器提供的抽象层来实现对物理资源的访问和操作。目前存在各种各样的虚拟机，但基本上所有虚拟机都基于“计算机硬件+虚拟机监视器（VMM）+客户机操作系统（Guest OS）”的模型，如图4-2所示。虚拟机监控器是计算机硬件和Guest OS之间的一个抽象层，它运行在最高特权级，负责将底层硬件资源加以抽象，提供给上层运行的多个虚拟机使用，并且为上层的虚拟机提供多个隔离的执行环境，使得每个虚拟机都以为自己在独占整个计算机资源。虚拟机监控器可以将运行在不同物理机器上的操作系统和应用程序合并到同一台物理机器上运行，减少了管理成本和能源损耗，并且便于系统的迁移。

2. 虚拟机监视器模型

根据虚拟机监视器（VMM）在虚拟化平台中的位置（见图4-2），可以将其分为3种模型。

（1）裸机虚拟化模型（Hypervisor Model）

裸机虚拟化模型，也称为Type－I型虚拟化模型或独立监控模型，如图4-3所示。该模型中，虚拟机监控器直接运行在没有操作系统的裸机上，具有最高特权级，管理底层所有的硬件资源。所有的Guest OS都运行在较低的特权级中，所有Guest OS对底层资源的访问都被虚拟机监控器拦截，由虚拟机监控器代为操作并返回操作结果，从而实现系统的隔离性，达到对系统资源绝对控制。作为底层硬件的管理者，虚拟机监控器中有所有的硬件驱动。

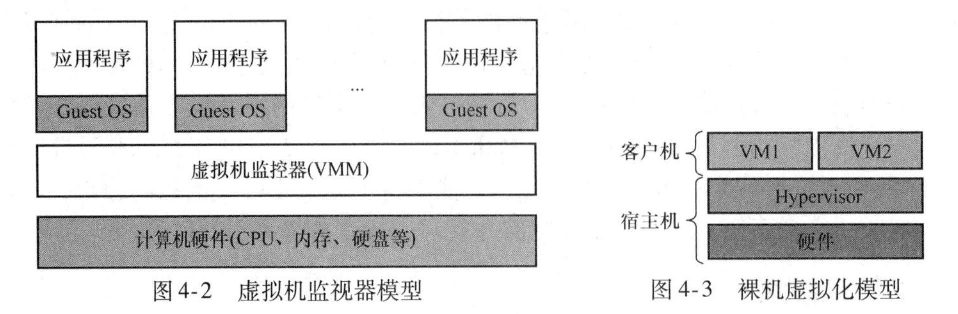

图 4-2　虚拟机监视器模型　　　　图 4-3　裸机虚拟化模型

（2）宿主机虚拟化模型（Host - based Model）

宿主机虚拟化模型，也称为 Type - Ⅱ型虚拟化模型，如图 4-4 所示。该模型中，虚拟机监控器作为一个应用程序运行在宿主机操作系统（Host OS）上，而 Guest OS 运行于虚拟机监控器之上。Guest OS 对底层硬件资源的访问要被虚拟机监控器拦截，虚拟机监控器再转交给 Host OS 进行处理。该模型中，Guest OS 对底层资源的访问路径更长，故而性能相对独立监控模型有所损失。但优点是，虚拟机监控器可以利用宿主机操作系统的大部分功能，而无需重复实现对底层资源的管理和分配，也无需重写硬件驱动。

（3）混合模型（Hybrid Model）

如图 4-5 所示，混合模型中，虚拟机监控器直接运行在物理机器上，具有最高的特权级，所有虚拟机都运行在虚拟机监控器之上。与 Type - I 型虚拟化模型不同的是，这种模型中虚拟机监控器不需要实现硬件驱动，甚至不需要虚拟机调度器等部分虚拟机管理功能，而是把对外部设备访问、虚拟机调度等功能交给一个特权级虚拟机（RootOS、Domain0、根操作系统等）来处理。特权级虚拟机可以管理其他虚拟机和直接访问硬件设备，只有虚拟化相关的部分，例如虚拟机的创建/删除和外设的分配/控制等功能才交由虚拟机监视控制。

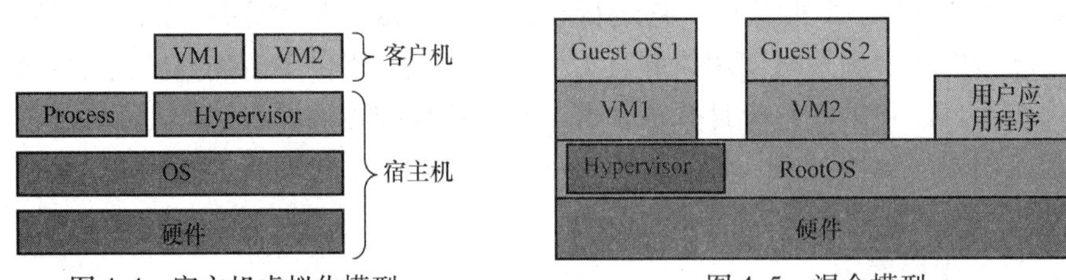

图 4-4　宿主机虚拟化模型　　　　图 4-5　混合模型

3. 常用虚拟化技术

1）硬件仿真技术：该技术在宿主机操作系统上创建一个硬件虚拟机来仿真所想要的硬件，包括客户机需要的 CPU 指令集和各种外设等。

2）全虚拟化技术：该技术以软件模拟的方式呈现给虚拟机的是一个与真实硬件完全相同的硬件环境，使得原始硬件设计的操作系统或其它系统软件完全不做任何修改就可以直接运行在全虚拟化的虚拟机监控器上，兼容性好。

3）半虚拟化技术：又称为泛虚拟化技术、准虚拟化技术、协同虚拟化技术或者超虚拟化技术，是指通过暴露给 Guest OS 一个修改过的硬件抽象，将硬件接口以软件的形式提供给客户机操作系统。

4）硬件辅助虚拟化技术：是指借助硬件（CPU、芯片组以及I/O设备等）的虚拟化支持来实现高效的全虚拟化。这主要体现在以软件方式实现内存虚拟化和I/O设备虚拟化。

4.2.5　安全技术

云计算数据中心安全体系应包括：安全策略、安全标准规范、安全防范技术、安全管理保障、安全服务支持体系等多个部分。安全体系贯彻到云计算数据中心安全的各个环节，如安全需求、安全策略制定、防御系统、监控与检测、响应与恢复等，并需要充分考虑到各个部分之间的动态关系与依赖性，如图4-6所示。

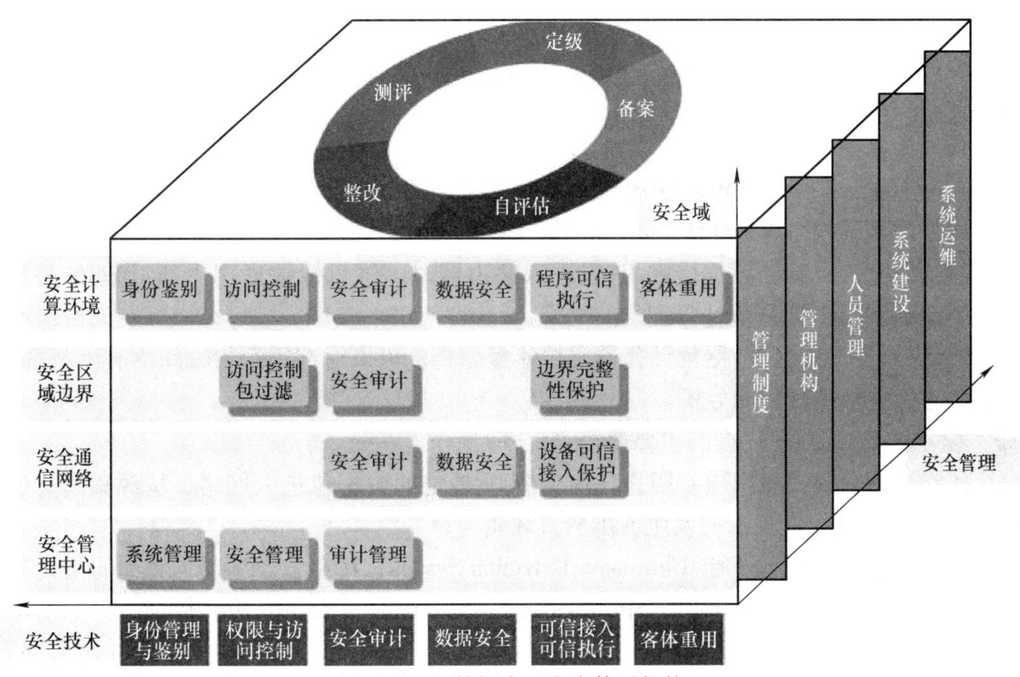

图4-6　云数据中心安全体系架构

1. 典型安全威胁与攻击

1）网络探测：攻击者先了解开放信息源的安全情况，随后利用端口扫描等手段获取正在活动的目标主机，了解主机开放的服务、操作系统类型及可利用的安全漏洞。

2）网络窃听：目前窃听攻击主要是网络监听。攻击者在互联网上获取一个网络切入点后，得到所有数据包，并从中抽取明文方式传输的口令等安全信息。

3）获取口令：攻击者通过缺省口令、口令猜测和使用口令破解自动化工具等多种途径，可以设法获取云数据中心主机设备口令，进而实施攻击。

4）IP欺骗：IP欺骗指攻击者通过网络监听，将其发送的网络数据包的源IP地址篡改为攻击目标所信任的某台主机的 IP 地址，从而骗取攻击目标信任。

5）DoS 攻击：在 DoS（拒绝服务）攻击中，攻击者向云数据中心主机设备发送多个认证请求，并且所有请求的返回地址都是伪造的，直到主机设备因过载而拒绝提供服务。分布式拒绝服务（DDoS）采用 DoS 的变种工具，它会利用网络协议缺陷，控制多台傀儡主机向目标进行攻击。

6）主机的缓冲区溢出攻击：缓冲区溢出攻击是通过向程序的缓冲区写入超出其边界的内容，造成缓冲区的溢出，从而使得程序执行其他攻击者指定的代码。

7）病毒、蠕虫及木马攻击：攻击者获取网络中存在漏洞的主机的控制权，进行复制和传播病毒后，在已感染的主机中设置后门或执行恶意代码。

2. 安全防护措施及方法

1）4A（Authentication、Authorization、Account、Audit，认证、授权、账号和审计）功能：主要是确认并监督用户的身份和权限。

① 路由协议的安全性：配置路由器，在交换路由表之前双方进行身份的验证，身份认证可以避免非法程序假冒路由器交换错误的路由表。

② 访问控制列表技术：在路由器上设置防火墙可以控制通过路由器数据包的端口地址范围、端口范围，实现允许某个 IP 地址访问内部网络的某个主机应用程序的控制。

③ 网络地址转换（Network Address Translation，NAT）技术：传送 IP 包时，用公共 IP 地址替换内部 IP 地址，当该连接的 IP 包进入路由器时，将目标地址用内部 IP 地址替换回来，从而隐藏内部网络 IP 地址分配。

④ 流量分析：目前路由器软件普遍支持流量分析，可以对在很短的时间内有大量的 IC-MP、TCP 连接请求进行智能分析。

2）防范 DoS、DDoS 攻击的主要途径。

① 实施进网流量过滤措施，阻止任何伪造 IP 地址的数据包进入网络：从源头阻止诸如 DDoS 这样的分布式网络攻击的发生或削弱其攻击力度。

② 采用网络入侵检测系统（Intrusion Detection System，IDS）：当系统收到来自可疑地址或未知地址的可疑流量时，IDS 发出报警信号，提醒管理员及时采取应对措施，例如切断连接或反向跟踪等。

③ 在路由器和 Web 交换机上，将下列类型的数据帧丢弃：长度太短、帧被分段、源地址与目的地址相同、源地址或目的地址是环回地址、源地址为内部地址或子网广播地址、源地址不是单播地址、目的地址不是有效的单播或组播地址。

④ Web 交换机将中断启动后一段时间内没有有效帧的 HTTP 数据流，终止一段时间内没有返回 ACK 信号的 TCP 数据流。它也将终止任意尝试 8 次以上 SYN 的数据流，并且停止处理同样的 SYN、源地址、目的地址及端口号对的数据流。

3）虚拟局域网（VLAN）：保证多客户/服务器群结构安全的通用方法是给每个客户分配一个 VLAN 和相关的 IP 子网，通过使用 VLAN 每个客户被从第二层隔离开。数据中心的流量流向一般是在服务器与客户之间，服务器间的横向通信较少。因此，专用 VLAN（private VLAN，pVLAN）在同一个二层域中有三类不同安全级别的端口。与服务器连接的端口称为专用端口，它只能与混杂端口通信。混杂端口没有专用端口的限制，它与路由器或第三层交换机接口相连。共有端口之间可以互相通信，也可以和混杂端口通信，它主要是用于同一个 pVLAN 中需要互相通信的一组客户。

4）漏洞扫描与入侵检测系统：漏洞扫描是一种检测远程或本地系统脆弱性的安全技术。通过漏洞扫描，数据中心管理员能够检查、分析数据中心网络环境内的设备、网络服务、操作系统、数据库系统等的安全性，为提高网络安全等级提供决策支持。同时还能及时发现网络漏洞并在网络攻击者扫描和攻击之前予以修补。IDS 一般包括探测器（Sensor）和检测器（Director）两个部件。Sensor 分布在网络或主机系统中关键点，发现潜在的违反安全策略的行为和被攻击的先兆，并给 Director 管理控制台发送告警。Director 采取相应的防护手段，如实时记录网络流量用于跟踪和恢复、使用诱骗服务器记录黑客行为等。

3. 常用安全设备

开源云资源池等保证安全能力的安全设备一般包括：防火墙（FW）、网闸、网络及数据库安全审计系统、运维审计系统（堡垒机）、抗 DDoS、IDS、入侵防御系统（Intrusion Protection System，IPS）、Web 应用防火墙（WAF）、防病毒网关、网页防篡改、漏洞扫描系统、虚拟专用网络（Vitual Private Network，VPN）、安全管理平台、风险探知、虚拟路由及负载均衡、4A 等，如图 4-7 所示。

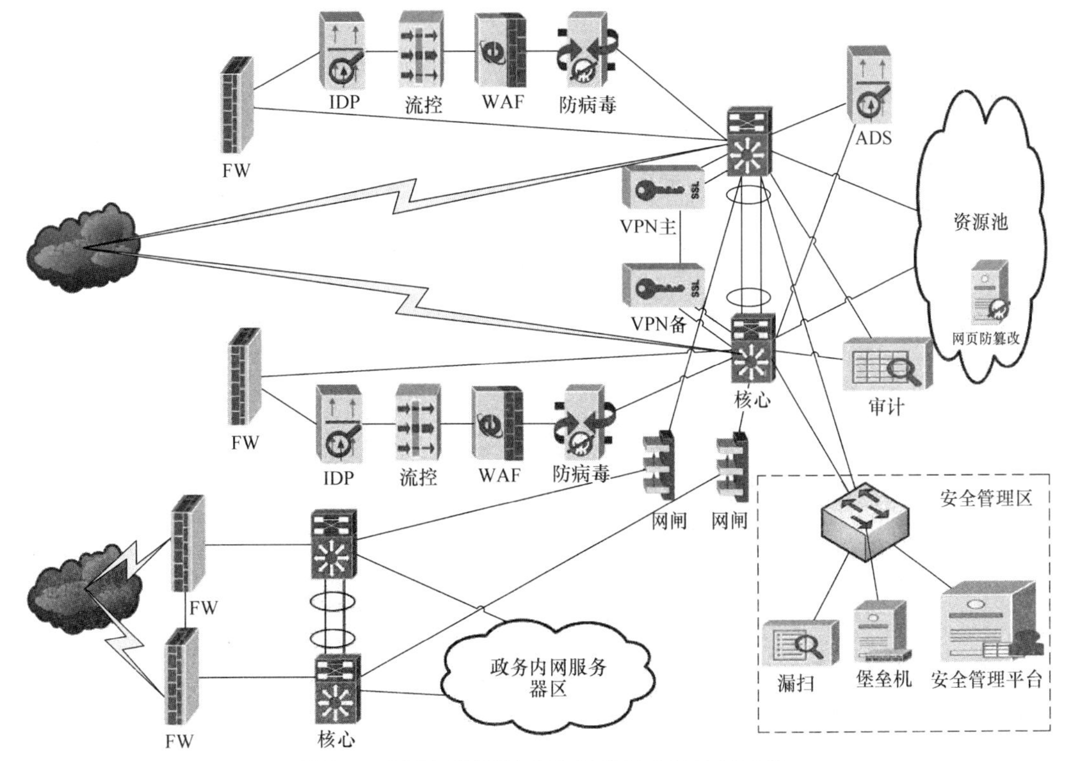

图 4-7　开源云资源池安全设备网络拓扑图示例

防火墙是内外网的边界，做访问控制策略进行边界隔离；业务数据在进入内网之前要进行防病毒、入侵防御等手段保证数据的安全性，因此在防火墙之前部署了防病毒网关，对数据进行病毒的查杀；部署 WAF，对网站的攻击行为进行检测和防护；部署流量控制对流量进行检测、规范和限制；部署入侵防御对内网的攻击行为进行检测和防护，经过以上安全手段进行防护后，数据通过边界（防火墙）进入内网到达服务器进行业务访问时，如果存在 DDoS 的攻击，那么抗 DDoS 设备将会对 DDoS 攻击进行检测记录，供管理员分析使用，旁路部署在核心交换机上的行为及数据库审计设备，通过抓取核心交换所镜像的数据，对访问行为进行审计，做到行为的可查可追溯。互联网与政务内网两个隔离的区域要通过网络实现数据交换，通过部署网闸来实现隔离的两个网络之间的数据交换。安全管理区部署了漏扫、堡垒机还有安全管理平台，漏扫可对可扫描的网段进行漏洞扫描，输出扫描报告。堡垒主机可实现多设备管理的单点登录，在操作设备的同时，堡垒主机会记录操作的行为，作为日后审计追溯使用。

4.2.6 节能技术

据全球性环保组织绿色和平组织预测，2020 年全球主要 IT 运营云数据中心的能耗会达到 2 万 kWh。从企业角度出发，电能开销是云数据中心运营的重要成本之一，从环境角度出发，保护环境、降低能源消耗也是每个企业应尽的社会责任。传统数据中心运行能耗及制冷能耗开销巨大，由此带来了很大的经济负担，也不利于资源节约及环境保护，因此降低能耗也成为设计建设新一代数据中心的一个重要目标。在建设数据中心的地点选择上，大多数企业会考虑环境温度较低的地点，从而利用当地适宜的气候和空气进行冷却。供电方面，对新一代数据中心的供电可以采用风能、太阳能等清洁可再生能源，减少碳排放，应对全球气候变暖问题。同时，可以选择一些功耗较低，具有节能设计的硬件设施，也能有效降低能耗。

PUE 是 Power Usage Effectiveness 的缩写，是评价数据中心能源效率的指标，是数据中心消耗的所有能源与 IT 负载使用的能源之比。PUE 值越接近于 1，越表示一个数据中心的绿色化程度越高。在固定 IT 设备不变的条件下，其能耗主要由承载的业务负荷值决定。建立绿色节能低 PUE 的数据中心是提高能源利用效率、降低运营商能耗成本的根本解决途径。

PUE = 数据中心的总用电量（Total Facility Power）/IT 设备的总用电量（IT Equipment Power）。PUE 值常用评价参考标准详见表 4-2。

表 4-2 PUE 值常用评价参考标准

序号	PUE 值	评价	效率
1	<1.5	优秀	>0.67
2	1.5 ~2	很好	0.5 ~0.67
3	2 ~2.5	好	0.4 ~0.5
4	2.5 ~3	一般	0.33 ~0.4
5	>3	差	<0.33

在引进节能技术的同时，应该注意到数据中心机房是一个特殊的应用环境。机房因为通信设备的需求，必须保持着恒温、恒湿及少尘的要求。所以节能技术的引进必须满足以下基本原则。

1）节能的系统性。节能是一个系统工程，必须从源头着手，注重IT及网络通信设备、制冷通风及除湿设备、电源设备及照明设备每个环节的节能，才能取得良好的节能效果。

2）节能的安全性。IT及网络通信设备使用了大量的集成电路及电子组件，对使用环境条件有各自的特定要求，否则会影响使用寿命和可靠性。节能技术的应用不能影响数据中心通信生产的安全，保证机房设备安全、稳定的运行，满足维护作业规范中规定的机房设备对温度、湿度、洁净度的需求。节能设计中采用的节能措施和方案不得降低通信系统运行的安全性。

3）节能的有效性。节能技术有很多，每种节能技术都有它的优缺点及适用范围，但应该选择一种适合机房设备现状的可行的节能技术，以实现节能效率的最大化。

4）节能的经济性。节能设计应做到因地制宜、技术先进、经济合理、安全适用。改、扩建工程应充分考虑现有通信局（站）的特点，合理利用原有建筑、设备和器材，积极采取革新措施，力求达到先进、适用、经济的目标。

5）评测机制可行性。节能技术使用以后是否能够节能、可以节约多少成本都必须要有一套健全、可行、有效的评测机制来实现，在进行跟踪测试以后做出综合评价。

1. 机房电源节能设计要求

机房电源节能设计如图4-8所示，主要原则如下。

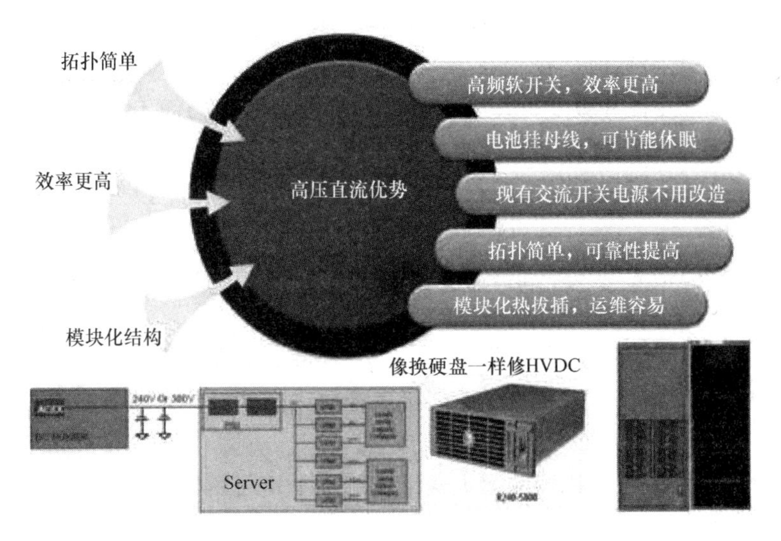

图4-8　机房电源节能设计

1）在考虑供电系统安全可靠性前提下，应积极采用新技术和符合国家节能标准的设备。

2）根据客户需求，选择经济合理的供电架构，降低系统损耗。

3）根据负荷容量、供电距离及分布、用电设备特点等因素合理选择集中供电或分散供电方式；供电电源宜靠近负荷中心，减少较长送电距离造成的损耗；合理选择导线截面、线路铺设方案，降低配电线路损耗。

4）供电系统应采用电能质量综合补偿器，实现精准补偿，保障电源系统安全可靠运行、减少电费支出。

5）在满足客户需求条件下，可采用市电直供模式。

6）蓄电池宜宜采用高倍率电池，降低综合成本。

7）发电机组宜选用10kV高压机组，减少配电电缆使用量，降低线路损耗。

8）对于峰谷电价差较大（建议峰谷电价比大于3.5）的地区，经济比较合理时，可采用冷水储能节能技术。

9）采用海水、江河湖水作为空调系统冷源。

10）数据中心机房排出废热，有条件时可作为辅助生产的生活热水、采暖热源使用。

11）空调系统凝结水排水，有条件时可回收集中存贮，作为绿化水源等使用。

2. 建筑节能设计要求

建筑节能设计主要原则如下。

1）根据数据中心机房建设地点所处城市的建筑气候分区，围护结构的热工性能应满足GB 50189—2005《公共建筑节能设计标准》的相关规定。

2）根据建筑所处城市的建筑气候分区、围护结构的热工性能应分别符合不同冷热地区围护结构传热系数和遮阳系数限值、地面和地下室外墙热阻限值规定，其中外墙的传热系数为包括结构性热桥在内的平均值。

3）机房楼的体形设计宜减少外表面积，其平、立面的凹凸面不宜过多，应控制其体型系数，体形不宜变化太大。严寒、寒冷地区建筑的体形系数应小于或等于0.4。

4）应采用少人或无人值守的机房管理模式，机房区应尽量不设外窗，必须设外窗时宜设不开启的密闭窗。

5）各类生产维护中心等有人值守的房间宜有较好的朝向，应充分利用天然光进行采光。

6）严寒、寒冷地区的机房楼不宜设开敞式楼梯间和开敞式外廊。在建筑物出入口处，应采取保温隔热节能措施，严寒、寒冷地区机房楼应设门斗或热风幕等避风设施。

7）机房楼的通信电缆及管线通过围护结构的孔洞，应按CECS 154—2003《建筑防火封堵应用技术规程》的要求，采用同等耐火极限的防火封堵材料封堵严密。

8）机房楼的外墙与屋面的热桥部位的内表面温度不应低于室内空气露点温度。当机房楼的上下层空调房间温差较大时，应保证上下层房间的内表面温度不应低于室内空气露点温度。

9）外墙、屋顶、直接接触室外空气的楼板和不采暖楼梯间的隔墙等围护结构，应进行保温验算，其传热阻应大于或等于建筑物所在地区要求的最小传热阻。

10）机房楼的空调室外机平台设计宜靠近机房空调室内机布置的地方，室外机平台宜敞开，朝向不宜西向。应根据空调室外机的数量及排列方式，合理确定预留空调室外机平台面积。

3. 围护结构及其材料节能设计要求

（1）墙体节能设计要求

1）采用新型的节能墙体材料。

2）采用高效的建筑保温、隔热材料。

3）寒冷地区、夏热冬冷地区及夏热冬暖地区的建筑，当墙体采用轻质结构时，应按 GB 50176—2016《民用建筑热工设计规范》的规定进行隔热验算。

4）严寒和寒冷地区的数据中心机房建筑外墙应选用外保温构造措施。设计应满足 JGJ 144—2019《外墙外保温工程技术标准》和本地区建筑节能设计标准推荐的技术。

（2）门窗设计节能要求

1）对常年需空调无人值守的机房不宜设窗，必要时可采用双层窗、中空玻璃窗等高效节能门窗。

2）有人值守的维护中心等房间的自然采光，应满足 GB/T 50033—2013《建筑采光设计标准》规定的生产车间工作面上采光等级Ⅲ级的要求。

3）外窗应具有较好的防尘、防水、防火、抗风、隔热的性能，且满足洁净度要求。

4）外窗的气密性等级不应低于 GB 7107—2002《建筑外窗气密性能分级及检测方法》规定的 4 级。

5）机房门宜选用具有保温性能的防火门，并宜安装闭门器。

6）对需要设置固定式气体灭火系统的机房，其围护结构、门窗的耐火极限及允许压强应按相应规范要求选用。

（3）屋面节能设计要求

1）屋面构造应具有防渗漏、保温、隔热、耐久、节能等性能。

2）屋面构造宜采用倒置式屋面，设置架空层或空气间层、屋顶绿化等措施以利于节能。

3）屋面隔热根据不同地区、不同条件按铺设保温层，应采用轻质、保温隔热性能好、吸水率低、密度小的材料。

4）当屋面设有空调室外机等各类设备基础及工艺孔洞时应采取有效地防水、防漏措施。

（4）楼地面节能

1）机房楼底面接触室外空气的架空或外挑楼板、采暖房间与非采暖房间的楼板、周边地面、非周边地面、采暖地下室外墙（与土壤接触的墙）的传热系数及热阻应满足 GB 50189—2005《公共建筑节能设计标准》相关规定。

2）地面及楼板上铺设的保温层，宜采用橡塑保温层、硬质挤塑聚苯板、泡沫玻璃丝绵保温板等板材或强度符合地面要求的保温砂浆等材料。其燃烧性能应满足现行有关国家标准、规范的规定。

4. IT 及网络通信系统节能设计要求

（1）设备节能选型

1）主机设备选型：选用刀片服务器替代传统的机架式服务器的前提是机房环境及配套设施能够满足要求。如果需要通过机房改造及设备性能/容量升级才能实现，则需要对具体的改造方案进行可行性论证及经济评价，结论可行时方可升级替代。

2）存储设备选型：设备通过采用数据压缩、重复数据删除和自动精简配置等节能技术，可以精简存储数据量、减少存储设备配置的硬盘数量，从而达到节能的目的。重复数据删除可分为在线处理和后处理，两种方式各有优点，可根据实际应用灵活选择。

3）网络与安全设备选型：网络设备产品的绿色度评估目前多采用能效测试的方法，即建立设备功率消耗和设备包转发性能之间的关系，具体评估方法和测试指标需根据具体设备类型和方案需求进行制定。

（2）IT 与 CT 设备使用

虚拟化技术的部署也会产生新的能耗，而且该技术的部署需要增加相关投资及成本，因此在实际部署前需要全面评估技术的成熟度以及技术应用在节能方面的实际效能。

（3）IT 及 CT 设备的部署与维护

1）限定单机架的用电量上限，除便于运营商管理外，这也是上级供电设备选定过电流保护器件规格及供电线缆规格所共同要求的。

2）机房内制冷量应当根据实际设备发热量及分布情况动态调整，当无法实现系统自动调整时，可由维护人员人工调整；如果系统无法实现制冷量分布的调整，则在机架设备部署时，应将总功耗明显高于平均功耗的机架尽量分散安装，并尽量缩短这些高功耗机架的送风与回风距离。

3）避免制冷量在架内分布不合理，防止不同设备的制冷效果差异过大。

4）尽量缩短发热设备的送风与回风距离，实际执行时还需要兼顾维护的方便性。

5. 机房专用空调系统节能设计要求

绿色数据中心机房的核心是节地、节材、节能，绿色数据中心机房的空调系统应在满足机房安全生产的前提下，充分考虑空调系统运行的节能性。数据中心机房空调系统按制冷设备的设置情况，分为分散式、半分散式、集中式空调系统。

4.3 规划与建设

4.3.1 功能定位

数据中心的规划由数据中心的性质、商业需求、规模、业务定位、扩展计划、可用性等级、能源效率综合决定。数据中心根据使用的独立性划分为：自用型数据中心与商业化数据中心。根据企业不同业务应用需求，数据中心的使用功能也不尽相同，主要有 IT 生产中心、

IT开发与测试中心、灾难备份中心。各类用途的数据中心还可以根据其用户类型、业务领域等进行细分，如：互联网数据中心、云计算数据中心、政务级数据中心等。《数据中心设计规范》（GB 50174—2017）分级的原则是从机房的使用性质、管理要求及重要数据丢失或网络中断在经济或社会上造成的损失或影响程度确定的，从高到低分为A、B、C三级。国际分级依据《数据中心电信基础设施标准》（TIA－942－2005），分级的原则是可用性，从高到低分T4、T3、T2、T1四级，读者可参考《数据中心设计运维标准、规范解读与案例》（机械工业出版社）一书。

1. 城市数据中心向实时性和弹性化发展

从大数据防疫、智慧城市治理到居民信息消费等都需要数据中心提供底层算力支撑，面对突如其来的巨大流量，城市数据中心如果不能提前准备计算资源进行弹性扩容，显然会力不从心。随着我国城镇化进程的加速和5G商用的落地，未来对时延要求更为敏感的VR/AR、移动医疗、远程教育等场景将会得到更加广泛的推广应用，需要贴近用户聚集区域部署数据中心，以保证系统的稳定性和数据的实时性。此外，城市数据中心需要充分考虑大范围自然灾害等不可控因素影响，也应该考虑城市数据中心的异地灾备，保障数据的安全性和业务的连续性。

2. 边缘数据中心实现计算能力下沉

随着5G、AI和工业互联网的发展，很多业务场景需要超低的网络时延和海量、异构、多样性的数据接入，“云计算＋边缘计算”的新型数据处理模式使云端数据处理能力下沉，未来70%的数据需要边缘计算处理，对边缘数据中心的需求将迅猛增长。同时，边缘计算与处于中心位置的云计算之间的算力协同成为新的技术难题，需要在边缘计算、云计算以及网络之间实现云网协同、云边协同和边边协同，才能实现资源利用的最优化。

3. 数据中心和网络建设协同布局

构建基于云、网、边深度融合的算力网络，满足在云、网、边之间按需分配和灵活调度计算资源、存储资源等需求。实施网络扁平化改造，推动大型数据中心聚集区升级建设互联网骨干核心节点或互联网交换中心。推进数据中心之间建设超高速、低时延、高可靠的数据中心直联网络，满足数据中心跨地域资源调度和互访需求。根据业务场景、时延、安全、容量等要求，在基站到核心网络节点之间的不同位置上合理部署边缘计算，形成多级协同的边缘计算网络架构。

4. 试点探索建设国际化数据中心

面对全球广阔的市场前景，在自贸区、“一带一路”沿线地区等对外开放前沿地区试点探索国际化数据中心，面向亚太及全球市场，探索利用更优路由、更低时延、更低成本服务国际用户。数据中心企业加强云计算、人工智能、区块链等能力建设，丰富服务种类，提高国际竞争能力，创新商业模式，积极拓展海外市场。

4.3.2　建设项目分类

云计算数据中心的建设应在遵循安全适用的基础上，以合理控制投资、降低成本、提高投入产出比为指导原则。建设项目分类主要包括建筑工程、机房空调与配电工程、供电系统工程、机房工艺工程等方面。

1. 建筑工程

主要包括机房楼和动力中心工程，包括土建工程、外立面装饰工程、室内装饰工程、动力照明及防雷接地工程、火灾自动报警系统、给水排水及水消防工程、气体消防工程、通风及防排烟工程、辅助用房空调工程、智能化系统、电梯工程等，云数据中心安防系统如图4-9所示。

图 4-9　云数据中心安防系统

2. 机房空调与配电工程

主要包括机房防静电架空地板（含保温工程）、机房空调工程、空调配电工程、空调自控系统等，如图 4-10 所示。

图 4-10　云数据中心空调系统

3. 供电系统工程

主要包括列头配电工程、UPS 电源工程、变配电工程、油机工程、监控系统以及外市电引入费、变电站费等，如图 4-11 所示。

4. 机房工艺工程

主要包括数据中心机房内的服务器机柜、走线架、尾纤槽、列头柜至服务器机柜的电力

图4-11　云数据中心供电系统

电缆及服务器机柜接地电缆、主配线区至各数据机房水平配线区的综合布线及相关安装工程等。

4.3.3　建设布局

建设先进的数据中心，必须重视选址工作，无论数据中心的规模如何，良好的选址是数据中心建设的基石。

1. 选址要求

1）数据中心总体规划应符合国家、上级主管部门、城市规划部门的总体规划要求。

2）电力供给充足且稳定可靠，通信快速畅通，交通便捷。

3）采用水蒸发冷却方式制冷的数据中心，水源应充足。

4）自然环境应清洁，环境温度应有利于节约能源。

5）应远离产生粉尘、油烟、有害气体及生产或贮存具有腐蚀性、易燃、易爆物品的场所。

6）应远离水灾、火灾以及地震等自然灾害隐患区域，应避开低洼、潮湿、落雷频率高、盐害重和地震频繁的地方，避免设在矿山“采空区”及杂填土、淤泥、流沙层、地层断裂地区。

7）应尽量远离无线电干扰源、电波发射塔等强磁干扰，远离强振动源和强噪声源。当无法避开强电磁场干扰或为保障计算机系统信息安全，需采取有效的电磁屏蔽措施。

8）A级数据中心不宜建在公共停车库的正上方。

9）大中型数据中心不宜建在住宅小区和商业区内。

10）设置在建筑物内局部区域的数据中心，在确定主机房的位置时，应对安全、设备运输、管线敷设、雷电感应、结构荷载、水患及空调系统室外设备的安装位置等问题进行综合分析和经济比较。

2. 空间平面布局

数据中心建设是一个综合的工程，应该针对所选数据中心建筑物的状况，进行数据中心的功能区的划分，合理布局。云数据中心由机房区、辅助区、支持区、行政管理区与总控中心区等功能区组成。

1）机房区：用于电子信息处理、存储、交换和传输设备的安装和运行的建筑空间，包括服务器机房、网络机房、存储机房等功能区域。

2）辅助区：用于电子信息设备和软件的安装、调试、维护、运行监控和管理的场所，包括进线间、测试机房、监控中心、备件库、打印室、维修室等区域。

3）支持区：支持并保障完成信息处理过程和必要的技术作业的场所，包括变配电室、柴油发电机房、不间断电源（UPS）系统室、电池室、空调机房、动力站房、消防设施用房、消防和安防控制室等。

4）行政管理区：用于日常行政管理及客户对托管设备进行管理的场所，包括工作人员办公室、门厅、值班室、盥洗室、更衣间和用户工作室等。

5）总控中心区，包括总控中心操作间及供外部人员参观室和应急指挥中心。

其中，辅助区、行政管理区以及支持区中的柴油发电机室和冷水主机房，在布局上需作为一个共享基础设施模块来加以整体考虑；而机房区则可结合支持区中的变配电室、电力室、电池室、末端空调机房、消防设施用房，设计成一个个规模大小合适、高内聚、低耦合、可复制、标准化的基本单元模块。

3. 功能单元布局总体原则

为顺应发展趋势，同时尽可能避免因空间布局不当而引发的种种问题，数据中心各功能单元在布局设计上应遵循如下主要原则：

（1）整体性原则

数据中心整体布局应在最初规划阶段进行统一考虑，统筹初期建设规模与远期发展规划协调一致。对于同类建筑体内的各基本单元模块，应具有较强的通用性。

（2）安全性原则

应从建筑安全性、区域逻辑管理安全性、运行管理安全性、配套基础设施安全性等不同维度进行空间布局的总体规划。

（3）模块化原则

数据中心各功能单元应遵循模块化设计理念，其核心思想是将数据中心分解成多个相对独立的标准化模块，以达到简化设计、按需扩容的目的。每个模块相对独立，其他模块的部署与改造不会影响现有模块内设备的运行，即符合低耦合特性。

（4）灵活性及可扩展性原则

单元模块力求标准化，应易于扩展，将来能方便平滑地对原有模块进行升级和更新。在平面设计上，数据中心内隔墙应具有一定的可变性。布局可按中、远期发展的趋势，适当预留设备扩展和变化的空间，从而为未来的发展奠定基础。总体上，至少能满足未来5～10年内业务变化对数据中心资源的无缝增长需求。

（5）可维护性原则

1）各功能单元内的设备排列间距合理，留有维护所需的操作空间。

2）充分考虑设备搬运、替换所需的通道，要人货分离，并考虑大型设备搬运的便利性。

（6）经济性原则

1）各功能单元内的设备排布尽可能紧凑，以使建筑面积得以充分利用。

2）各功能单元之间的相对位置尽可能合理，使得需连通的管线距离缩短，减少投资与损耗。

3）各基本单元模块的容量规划尽可能匹配，使得数据中心能运行在高效率、低 PUE 的工况下，减少运营成本。

4. 各功能单元之间的布局建议

1）数据中心的共享基础设施模块，由于所涉及的设备体积大、承重要求高，柴油发电机室和冷水主机房一般设置于底层，且靠近外墙。两者之间应避免相邻，建议布局于建筑物的两侧，中间可考虑设置网管监控室以及其他辅助或行政管理用房作为缓冲隔离。

2）在数据中心运行大脑——总控中心区（网管监控室）的布局上，应关注几个细节：一是出于以人为本考虑，网管监控室建议靠近建筑外墙一侧，可以实现自然通风和自然采光；二是由于网管监控室人员出入较频繁，建议设置在靠近人流线路起点的区域，不宜设在物流起点的区域；三是网管监控室与主机房或其他核心基础设施区域之间应能设置物理或逻辑隔离装置，譬如门禁系统，以保证主机房或核心基础设施的安全。同样，客户用房与主机房或其他核心基础设施区域之间也要能做到安全隔离。

3）除共享基础设施模块外，应结合变压器容量及相互之间的对应关系，将包括主机房、变配电室、电力室、电池室、末端空调机房、消防设施用房在内的多个功能单元作为一个基本单元模块来加以统一考虑。具体可结合数据中心所在建筑楼层数及单层面积，在水平和垂直两个方向上进行布局。如果建筑物形态较为狭长，可考虑先做水平切分，然后利用垂直空间来跨楼层部署基本单元模块，以避免电源走线过长的问题。同时，变配电室的位置应尽可能靠近电力室与柴油发电机室，一般在水平或垂直方向紧邻电力室为宜。

4）出于安全考虑，互为冗余备份的功能单元不应相邻布置。垂直方向上应尽可能规划布局相同功能的单元。主机房、变配电室、电力室、电池室不应布置在用水区域的直接下方，以防水患。

5）在数据中心内，人流区域与物流区域应界线分明，以减少相互间功能性使用冲突。使物流通道位于数据中心非重点区域，减少对其他功能区域的干扰。

5. 各功能单元内部的布局建议

1）主机房单元：机架排布所形成的冷热通道与机房两侧末端空调的出风方向保持水平。针对那些需求不明确且后期变动可能性较大的机房，可采用列头柜集中靠墙布放方式。

2）供配电单元：供配电单元主要包括变配电室、电力室、电池室三个功能区。视情况可考虑将变配电室与电力室合设，不做物理分隔，以减少配套面积和消防保护区数量。出于安全考虑，不建议将电力室和电池室合设。单元内设备排布所形成的通道与两侧末端空调的出风方向保持水平。若将互为冗余备份的设备放置在同一物理空间内，则在布局上应尽可能将其远离，避免发生故障时相互影响、干扰。

3）末端空调单元：在不影响维护及日后更新改造的前提下，各末端空调之间的间距建议适当紧凑，最好能在靠中间位置留出后续设备扩容所需的安装空间。

4.3.4 典型项目案例

1. 廊坊云数据中心

中国联通廊坊云数据中心（见图4-12）位于廊坊市经济技术开发区，规划建设用地800亩，建设标准达到国际T3+标准，部分达到T4标准，建筑面积63.39万m^2，其中机房面积57.6万m^2，规划建设16栋机房楼，总装机能力8.64万架，机房楼建筑抗震标准8级。1、2号机房楼每栋机房楼建筑面积37000m^2，具有4个独立模块，建筑高度24m，层高5.7m，每栋机房楼具有标准数据机房24个，单个数据机房建筑面积419.68m^2。4、5号机房楼每栋机房楼建筑面积30000m^2，具有2个独立模块，建筑高度24m，层高5.35m，每栋机房楼具有数据机房20个。廊坊云数据中供电引自上级两个110kV变电站，备用电源采用10kV高压柴油发电机，每个模组采用4+1并机模式运行，并配有30m^3储油罐，支持每模组满载运行8h。高低压配电系统、UPS系统均为双母线2N配置，UPS配有蓄电池组，后备时间为30min，机房服务器由UPS系统主备双路供电。

图4-12 廊坊云数据中心

数据中心直连中国联通骨干网，目前总出口带宽1800Gbit/s，基地核心路由器直连北京China169骨干核心节点，与河北省网核心路由器（石家庄/唐山）也有双点互联，访问全网的距离均等（2跳），且至网外资源距离最短（2跳），客户至骨干节点网络时延小于2ms。

2. 贵安云数据中心

中国联通贵安云数据中心（见图4-13）位于贵安新区，是我国西部大开发的五大新区之一。贵安云数据中心总占地面积609亩，建筑面积30万m^2，规划建设机房楼8栋、动力楼5栋、仓储机房2栋、运维楼2栋、变电站1栋、仓库1栋、规划机架2.3万架。

数据中心直连中国联通骨干网，目前总出口带宽1100Gbit/s。

图4-13 中国联通贵安云数据中心

3. 哈尔滨云数据中心

中国联通哈尔滨云数据中心（如图4-14所示）位于哈尔滨市东南部平房区哈南工业新城（中国云谷），园区规划总用地面积为1000亩，一期建设机房楼、通信枢纽楼、动力机房楼和通信动力机房楼，总建筑面积3.36万m^2，其中一期机房楼数据机房共13间，其中一层1间，二至四层每层各4间，已开通互联网带宽400Gbit/s。

图4-14　中国联通哈尔滨云数据中心

4. 呼和浩特云数据中心

中国联通呼和浩特云数据中心（如图4-15所示）选址呼和浩特鸿盛工业园区，项目规划用地410亩，2012年7月动工，2013年11月投入运营，建设完成数据机房楼3栋、油机楼3栋、变电站1座，已建设用地106亩，已具备12000架机柜的服务能力，机房承重（活荷载标准）达14kN/㎡，机房楼建筑抗震标准8级。已开通互联网出口带宽600Gbit/s。

图4-15　呼和浩特云数据中心

4.4　新基建背景下的数据中心产业发展

新型基础设施建设（简称新基建），指以5G、人工智能、工业互联网、物联网为代表的信息数字化的基础设施体系建设，包含七大领域，如图4-16所示。与传统基建相比，新基建内涵更加丰富，涵盖范围更广，更能体现数字经济特征，能够更好推动我国经济转型升级。与传统基建相比，新基建更加侧重于突出产业转型升级的新方向，无论是人工智能还是物联网，都体现出加快推进产业高端化发展的大趋势。

新基建具有三个特征：

1）新技术：信息化时代要求使用新一轮高新技术，尤其是新一代信息技术，包括互联

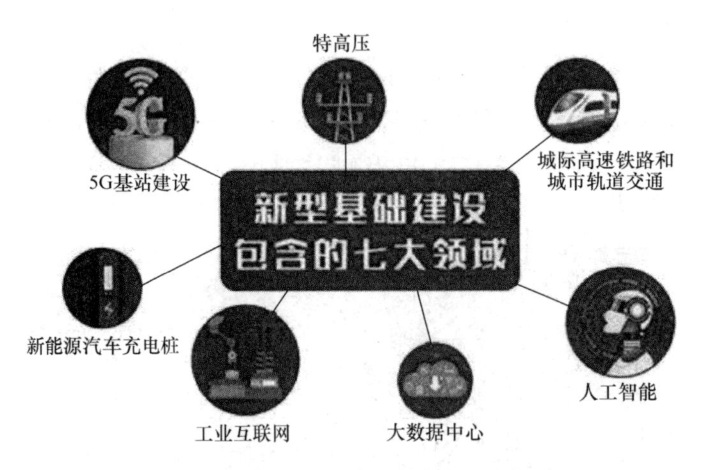

图 4-16　新型基础建设包含的七大领域

网、大数据、云计算、人工智能等，以及其分项、子项，要将这些技术物化为基础设施。

2）新需求：数字经济是世界潮流，更是国家战略。产业转型升级，数字化、网络化、智能化，提升社会治理能力和水平等，新型基础设施是基石、工具和利器。如在抗疫工作中，医用物资生产调运、疫情筛查防控、远程线上医疗，在线协同办公、在线教育云课堂，以及生活物资网购、有序复工复产等，数字基础设施凸显了保障和支撑作用。

3）新机制：发展“新基建”要推进信息技术与制造技术深度融合，推进电子信息产业与垂直行业跨界融合。新型基础设施有社会公用的一面，但更多具有明显的行业特色，需要信息技术企业和工业企业协同努力。

“新基建”对数据中心提出新要求，大型数据中心对海量数据处理能力和能耗水平提出更高要求。根据相关预测，随着 5G 和人工智能等新技术应用落地，2021 年我国人均移动数据流量将比 2015 年增长 18 倍，2025 年全球数据流量将会从 2016 年的 16ZB 上升至 163ZB，海量数据将推动数据中心向超大规模发展。与此同时，数据中心对于电力、土地等资源的消耗也将日益增长，大型和超大型数据中心需在更大地域范围内进行选址，进一步降低综合成本和能耗水平。为保障用户数据访问和数据中心互联，需要配合大型数据中心布局来优化骨干网络组织架构，推进互联网技术升级，满足数据中心互联对网络资源的弹性需求和性能要求。

近年来，多地纷纷投资建设数据中心，但这些数据中心大多各自为政、相互分离，缺乏一体化的战略规划，容易造成烟囱效应和重复浪费。在“新基建”的背景下，数据中心建设应当加强统筹协调，立足国家战略层面，从全局角度进行顶层设计，为数据中心全国统筹布局提供战略性、方向性指引。同时，数据中心发展规划也要与网络建设、数据灾备等统筹考虑、协同布局，实现全国数据中心优化布局。各地因地制宜差异化规划布局数据中心。“新基建”浪潮下数据中心的建设不能简单重复传统基建的方式方法，避免毫无差异的“村村点火、户户冒烟”。各地需因地制宜找准自身定位开展数据中心规划布局。对于仍存在较大需求缺口的北上广深等热点城市，综合考虑数据中心对计算能力提升效率和降低能耗之间的平衡，支持建设支撑 5G、人工智能、工业互联网等新技术发展的数据中心，保证城市基本计算需求，或在区域一体化的概念下在周边统筹考虑数据中心建设；对于各区域的中心城市，时延敏感、以实时应用为主的业务可选择在用户聚集地区依据市场需求灵活部署大中型数据中心；对于中西部能源富集地区，可利用自身能源充足、气候适宜的优势建设承接东部地区对时延敏感不高且具有海量数据处理能力的大型、超大型数据中心；对于部分对时延极为敏感的业务，如 VR/AR、车联网等，需要最大限度贴近用户部署边缘数据中心，满足用户的需求。

第5章 开源云计算的系统部署

5.1 常用部署方法

开源云平台从底层到上层分别是资源层、虚拟层、中间件层和应用层。

1）资源层：由服务器集群组成。服务器集群可基于相对廉价的PC服务器，采用分布式处理技术，来提供可靠服务，节省成本。

2）虚拟层：有了物理机集群后，需要在物理机上建立虚拟机，建立虚拟机的目的是为了最小化资源成本。可以在物理机上独立开辟几个虚拟机，每台虚拟机相当于一个小型服务器，依然可以处理应用请求。采用KVM技术来给每一台虚拟机分配适量的内存、CPU、网络带宽和磁盘，形成虚拟机池。

3）中间件层：云平台的核心层，主要功能是对虚拟机池资源状态进行监测、预警和优化决策。

4）应用层：给用户提供可视化界面。例如存储类应用：比如百度云会给用户提供交互界面，建立文件夹，进行数据存储，在线播放视频等界面，供用户选择操作。

5.2 开源云计算平台参考服务模型

1. 云主机服务

云主机服务允许用户选择不同标准规格的云主机，用户可根据需要选择操作系统种类、vCPU数量、内存容量、系统盘容量，实现对云主机的灵活定制和动态创建；用户可以通过Web控制台对云主机进行创建、开机、关机、重启、续订、退订等操作；用户可以根据需要对云主机弹性化地扩展内存和系统盘容量；用户可以实时查看vCPU使用率、内存使用率、磁盘读写、网络流量等云主机重点性能指标情况。

2. 云存储服务

针对不同应用对存储性能的需求，云平台将提供分布式存储服务和高性能存储服务两种模式。

（1）分布式存储服务

分布式存储系统采用分布式对象存储设计，同时整合文件存储、块存储和对象存储三种技术，为不同类型的客户应用提供适合其需求的存储服务。分布式对象存储系统提供多种类型的接口，包括S3存储接口、iSCSI/FC接口、NFS/CIFS、NAS等。

（2）高性能存储服务

高性能存储服务将根据客户对存储的IOPS（Input/Output Operations Per Second，每秒进行读写操作的次数）需求，采用传统的SAN存储或者块存储来满足客户对于存储的需求。

高性能存储一般采用FC存储，通过光纤链接组建成SAN网络。SAN存储结构具有传输效率高、安全性高、传输延迟小、占用主机资源少、技术成熟等特点，主要用于延迟要求非常低的高端应用，如大型数据库应用（Oracle、DB2、Sybase等）、集群部署的数据库应用和容灾系统。

3. 云网络服务

云网络服务是通过各种网络虚拟化技术，在多用户环境下提供给每个用户独立的网络环境。网络服务是一个可以被用户创建的对象，类似物理环境中的交换机，但可以拥有无限多个动态可创建和可销毁的虚拟端口；支持虚拟路由、虚拟交换机和弹性IP，用户可自定义虚拟主机的网络拓扑和IP。

4. 负载均衡服务

负载均衡服务是云平台的一项基础云服务，包括链路负载均衡服务、服务器负载服务和云弹性负载均衡服务。

链路负载均衡服务将多条互联网线路进行虚拟化处理，保障用户通过最好的承载链路访问内外部资源。任意一条ISP线路中断，都不会对服务造成任何影响。通过链路负载均衡器可实现ISP接入线路的无缝扩展。

服务器负载均衡服务是对一组服务器提供负载均衡业务。服务器负载均衡分为四层（L4）服务器负载均衡和七层（L7）服务器负载均衡两种，支持加权轮询（Weighted Round Robin）、加权最小连接数调度（Weighted Least - Connection Scheduling）等流量分发策略。

云弹性负载均衡服务是将业务访问流量分发到多台后端主机上的服务，可对虚拟主机提供TCP和HTTP的负载均衡服务，提供多种转发规则，支持Web服务、中间件、数据库以及其他各种网络服务，满足不同业务场景的要求。

5. 云安全服务

常规可为用户提供7种灵活选择的安全服务，这7种云安全服务包括虚拟化访问控制服务、虚拟化入侵防御服务、虚拟化Web防护服务、虚拟化防病毒服务、虚拟化VPN服务、安全渗透测试服务及代码审计服务。

（1）虚拟化访问控制服务

1）安全域隔离：指通过虚拟防火墙实现VPC外部和内部之间的基于端口的访问控制。

2）访问控制策略：指对VPC外部和内部之间流转的数据进行深度分析，依据数据包的源地址、目的地址、通信协议和端口进行判断，确定是否存在非法或违规的操作，并进行阻断，从而保障各个重要的计算环境。

3）会话监控策略：指在防火墙配置会话监控策略，当会话处于非活跃状态一定时间或会话结束后，防火墙自动将会话丢弃，访问来源必须重新建立会话才能继续访问资源。

4）网络防攻击控制策略：防止 ARP 欺骗、防冲击波等。

（2）虚拟化入侵防御服务

1）通过在 VPC 内部部署虚拟 IDS/IPS 实现对于入侵的检测与防护。

2）能够实时检测和阻断包括溢出攻击、RPC 攻击、Web CGI 攻击、DDoS 攻击、木马攻击、蠕虫攻击、系统漏洞攻击等在内的 11 大类超过 3500 种网络攻击行为，有效保护用户网络 IT 服务资源，使其免受外部攻击侵扰。

3）可提供详尽的攻击事件记录与各种统计报表，并以可视化方式动态展示，实现实时的网络威胁分析。

（3）虚拟化 Web 防护服务

1）通过在 VPC 内部部署虚拟 WAF 实现对 Web 服务器的安全防护。

2）从网站系统可用性和信息可靠性的角度出发，满足用户对于 Web 防护及加速、网页防篡改及网站业务分析等功能的核心需求。

3）提供事前预警、事中防护、事后分析的全周期安全防护解决方案。

（4）虚拟化防病毒服务

1）通过在 VPC 内部部署虚拟防病毒网关实现对用户的防病毒服务。

2）对 SMTP、POP3、IMAP、HTTP 和 FTP 等应用协议进行病毒扫描和过滤。

3）通过恶意代码特征过滤，对病毒、木马以及移动代码进行过滤、清除和隔离，有效地防止潜在的病毒威胁，将病毒阻断在 VPC 外部。

4）实时检测蠕虫攻击，并对其进行实时阻断，从而有效防止信息网络因遭受蠕虫攻击而陷于瘫痪。

（5）虚拟化 VPN 服务

1）通过部署虚拟化 VPN，实现对 VPC 内部业务系统的访问控制。

2）为租户提供 SSL VPN，其 SSL VPN 可提供 Web 转发、应用 Web 化、端口转发和全网接入等多种接入方式，以适应不同的用户需求。

3）为用户提供强大的访问控制权限管理、细粒度的审计和日志记录等功能。

4）为用户提供数据智能压缩功能，能够智能的根据当前传输数据的压缩比决定是否启用压缩，大大提高了传输的效率和应用的访问速度。

（6）安全渗透测试服务

1）专业服务人员站在攻击者的角度，利用安全工具并结合个人实战经验使用各种攻击技术对客户指定的目标进行非破坏性质的模拟黑客攻击和深入的安全测试，发现信息系统隐藏的安全弱点。

2）根据系统的实际情况，测试安全弱点被一般攻击者利用的可能性和被利用的影响，使用户深入了解当前系统的安全状况，了解攻击者可能利用的攻击方法和进入组织信息系统的途径，直观了解当前系统所面临的问题和风险，以此采取有效保护措施。

3）输出安全渗透测试报告和整改、加固建议方案，配合买方完成针对性的安全整改，并再次进行渗透验证。

（7）代码审计服务

1）协助用户建立应用代码安全审计机制，规范应用代码交付及上线流程。

2）协助用户建立应用代码审计及上线工作台，确保审计代码和上线代码一致性，进一步规范化应用系统上线流程。

3）协助用户在每次代码上线前完成代码的审计、整改，确保每次上线源代码的安全性。

6. 虚拟网络服务

云资源池虚拟网络服务允许通过 VPC 技术，在云资源池中预配置出一个逻辑隔离的区域，可在自定义的虚拟网络中启动云资源，包括选择自有的 IP 地址范围、创建子网，以及配置路由表和网关。

客户可自定义 VPC 的网络配置。例如，为可访问互联网的 Web 服务器创建公有子网，而将数据库或应用程序服务器等后端系统放置在安全隔离的私有子网中。利用安全组和网络访问控制列表等安全策略，实现对各个子网中云主机实例的访问控制。

7. PaaS

PaaS 在管理维护、开发部署、应用使用不同的场景下，提供给相应的用户角色所需要的系统和业务支持，如图 5-1 所示。

PaaS 平台从功能上可以分为如下 8 个部分：

1）基础平台：作为应用数据和应用系统的承载环境，包括了数据库群和应用服务器群，数据库群由多个甚至多种数据库构成，完成应用数据的存储管理和操作要求，应用服务器群由单一类型的应用中间件池构成，作为业务组件、技术组件以及上层应用的部署、运行环境。

2）业务服务：将原有的多个应用系统的业务逻辑层中可标准化、可共享的业务功能剥离出来下沉到 PaaS 平台，按照统一的规范和标准经过抽象封装形成的标准服务。

3）第三方业务系统接口：通过包装服务方式整合，实现与第三方业务连接。

4）技术服务：将多个应用系统对于技术工具和系统功能的共同需求进行统一规划、选型、实现、封装，以通用的、标准的方式向业务服务和应用系统提供支撑。

5）共享服务层：提供一个统一的应用服务器能力使用层，可连接提供各种服务能力的多种中间件服务器，并为这些异构中间件的使用提供统一的接入能力，将中间件作为一个整体运行环境来支持应用的运行，并将其作为开发能力的延伸为开发提供在线开发和持续集成能力。

6）数据库即服务：作为一个特殊的技术组件，架构在底层的数据库群上，将数据库的操作抽象封装成一组独立标准的服务，提供给上层应用和内部组件完成相应的数据操作，它能有效地屏蔽底层数据库群的数据库架构差异和物理部署细节。

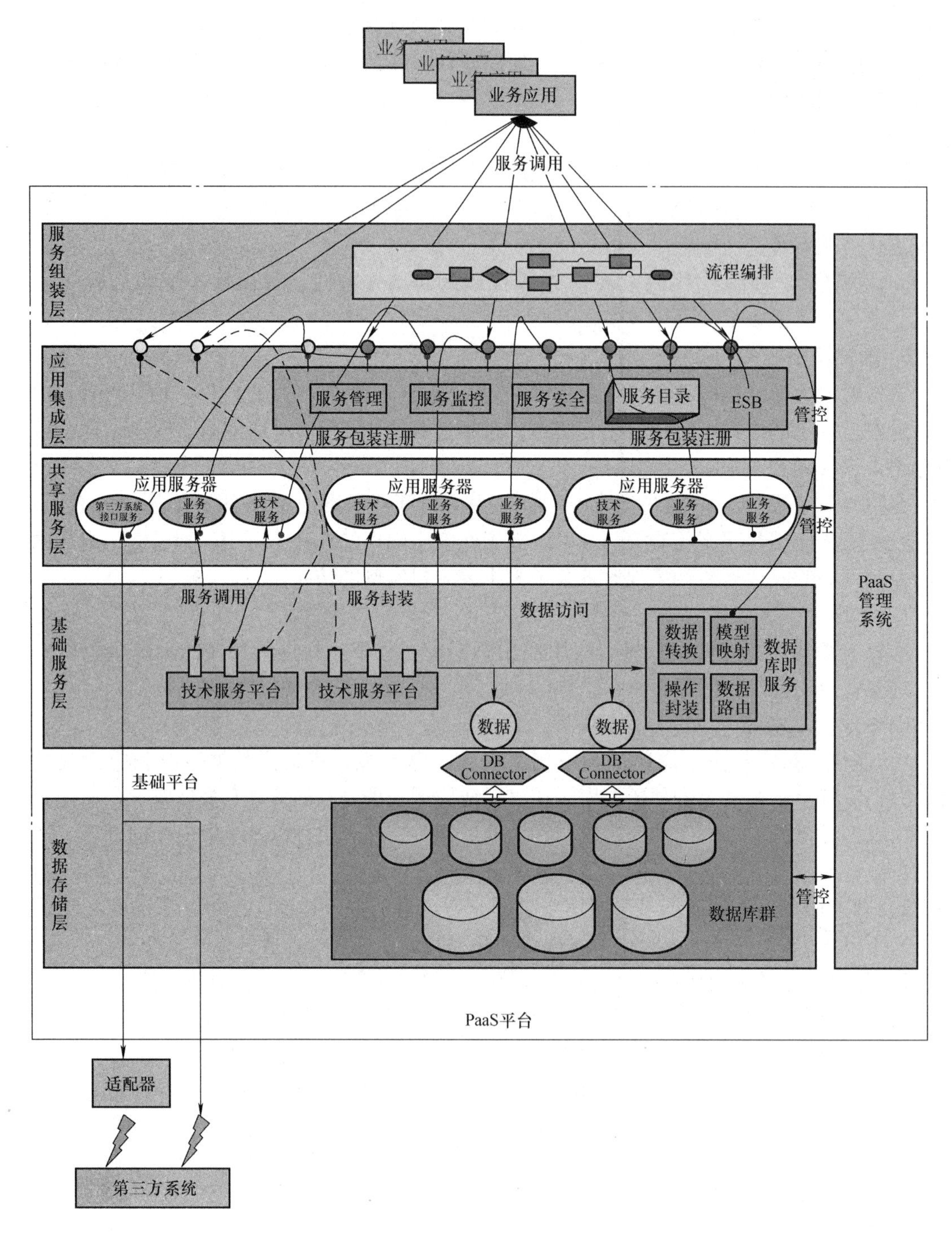

图5-1　PaaS服务架构图

7）ESB（Enterprise Service Bus，企业服务总线）：作为PaaS平台统一的应用总线，按照预定的统一规格，将平台内的业务组件和技术组件包装成服务，提供给上层应用调用，并维护 PaaS 平台的服务目录。

8）PaaS 管理系统：对 PaaS 平台提供对域内整体的资源管理、统计、监控调度、组件管控等的综合管理能力。PaaS 管理系统负责整个 PaaS 平台的用户、服务、资源的整体管理，集成了构成 PaaS 平台的 ESB、中间件、数据库、技术服务等单个组件的关键管控功能，并在此之上提供全局视角的调控管理功能。PaaS 管理系统本身提供必需的下层资源供应管理，来保证上层环境供应的全生命周期管理，也可以结合 IaaS 平台提供的资源管控功能，提供更精细的资源供应。

5.3　开源云计算平台系统集成设计与部署

5.3.1　管理平台

1. 总体方案

云管理平台是基于 KVM 虚拟化技术和 OpenStack 云架构技术，可以对平台内计算资源、存储资源、网络资源、安全资源进行监控和管理，能够对多种异构资源实现统一管理的云系统软件，能够为用户提供简单、统一的管理平台，内置丰富的资源管理与交付功能，可以对原本静态的 IT 基础设施进行管理、调度和按需分配，可实现基于策略的调度，并且易于集成，满足用户对应用自动化部署、服务器动态扩展扩展、软、硬件资源池化、应用自动化部署、故障自动迁移、负载均衡服务、虚拟私有云。使用量可计量计费、虚拟机热迁移、虚拟机高可用、SDN + VxLAN 支持及以及按照策略调整运行资源和资源自助管理界面，云管理平台的总体架构如图 5-2 所示。

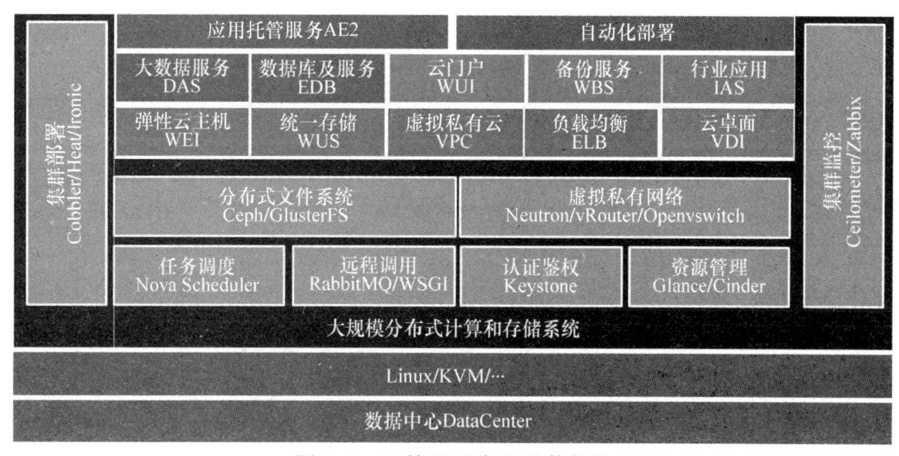

图 5-2　云管理平台的总体架构

2. 云管理平台功能架构

云管理平台 IaaS 层包括虚拟资源管理、虚拟化层、基础设施管理、监控和自动化部署五个部分，如图 5-3 所示。

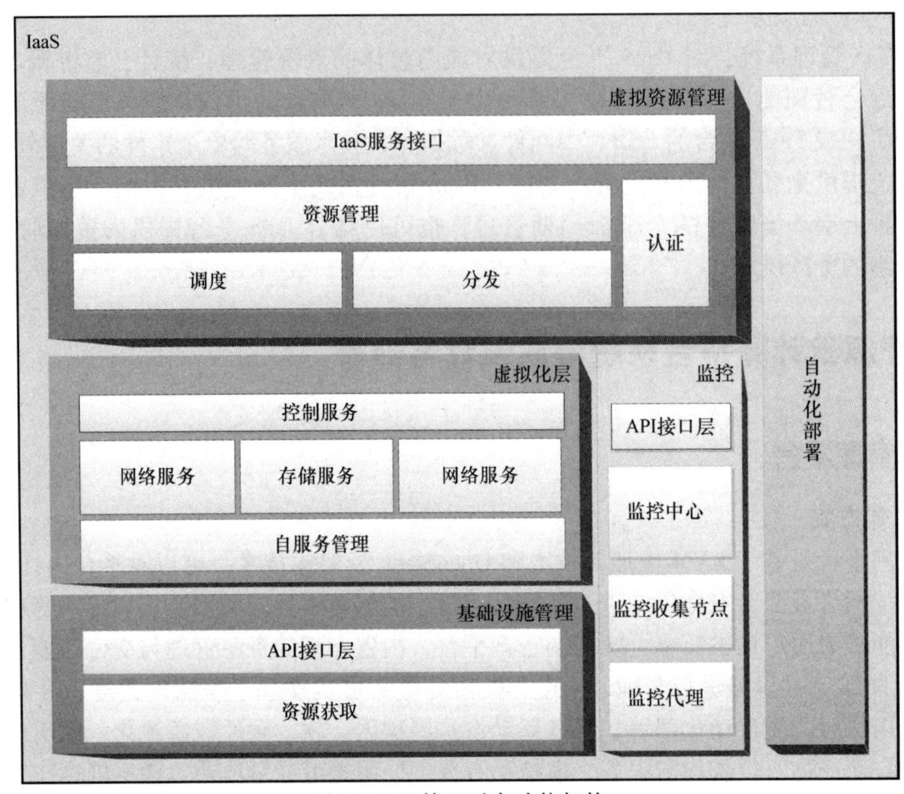

图 5-3　云管理平台功能架构

（1）虚拟资源管理

虚拟资源管理包括 IaaS 服务接口、认证、资源管理、调度和分发等模块，如图 5-4 所示。

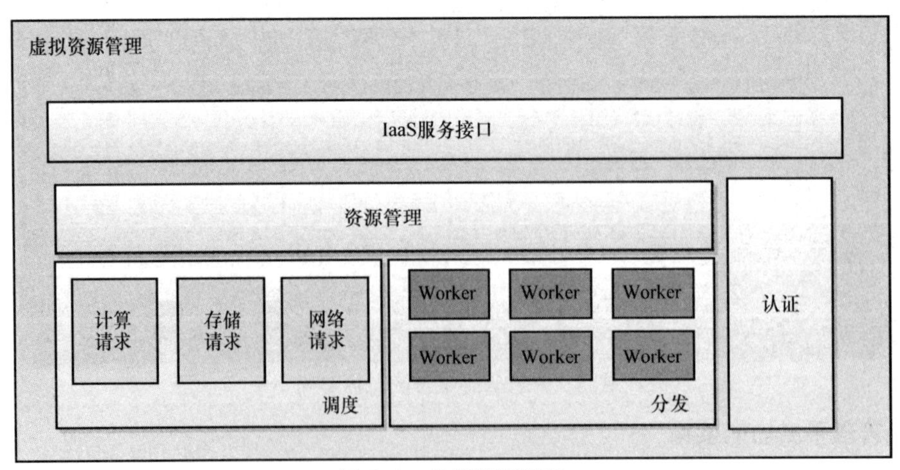

图 5-4　虚拟资源管理

（2）虚拟化层

虚拟化层利用基础设施层向上提供的各种资源和服务，利用 API 等方式，实现相应物理资源的虚拟化，例如网络虚拟化、计算虚拟化和存储虚拟化，并将各个独立的虚拟化的资源组成资源池，向上提供虚拟资源，如图 5-5 所示。

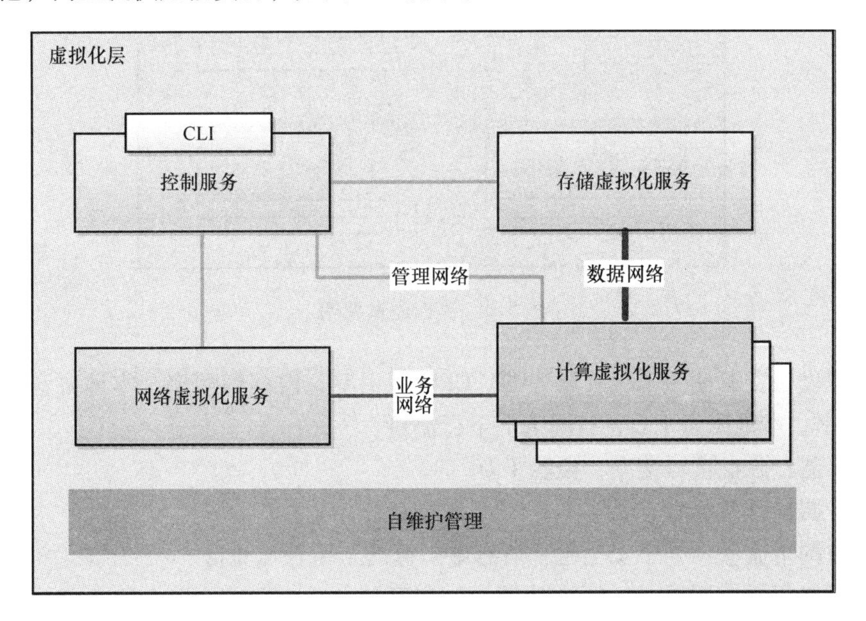

图 5-5　虚拟化层服务架构

子系统内部包含控制服务、网络虚拟化服务、存储虚拟化服务、计算服务和自维护管理等模块，并设有管理、数据和业务等三个内部网络，分别用于模块间的管理信息、磁盘访问数据和业务数据的传输。其中，控制服务、计算服务、网络服务和存储服务是开源软件 OpenStack 提供的服务能力，自服务管理是在 OpenStack 的基础上，为整个虚拟化层子系统提供的高可靠、高可用和资源均衡能力。

（3）基础设施管理

基础设施管理收集系统中所有物理存储、计算和网络等设备的基本信息和状态信息，向上提供资源获取和资源注册接口。

（4）监控管理

IaaS 监控管理通过 IaaS 监控代理软件实时监控 IaaS 资源环境（物理机、虚拟机、存储、网络等）资源信息，如图 5-6 所示。通过监控代理对监控信息进行数据分析、分类处理和存储，监控中心定时将监控信息通过资源池通用 IaaS 接口以文件方式上传到管理中心。数据存储采用主从或主主方式，提高数据的可靠性。

IaaS 监控的范围包括：

1）IaaS 系统各模块的运行状况。

2）物理设备运行状态、能耗、功率、CPU 温度、风扇转速、机箱温度。

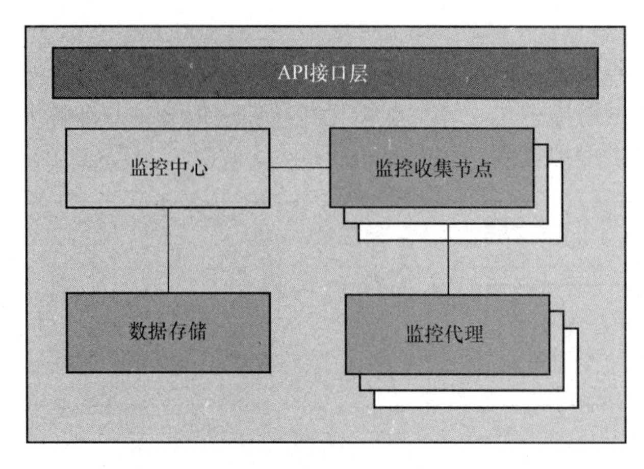

图 5-6 监控逻辑架构

3）物理设备资源使用情况：服务器、CPU 利用率、内存利用率、本地磁盘写速率、本地磁盘度速率、本地磁盘 I/O、各网卡上下行流量。

4）存储器：磁盘读写速率、磁盘 I/O。

5）服务器操作系统状态。

6）虚拟网络流量：一个安全组下所有虚拟机的上下行流量。

7）虚拟机资源使用情况：CPU 使用率、内存使用率、磁盘 I/O、磁盘读写速率、各网卡流量。

（5）自动化部署

自动化部署服务是部署工程师利用定制化的工具或脚本，实现批量安装服务器操作系统和软件，以实现快速、高效、方便的一系列集成技术服务。

在客户机上，安装部署 OpenStack 相关服务：包括控制节点、计算节点、网络节点和存储、以及其他软件和服务。根据自动化部署以上能力，可提供整个 IaaS 系统各功能模块的自动化安装，包括虚拟化层、虚拟资源管理、物理资源管理和监控等。

自动化部署子系统包括操作系统自动化部署、服务自动化部署和本地库三个模块。其中操作系统自动化部署可以实现 IaaS 系统中所有服务器和虚拟机操作系统的自动安装。服务自动化部署可以实现虚拟资源管理、虚拟化管理、物理资源管理、监控子系统中各功能模块的服务器软件安装，并能够实现虚拟机创建、虚拟机镜像部署等功能。本地库保存操作系统镜像、软件和操作系统自动化部署所需的引导和配置文件。

5.3.2 网络资源池

网络资源包括数据中心内部网络资源和数据中心间网络资源，数据中心内部的网络资源由业务网络、存储网络和管理网络组成。数据中心之间通过核心交换机之间互联，使用 SDN 和 VxLAN 技术，构建跨数据中心大二层网络。

1. 业务网络

业务网络主要传输各应用业务的业务数据，具备 10Gbit/s 的网络吞吐能力，网络采用接入层和核心层两层扁平化架构。计算节点通过两条 10GE 链路连接至接入层交换机，接入层交换机通过 4 条 40GE 链路上联核心层交换机。接入层交换机与核心层交换机采用两两堆叠的方式部署，保障网络高可靠性，如图 5-7 所示。

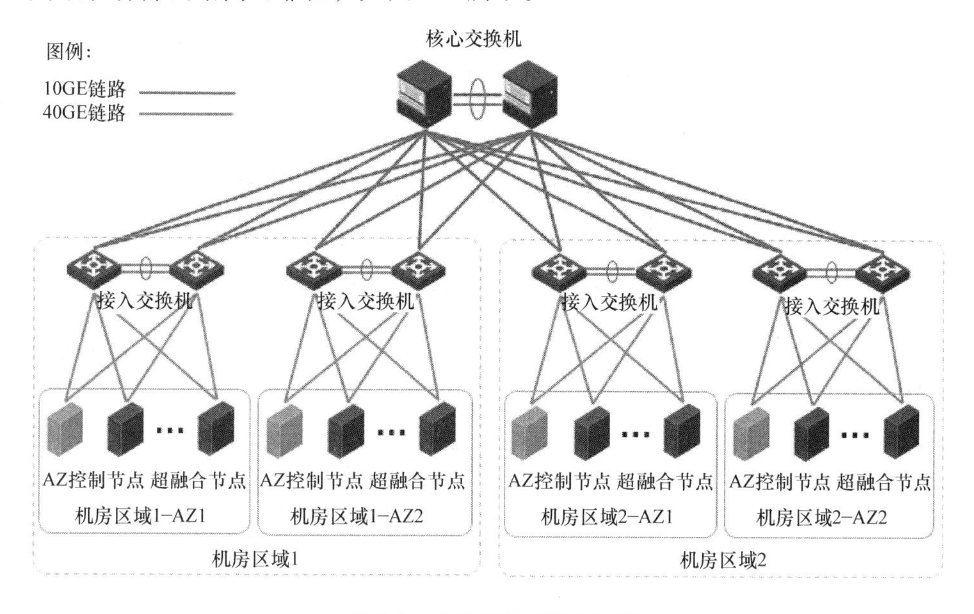

图 5-7　业务网络拓扑结构图

2. 存储网络

存储网络分为两部分 FC－SAN 存储网络和分布式存储网络。存储网具备 10Gbit/s 的网络吞吐能力，采用两层扁平化架构。每台存储节点存储网采用两条 10GE 链路连接至接入层交换机，接入层交换机通过 4 条 40GE 链路上联核心层交换机。接入层交换机与核心层交换机采用两两堆叠的方式部署，保障网络高可靠性。FC－SAN 存储网络具备 8Gbit/s 的网络吞吐能力，FC 磁盘阵列通过两条 8GE 链路上联两台光纤交换机，保障光纤存储网络高可靠性，如图 5-8 所示。

3. 管理网络

管理网络分为 IPMI 带外管理和业务管理两部分。由于吞吐量不高，因此具备 1Gbit/s 通信能力即可满足需要。管理网络采用接入层和核心层两层扁平化架构。每台计算节点的业务管理网络采用两条 1GE 链路上联接入层交换机，所有服务器的 IPMI 带外管理网络均采用一条 1GE 链路上联接入层交换机。接入层交换机采用两条 10GE 链路上联汇聚交换机。接入层交换机与核心层交换机采用两两堆叠的方式部署，保障网络高可靠性，如图 5-9 所示。

4. 数据中心间网络

数据中心间互联网络（Data Center Interconnection，DCI）通常部署两种互联链路（包括

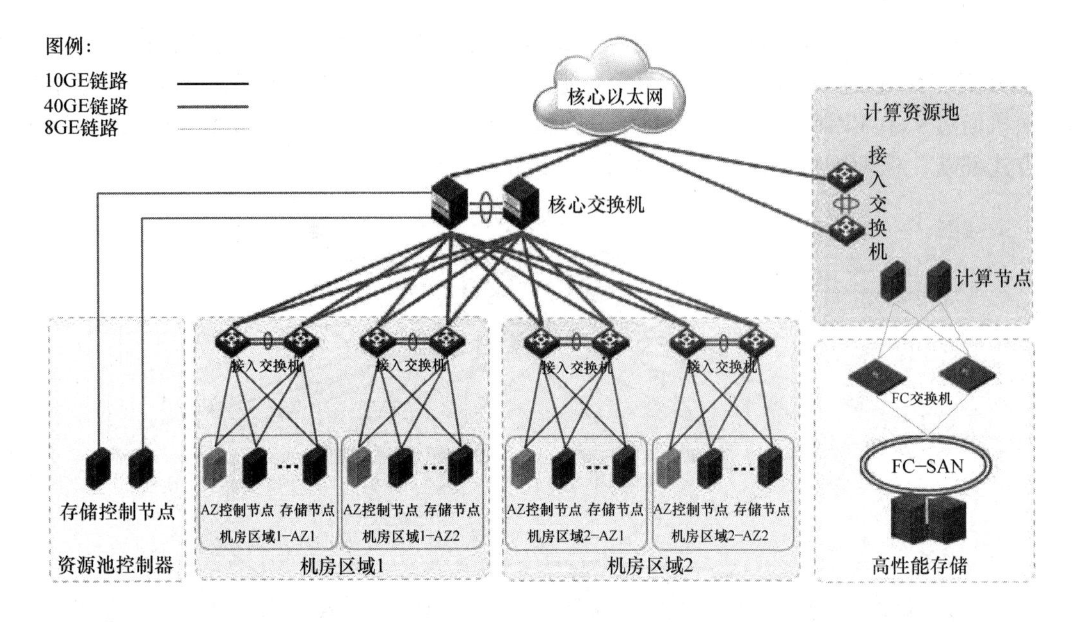

图 5-8　存储网络拓扑结构图

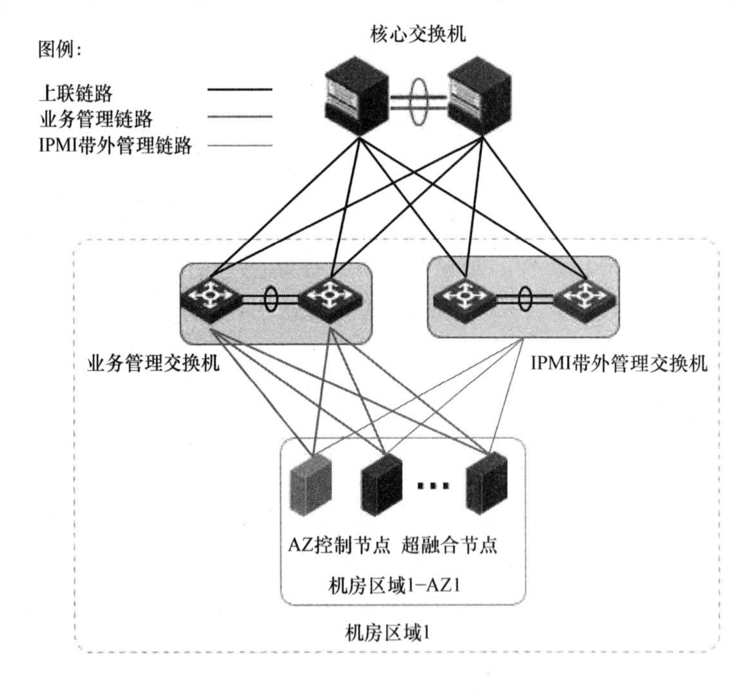

图 5-9　管理网络拓扑结构图

IP网络、FC存储网络)，通过本地波分网络进行承载，实现两个数据中心之间的各类网络高可靠互联。

5.3.3　计算资源池

计算资源服务基于OpenStack的Nova服务构建。Nova-API作为所有API查询的入口，可以初始化绝大多数的部署活动（比如运行实例），以及实施一些策略（比如配额检查）；Nova-Compute负责创建和终止虚拟机实例；Nova-Volume管理云主机实例卷的创建，捆绑和取消；Nova-Network接受来自队列的任务，然后执行相应的任务对网络进行操作。云主机在机房区域内实现高可靠性配置，在物理设备发生故障时，可以在同一个机房区域的不同物理设备之间进行虚拟机热迁移。此外还可以通过机房区域间的数据复制和同步技术，保障云主机在两个不同机房区域间的高可用性。

计算资源建设方面将部署弹性云主机。弹性云主机是基于云计算及虚拟化技术，将硬件、存储、网络等资源虚拟化为资源池，分割成独立的虚拟服务器，为客户提供弹性灵活的云主机租用服务。计算资源系统由机架服务器组成，服务器类型分为两类，管理节点和计算节点，如图5-10所示。

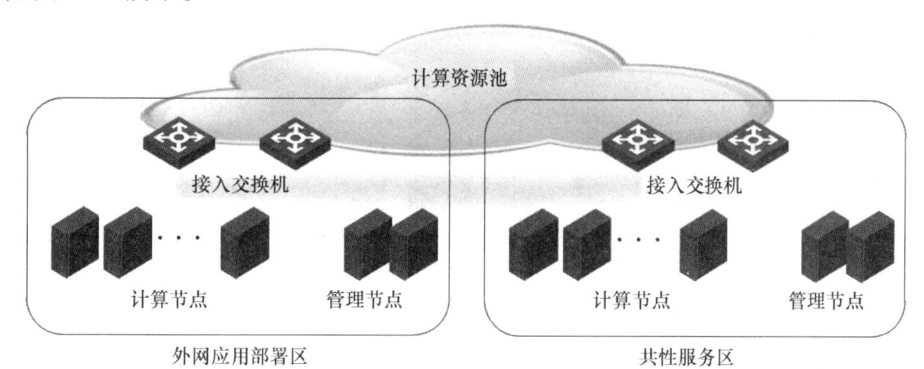

图5-10　计算资源池

5.3.4　存储资源池

存储资源服务基于OpenStack的Cinder服务构建。Cinder-API是主要服务接口，负责接受和处理外界的API请求；Cinder-Schedule处理任务队列的任务，并根据预定策略选择合适的存储节点来执行任务；Cinder-Volume管理存储空间；Cinder-Volume Provider提供存储卷组。云存储资源管理不仅可以管理分布式存储也可以管理FC-SAN存储系统，通过OpenStack Cinder云可以实现对异构存储的集中管理，为不同I/O级别的应用系统提供块存储、文件存储和对象存储服务。

存储资源采用分布式存储和FC-SAN存储相结合的方式建设。分布式存储是通过集群应用、网格技术或分布式文件系统等功能，将网络中大量各种不同类型的存储设备通过应用软件集合起来协同工作，共同对外提供数据存储和业务访问功能。分布式存储支持TB、PB、

EB 级的容量无缝扩展，具有高可靠性和容错性，可实现异地数据容灾，保证最终用户数据的安全性。不同的存储分别为对 I/O 要求不同应用系统存储空间。

5.3.5 高可用原理

由于多个应用系统和用户的安全资源需求都不尽相同，不仅有信息安全等级保护二、三级的属性要求，还有其特殊性安全要求。云平台的安全设计不仅要能够满足共性安全需求，还应能够兼顾各用户的动态、特定安全需求。为满足需求，需设计安全资源池方案。

安全资源池是将云计算技术应用于安全领域，通过将安全系统、安全功能、资源进行云化，形成专门的安全能力快速交付的资源池；为客户提供按需的网络安全服务，从而实现网络安全即服务的一种技术和业务模式。

1. 安全资源池组成

安全资源池由虚拟化网关服务资源池、虚拟化分布式安全网关、云安全管理平台三个主系统组成，安全资源池具体组成模块如图 5-11 所示。

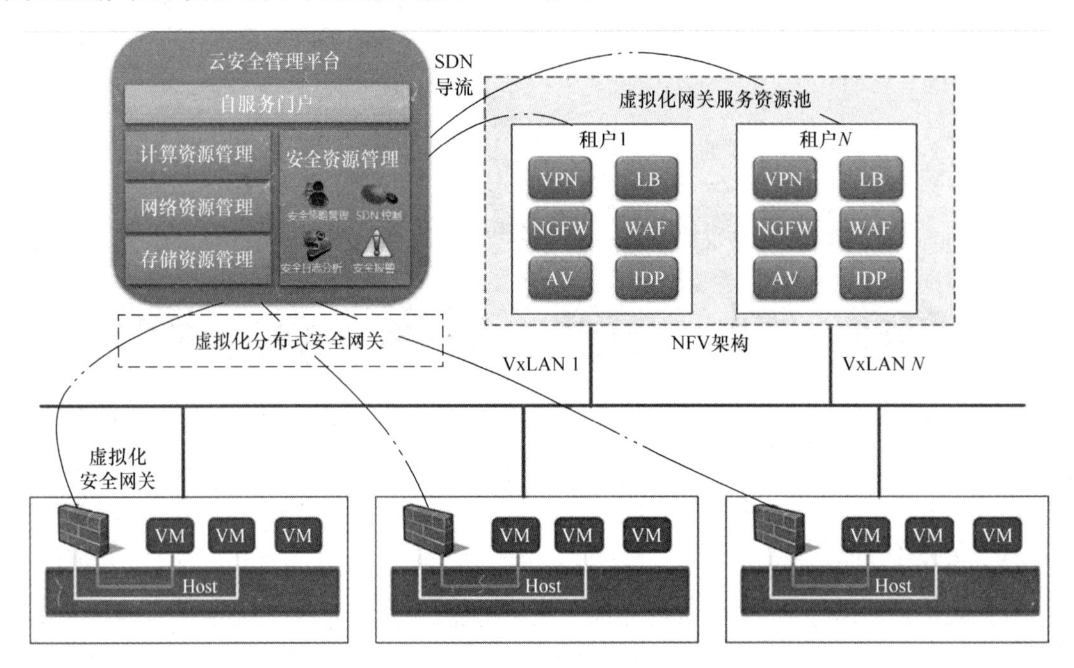

图 5-11 安全资源池具体组成模块

虚拟化网关服务资源池对数据中心南北向流量可提供灵活编排的安全防护，分布式安全网关用于防护数据中心东西向流量。这样既能满足多用户按需弹性扩展安全功能的需求，又能增加数据中心内部安全。把东西向流量的安全策略下沉到分布式安全网关上来实现，这样能够保证虚拟机之间通信的安全，同时通过分布式架构，增加了水平扩展能力。

具体来说，虚拟化网关服务资源池通过 SDN 导流、NFV 架构对 VPN、FW、WAF、IDP、负载均衡、防病毒网关等安全资源进行池化，每个租户创建一组安全资源，可以提供访问控制，访问控制、入侵防御、Web 防护、VPN 和病毒过滤等安全功能服务。

虚拟化分布式安全网关是在每个物理服务器上安装一个或多个虚拟化分布式防火墙，通过 SDN 的服务链注册机制，或者 Hypervisor 底层的流量重定向机制，实现把本台物理服务器上每个客户虚拟机的流量重定向到虚拟化安全网关中，从而实现虚拟机之间的，以及进出虚拟机的流量的安全防护功能。

云安全管理平台（安全资源池管理模块）通过统一平台的安全资源池管理模块，可管理安全资源池、SDN 导流管理和安全资源管理。

2. 用户 VPC 的安全保障

在虚拟资源的防护上，采用基于软件方式的 NFV（Network Functions Virtualization，网络设备功能虚拟化）部署架构在每个 VPC 中，具体如图 5-12 所示。

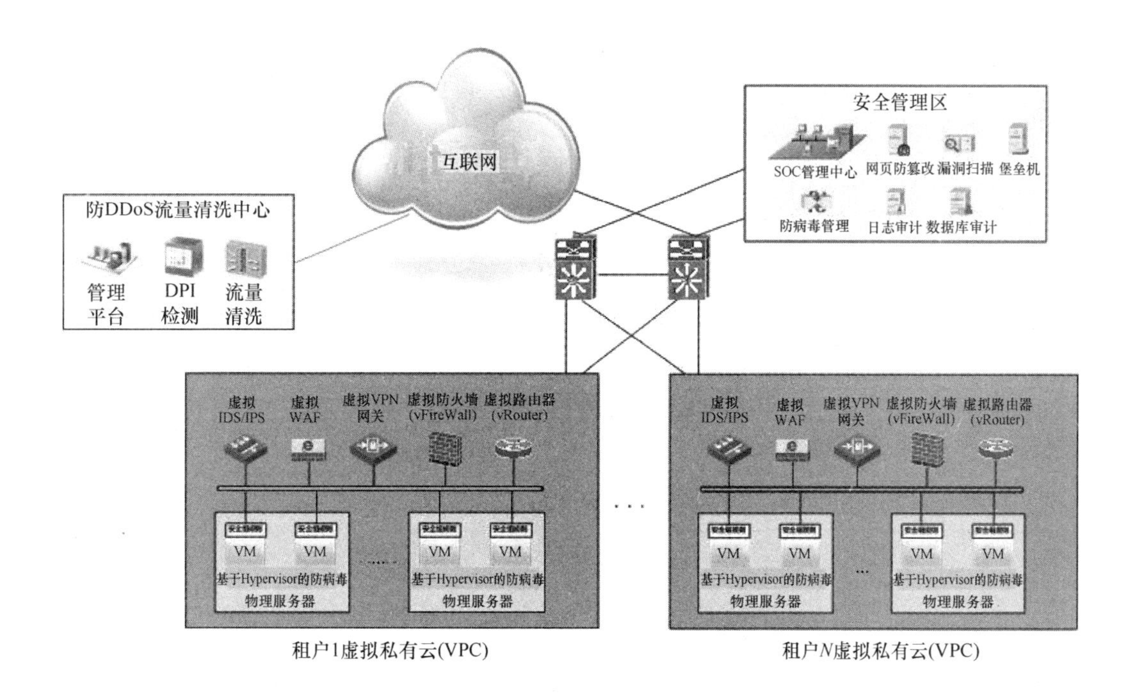

图 5-12　NFV 部署架构图

应用系统的云主机上通过安全组规则进行基于端口的访问控制。通过安全策略设置，实时监控虚拟机，实现资源隔离，并保证每个虚拟机都能获得相对独立的物理资源，并能屏蔽虚拟资源故障，确保某个虚拟机崩溃后不影响其他虚拟机，虚拟机只能访问分配给该虚拟机的物理磁盘；不同虚拟机之间的虚拟 CPU（vCPU）指令实现隔离；不同虚拟机之间实现内存隔离；可控制虚拟机之间以及虚拟机和物理机之间所有的数据通信；在迁移或删除虚拟机后确保数据清理以及备份数据清理，如镜像文件、快照文件等。定时进行漏洞检测、安全加固和补丁升级，保障虚拟化平台的动态可靠。

通过部署虚拟路由器实现VPC内部不同子网的网络互通，各VPC之间通过VLAN实现逻辑隔离。并可通过SDN导流技术进行灵活的安全防护编排，满足各类租户的特殊性安全需求，实现精确防护。可以定义租户南北向网关资源，配置FW、IPS、VPN等虚拟设备的安全策略。通过虚拟防火墙实现VPC外部和VPC内部之间的基于端口的访问控制；通过在VPC内部部署虚拟IDS/IPS实现对于入侵的检测与防护；并针对Web系统部署虚拟WAF实现安全防护。

5.3.6 云迁移

迁移服务是指将客户物理服务器上或其他虚拟化平台上的业务系统迁移至云上的一种服务。

云迁移服务应满足下述要求。

1）支持在线迁移；
2）支持多种Windows和Linux操作系统的物理机或虚拟机；
3）支持文件级迁移和镜像级迁移；
4）支持并发迁移任务；
5）支持断点续传；
6）多次数据同步功能保障数据一致性。

1. 迁移基本流程

业务的云迁移交付作业流程如图5-13所示。

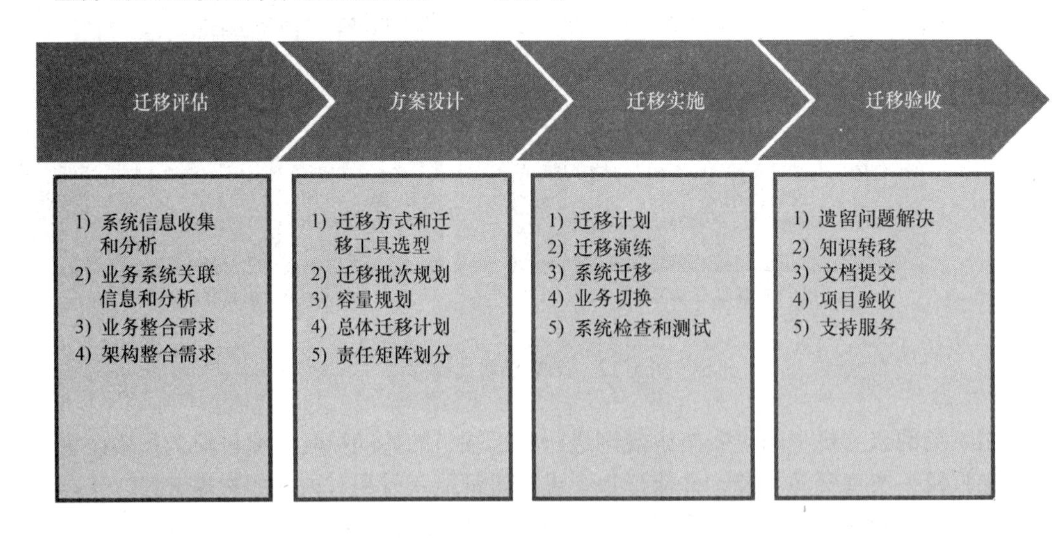

图5-13　业务的云迁移交付作业流程

2. 业务迁移评估

（1）项目调研

调研的内容包括以下几个方面：

IT组织架构：主要向客户IT人员调研客户的IT组织架构以及IT运作流程。

IT硬件资产：了解客户目前业务系统的硬件信息，例如服务器类型、磁盘阵列类型等，为业务迁移提供原始输入信息。

系统性能参数：通过部署信息采集工具，得到客户现行业务及IT设备具体信息，为客户业务云化评估、云平台容量规划和业务迁移提供最直接的信息。

IT系统配置：通过了解客户目前配置和性能情况，评估迁移至云平台上性能情况，作为业务发放和资源配置的参考基准。

业务流程：梳理客户业务流程，根据客户实际情况制定迁移方案。

业务&IT联系：从IT的角度看，系统优先级情况。

IT网络配置：了解客户目前组网情况，关注网络带宽信息。

迁移备份容灾需求：调研客户是否对业务有灾备需求。

客户其他要求：详细了解客户而对整个业务迁移的特殊需求。

（2）性能分析

数据信息的采集是为后继的兼容性分析和性能分析做准备。主要是源端操作系统的CPU、内存、I/O等参数。

性能评估需要根据采集回来的系统数据具体分析，高负载的系统要慎重迁移。例如使用“可云化评估工具”进行评估，如图5-14所示。

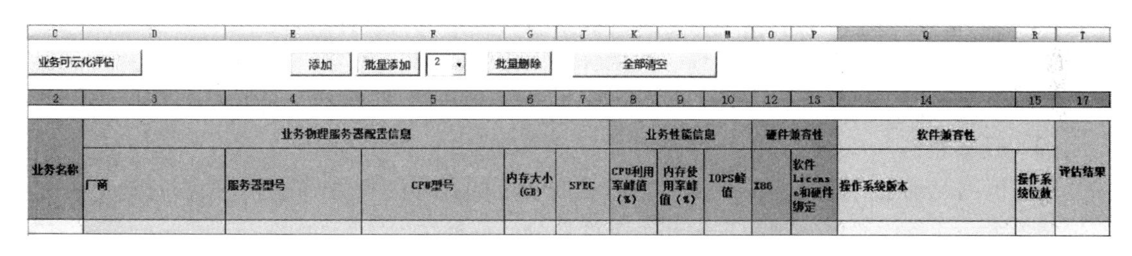

图5-14　可云化评估工具

（3）兼容性分析

兼容性分析主要看虚拟化平台支持的操作系统列表和迁移工具支持的操作系统列表。

（4）迁移风险应对

风险评估过程主要分为以下几个阶段：

第一阶段：定评估业务范围阶段，调查并了解客户的业务流程和运行环境，确定评估范围的边界以及范围内的所有网络系统。

第二阶段：业务的识别阶段，对评估范围内的所有业务进行识别，并调查业务破坏后可能造成的影响大小，根据影响的大小为业务进行相对赋值。

第三阶段：威胁评估阶段，即评估业务所面临的每种威胁发生的可能性和严重性。

第四阶段：脆弱性评估阶段，包括从技术和管理等方面进行的脆弱程度检查，特别是技术方面。

第五阶段：风险分析阶段，即通过分析上面所评估的数据，进行风险值计算、区分和确认高风险因素。

（5）迁移评估小结

继客户调研之后，要根据客户需求、实际业务情况、现有基础建设等情况进行综合分析。通过综合分析，能够得到客户的现有业务信息、迁移需求以及其他的客户诉求，在此基础上进行业务迁移评估。主要包括以下内容：

业务分析：分析客户现有业务现状，包括客户业务种类、服务器类型、使用的其他虚拟化平台、服务器操作系统类型、数据库类型和版本、中间件、业务重要性、业务用户群、业务是否 24 小时运行、业务之间关联性等。

信息采集：通过部署信息采集工具，收集客户现有业务的信息，作为后续评估、分析、设计和实施的原始参考。

需求分析：分析客户需求、迁移需求以及其他方面诉求，以需求为导向进行业务迁移整体评估和迁移具体实施。

虚拟化评估：根据采集到的客户服务器信息、客户需求以及评估规则，对服务器进行虚拟化评估，识别出适合虚拟化的服务器及与云平台可兼容的服务器。

3. 方案设计与实施

（1）容量规划

根据采集已有的服务器的基本信息及性能数据对云主机规划评估，主要指标为虚拟机规格计算、服务器整合规划、存储规划。根据计算出来的 CPU、内存、磁盘值，给出相应的虚拟机规格以及虚拟主机的物料清单。

（2）迁移批次

迁移范围已确定的前提下（根据客户意见或实际的迁移可行性确定），根据待迁移业务的依赖关系、业务优先级、难易程度几个维度划分迁移批次。

（3）迁移演练

迁移演练可以视为迁移实施方案的一部分，在正式实施迁移前应进行迁移的演练，迁移实施团队也可以通过演练提升操作技能，增加多团队的配合度，提升效率，同时提前发现迁移方案可能存在的问题。

（4）实施方案

迁移方案要经过相关团队的评审（客户、业务系统维护/原厂支持、迁移实施团队等）。业务迁移以实施方为主，业务验证和切换、关联变更以客户为主。

在确定迁移可行的基础上，对客户业务迁移制定详细的实施方案。迁移方案主要内容为迁移方法选定、迁移工具选型、数据备份、迁移测试环境准备、迁移工具测试、业务迁移演练、正式迁移环境准备、迁移软件安装、迁移人员安排、迁移时间和停机时间安排、业务迁移、数据同步、验证业务、业务割接、业务再次验证、关联系统的变更、风险应对及失败回退。

4. 验收与调优

（1）迁移验收

根据用户需求，制定验证标准，进行验证方案的准备，配合客户进行业务和功能测试，输出详细的业务迁移报告，确保用户有良好的体验，主要内容如下：

1）验证方案设计，主要内容为项目背景、系统概述、验证标准、验证内容；

2）验证方案交流与确认，主要内容为与客户就测试方案进行交流，得到客户确认；

3）验证方案实施，主要内容为每次业务迁移完成后，配合客户进行业务验证和测试，确保验证通过；

4）验证报告提交，主要内容为将验证报告提交给客户确认；

5）交付输出件《迁移验收表》

在验证时须注意以下几点：

1）提前确认验证时间、验证方式、验证内容、参加验证的人员等；

2）验证方案在交付设计阶段完成初稿，根据现场集成联调的情况做相应调整，到内部项目组和技术专家组评审，确保方案的准确和完整；

3）验证过程中因为不可抗力等因素影响到验收指标的，如突然产生的外界干扰等，应该冷静处理，以事实和数据说话；

4）避免多次验证测试；

5）对于需要进行验证测试的专业服务交付项目，应尽量在交付实施过程中完成技术指标的测试，双方签字确认的数据在得到用户许可后，可以作为验证的测试数据使用。验证时要求服务经理、客户经理参加；

6）验证过程中的每一个迁移完成的业务系统都必须有用户签字，验证通过后，移交项目验收资料等文档给用户。

（2）迁移资料归档

迁移项目实施过程中总结的问题经验、项目材料都要以文档的方式积累。

迁移服务作为一项专业服务，有一定的技术门槛和业务风险，如客户后继仍有迁移需求，建议交由专业的服务团队来实施。

（3）系统的持续优化

系统持续优化这一部分工作主要由系统维护团队实施。

在长期的系统维护过程中，持续发现并解决平台或上层业务的问题。如由于迁移前后平台的差异可能会遇到的软硬件兼容性问题、业务系统的性能调配、平台的负载均衡、业务系统的扩容、配置升级等情况或需求。

5. 应用迁移

（1）应用迁移概述

应用迁移是为了将现有应用平滑迁移到云平台，将应用迁移到云平台上，可以有效地利用云平台实现提升资源利用率、动态调度资源和统一运营管理。

应用迁移之前，要先对应用架构作出相应的调整，调整的目的在于更好地把现有应用分配到云环境内部或者周边，最大程度发挥云平台的优势，另外利用本地云功能，对应用进行优化，包括管理界面、自动配置等，使其与本地云服务相对接，同时还会考虑到应用性能、安全与管理三大要素，其具体的应用系统迁移原则如下：

1）数据安全性原则；

2）业务连续性原则；

3）保持迁移效率；

4）降低迁移成本；

5）迁移优先级 - 由易到难；

6）兼容性。

在应用迁移的风险防范方面，需加强对各类迁移风险的预防和应急准备，建立风险事件管控台账，做好风险事件回退分析和管理，建立风险事件典型案例库；加强对突发事件的监测与预警，完善应急响应流程与措施，形成覆盖事前、事中、事后全过程的风险预防与应急处置管理运行机制。

（2）应用迁移流程和方法

应用迁移分三个阶段来实施：

1）分析、设计及建设阶段：收集基础设施新建、改造、扩容需求；

2）测试阶段：包括组件功能性测试、组件集成性测试和组件性能测试；

3）迁移及扩展：制定完善的迁移方案、充分的实施方案、良好的应急预案等，最后实施迁移。

应用系统迁移方法包括以下几个方面内容：

1）重新安装：IT 系统相关文档、安装流程齐全，在虚拟化环境中重新部署 IT 系统再进行数据迁移；

2）镜像快照：在某个时间点对系统进行快照，在虚拟化环境中恢复快照；

3）虚拟化迁移：即物理服务器到虚拟机的实时迁移（P2V），通过网络设备将需要迁移的业务网络与云平台实现二层的互通。有选择地、分批次地迁移服务器，将业务从原物理服务器迁移到新平台的虚拟机上。

在业务迁移后，服务器网络属性配置保持不变（如 IP 地址/VLAN 等），业务依然通过老平台承载。通过依次迁移服务器的网关，防火墙的安全策略，以及在平台发布相应的路由，最终实现业务通过云平台承载。

应用系统迁移部署过程中，需要满足以下几个方面的要求：

1）确保批量迁移的整个网络环境已准备完毕，并通过迁移工具完成源系统和目标系统之间的连通（此处的目标系统属于中转系统）；

2）对迁移系统进行性能审核和健康检查，如果系统状态监视正常，则停用旧系统并将其服务暂时转移到新的虚拟化系统中；

3）进行“利旧”，对于一部分可用的旧硬件可在服务器虚拟化中重新再利用，一些软件资源需扩展，如内存和硬盘，这些服务器构成最终的虚拟化基础设施，即最终系统；

4）在目标系统和最终系统之间进行 V2V 迁移，这样，最终系统完成了现存硬件的重复利用。

应用系统迁移的具体步骤如下：

1）系统评估：在评估阶段，虚拟化和迁移之前需收集的信息如下：

① 性能统计：包括 CPU 使用率，内存使用率，硬盘 IOPS 和硬盘使用情况；

② 物理服务器配置：包括 CPU 规格，内存容量，硬盘容量；

③ 统计物理服务器部署位置，分析是否支持虚拟化，累计支持虚拟化的服务器数量，并规划出虚拟化中需新增的硬件情况。

2）系统备份：分析现有服务的依赖条件，对当前系统进行备份。

3）资源规划：根据当前的资源使用和需求情况，计算虚拟化所需的容量。

4）应用规划：同类虚拟机部署在同一个计算资源池中，在同一个池中可相互共享存储/计算资源，一个集群的故障不会影响其他资源池。

5）资源分配：建立虚拟化平台后，要准备最终的迁移资源，即按照前系统的配置要求，分配对应的计算、存储资源。

6）迁移工具：采用迁移工具从物理或虚拟的服务器向最终的虚拟化系统中进行磁盘复制。

7）在线迁移：准备好源系统，目标虚拟机以及目标系统后，决定迁移时需使用的迁移工具和迁移策略。

8）迁移监控：对迁移后的系统进行监控，保证系统运行一个月，确保没有后顾之忧。

9）迁移优化：针对评估结果和监控中发现的问题，对业务系统制定改进和优化措施。

6. 虚拟化迁移

（1）虚拟化迁移概述

虚拟化迁移是指把源主机上的操作系统和应用程序通过离线或在线的方式移动到目标虚拟化主机上，并且能够在目标虚拟化主机上正常运行。

在实施虚拟化迁移的过程中，不仅需要关注迁移过程的可靠性，还关注迁移的性能，即迁移的时间和对业务系统的影响，虚拟化迁移的性能指标包括以下三个方面：

1）整体迁移时间：从源主机开始迁移到迁移结束的时间；

2）业务停机时间：迁移过程中，源主机、目标主机同时不可用的时间；

3）对应用程序的性能影响：迁移对于源主机上运行服务性能的影响程度。

虚拟化迁移的目标是最小化整体迁移的时间和业务停机时间，并且将迁移对于源主机上运行服务的性能造成的影响降至最低。在迁移过程中，这几个因素互相影响，我们将针对不同的业务场景和客户需求，进行充分和专业的评估与分析，并设计合理的和定制化的迁移方案，以达到预期的目标。

（2）虚拟化迁移方案

1）迁移方式选型。根据信息收集的结果，分析各应用系统特点，包括重要程度、与其他业务系统的关联关系、是否允许离线迁移、允许离线的时间窗口等因素，然后为每个应用系统制定相匹配的迁移方式，见表5-1。

表5-1 选择迁移方式

序号	服务名称	迁移方式	选择依据
1	政务信息系统	在线	业务连续性要求高，允许离线的时间窗口较小
2	办公自动化系统	离线	业务连续性要求较低，有足够的离线时间窗口
3	邮件系统	离线	业务连续性要求高，允许离线的时间窗口较小

2）虚拟资源计算。在进行虚拟化迁移之前，对每个应用系统虚拟化迁移后所需的虚拟计算进行合理的评估和计算，以确保迁移后应用系统的可用性、可靠性和各项性能指标可满足业务目标。

3）迁移计划设计。根据先易后难、先小后大、有关联的业务系统统一迁移的原则，并在与需求方协商后，确定业务迁移的计划，包括迁移时间窗口、所需资源等信息，见表5-2。

表5-2 迁移计划表

序号	系统	计划迁移窗口	实际迁移窗口	所需资源	备注
1	邮件系统				影响小
2	办公自动化系统				迁移难度较小
3	政务信息系统				业务重要

4）迁移注意事项。应用系统迁移前，建议进行健康检查，确保当前应用系统及所属的服务器、存储设备、操作系统、中间件平台等均处于健康状态，没有未处理的告警、报错等异常信息。

在条件许可的情况下，建议重启一次业务系统以测试业务是否可以自动启动且运行正常。对于重要或核心的应用系统，在进行虚拟化迁移之前要做好核心数据的备份，以规避迁移过程中由于各种软硬件故障、人员误操作等意外因素所带来的数据安全风险。

在系统迁移时安排应急处理人员做好系统回滚准备工作，若发生迁移后验证和测试失败，立即启动系统回滚流程。

7. 数据迁移

（1）数据迁移概述

数据迁移是一种将离线存储与在线存储融合的技术，也是直接影响数据管理质量的重要过程，对数据的质量、数据的准确性、数据元素、数据的可访问性和所有数据的性能都有影响。

数据迁移意味着将数据从一个存储介质传送到另一个存储介质，从一个系统到另一个或几个，它是一个非常复杂的数据传输过程，特别是在不兼容的系统中。数据迁移过程首先要对旧系统进行全面细致的梳理和分析，在此基础上对旧系统的数据进行分类，然后对旧系统的数据进行迁移到新的系统中，最后对结果进行数据验证。在验证过程中，这两个系统的并行运行策略是必要的，以确定领域的差距，防止任何错误的方式导致数据丢失。

（2）数据迁移流程和方法

1）旧系统梳理分析。分析原有数据共享交换系统，整理出原有交换数据共享交换系统有哪些核心功能模块、核心业务流程，并利用现有结构分析比对工具导出现有系统的业务模型。如原系统有较成型的需求分析、业务建模，概要详细、详细设计手册可以直接参考。同时将分析出来的原有数据共享交换系统功能模块、业务流程与新交换平台进行分析、对比，找出系统间的差异和区别，以便后续确定迁移的工作量及相应工作进度。

分析出新旧系统的差异之后，与需求方进行商讨确认，了解需求方对数据迁移的想法、顾虑、需求，以及需求方在一般情况下对旧数据的处理规则，以保证迁移工作的全面性，避免因单方面需求误解而导致的错误。

2）旧系统数据分类。将旧系统中的数据项进行分类，并根据不同分类制定不同的处理原则。

旧有数据的处理规则，一般分为以下几类：

① 基础数据类：这一类数据的数据格式一般都比较简单，比较容易迁移。但是会影响到相关的业务数据，这一类数据的关注点为数据的主键和唯一键的方式。字典表、枚举表为此类数据。

② 历史数据类数据：这一类数据的导入是为了将历史数据痕迹保留，为系统后续发展提供参考，这一类数据导入也相对容易。纯历史数据处理起来会比较容易，一次性导入即可。流程性数据类数据只有在记录完全关闭后才能结束，需要进行增量导入和数据更新，同时要保证与新系统相关流程数据的兼容，以保证旧有数据能够在新系统可查询到。

③ 新老系统表结构变化较大的历史数据：这一类数据的迁移工作量较大，需要仔细研究、分析对比新老业务系统的数据结构，同时结合用户方的实际需求。

一般采取的原则为：尽量通过迁移单位来收集齐全相关原系统的相关设计文档，以规避系统迁移的风险；在测试环境中运行典型的业务场景测试用例，在原系统上进行相关数据的观察，了解数据的变化和数据表数据的关系，寻找规律，确定差异。

3）旧系统数据迁移。系统梳理分析和数据分类、确定数据处理规则之后，需要在完善之前建立相关调查表格，并与需求方进行沟通确认。在表中进行相关表的数据字典对照，勾画出对应字段、转换逻辑、依赖关系。如果必要，需要在新系统表上做相应的冗余，等数据迁移完毕后再清除。

在具体的数据迁移过程中需要注意的关键点如下：

① 迁移过程需要关注不同数据库的字段类型的匹配问题，比如 SQLServer 的 text，在 Oracle应该对应 clob。

② 主键的问题，一致的数据类型尽量维持现有状态，不一致的尽量采用 Oracle 的序列

或 SQLServer 的 identity int。迁移完成后，要将序列值的最大值进行更新，以保证新系统序列的正常更新。

③ 数据项长度不一致的处理：对于新系统与旧系统的数据项长度不一致的，为了防止数据丢失，应以数据项较长的为准。

④ 代码标准不一致的处理：对于新系统与旧系统的同一数据项，而代码标准不一致的，需要建立代码对照表交由用户审定后再进行升迁。

⑤ 数据采集方式不一致的处理：旧系统为代码输入项目，新系统为手工录入项目的，数据升迁时直接将含义升迁至新系统中。旧系统为手工录入项目，新系统为代码输入项目的，数据升迁时应将数据导入临时表中，由用户确认这些数据的新代码后再导入正式库。

⑥ 增减数据项目的处理：新系统中新增的数据项目，如果为关键非空项，在数据升迁时需要由用户指定默认值或者数据生成算法。旧系统有而新系统已取消的数据项目，原则上升迁至该记录的备注字段。对于没有备注项目的，需要与用户协商是否需要继续保留。

系统的正式迁移过程可利用数据抽取工具（如 ETL 工具）进行数据的抽取与迁移工作。通过 ETL 工具可以对异构大数据系统进行实时的多线程快速抽取，同时在抽取过程中可以高效地完成对数据的比对、分析工作。

对数据量大且实时变化的数据迁移工作一般分为两部分进行，在截止的某一时间点进行全量数据的抽取，即把要迁移的历史数据全量的抽取到目标系统中，后续再进行增量数据的抽取。在增量抽取和全量更新之间会有一小部分的数据差异，可以在分析比对后找出差异数据，利用 ETL 工具将这部分数据导入到新系统中。对数据小及变化不频繁的数据可以采取一次性全量抽取达到迁移工作的目的。

利用 ETL 工具数据抽取前，需要进行的准备工作具体归纳为如下 4 个部分：

a）针对目标数据库中的每张数据表，根据映射关系中记录的转换加工描述，建立抽取函数。该映射关系为前期数据差异分析的结果。抽取函数的命名规则为“F_目标数据表名_E”。

b）根据抽取函数的 SQL 语句进行优化。可以采用的优化方式为：调整 SORTAREA_SIZE 和 HASH_AREA_SIZE 等参数设置、启动并行查询、采用提示指定优化器、创建临时表、对源数据表作 ANALYZES、增加索引。

c）建立调度控制表，包括 ETL 函数定义表（记录抽取函数、转换函数、清洗函数和装载函数的名称和参数）、抽取调度表（记录待调度的抽取函数）、装载调度表（记录待调度的装载信息）、抽取日志表（记录各个抽取函数调度的起始时间、结束时间以及抽取的正确或错误信息）、装载日志表（记录各个装载过程调度的起始时间、结束时间以及装载过程执行的正确或错误信息）。

d）建立调度控制程序，根据抽取调度表动态调度抽取函数，并将抽取的数据保存入平面文件。平面文件的命名规则为“目标数据表名 . txt”。

数据转换的工作在 ETL 过程中主要体现为对源数据的清洗和代码数据的转换。数据清洗主要用于清洗源数据中的垃圾数据，可以分为抽取前清洗、抽取中清洗和抽取后清洗。ETL 对源数据主要采用抽取前清洗。对代码表的转换可以考虑在抽取前转换和在抽取过程中进行转换，具体如下：

a）针对ETL涉及的源数据库中数据表，根据数据质量分析的结果，建立数据抽取前的清洗函数。该清洗函数可由调度控制程序在数据抽取前进行统一调度，也可分散到各个抽取函数中调度。清洗函数的命名规则为“F_源数据表名_T_C”。

b）针对ETL涉及的源数据库中数据表，根据代码数据差异分析的结果，如果需要转换的代码数据值长度无变化或变化不大，考虑对源数据表中引用的代码在抽取前进行转换。抽取前转换需要建立代码转换函数，代码转换函数由调度控制程序在数据抽取前进行统一调度。代码转换函数的命名规则为“F_源数据表名_T_DM”。

c）对新旧代码编码规则差异较大的代码，考虑在抽取过程中进行转换。根据代码数据差异分析的结果，调整所有涉及该代码数据的抽取函数。

4）迁移后数据验证。业务验证方式是数据迁移验证的核心，由于迁移流程中从小到大、从易到难会经历内部测试、预演和正式切换三个实施阶段，而这三个阶段分别需要业务的验证。由于数据交换服务交换数据的数量太多，而业务验证时间和参与验证机构的数量各有不同，业务验证不可能面面俱到，不可能涵盖每一笔交换数据，因此需要根据每个阶段的测试目的，根据业务系统的功能类别和功能重要性，在不同的测试阶段，选择不同的测试机构和机构数量，制定每个阶段可行的业务验证案例。

在内部测试阶段，业务验证主要是测试数据迁移后应用能否正常进行数据交换，因此该阶段的测试侧重的是业务交易的可用性和核心交易的正确性，由于中间业务测试环境已经搭建，所以在内部测试阶段增加中间业务类的测试。

预演阶段是正式切换的预先演习。由于内部测试已经测试了较为完整的业务流程，预演的目的主要是验证实际生产前台环境的可用性，另外预演测试还能起到对新主机数据库一个压力测试作用。

在正式切换阶段，所有的验证数据均为真实的操作，之前两个阶段的交换数据只在测试环境有效，在生产环境中是不存在的，而正式切换后，迁移后的数据库就转为了新的生产数据库，此时的验证要尽可能的详细，需包含所有核心功能，能测的都需要尽可能测到。

为了进一步验证迁移前后数据的一致性，还可以考虑将数据库中与应用相关的、重要的数据库表的记录数和某些字段的求和进行统计。我们可以通过执行相应的SQL命令获得整个数据库中一共有多少记录。当然，这个数据的获得应该在应用正常关闭后数据库正常关闭前获得，然后将这两个数据记录下来。在数据迁移完成后，在新的数据库中同样执行相同的命令，也能得到两个数据，将前后两次所得到的数据进行对比，如果两个数都分别完全一致，则从另一个角度也能说明迁移前后新旧数据库数据的一致性。

完整性和可用性验证相对比较简单，只要迁移后的新数据库能正常打开，并且架构在数据库之上的应用能正常启动，不会报由于数据库的问题导致应用不可用，并且新数据库的告警日志文件中没有任何出错信息，那就基本可以肯定迁移后的新数据库是完整的、可用的。

数据迁移的验证是一个非常重要的内容，通过验证可以确定新旧数据库内容是否一致，可以确定新的数据库的完整性和有效性。

5.4 开源云计算软件基础设计及部署

5.4.1 门户软件设计原理

1. 门户子系统

1）自服务门户：自服务门户为终端用户提供图形化的统一管理门户，用户使用统一登录界面完成自助操作，功能模块可参考图 5-15。

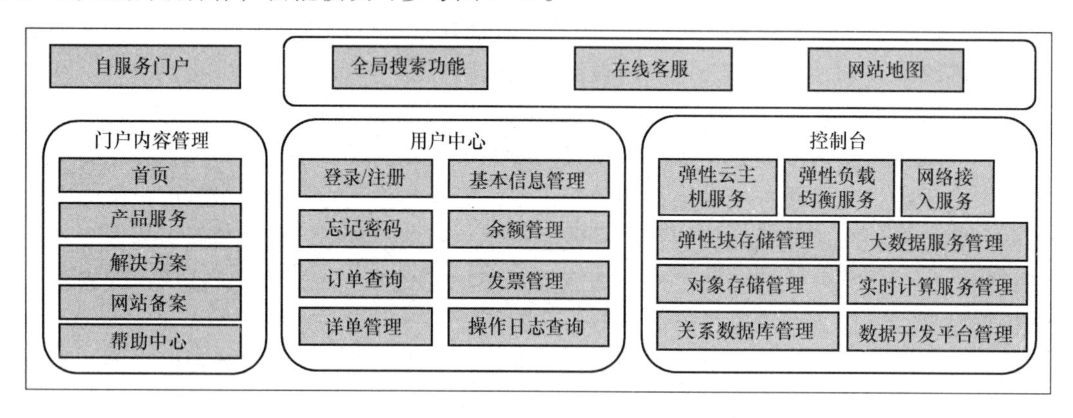

图 5-15　自服务门户功能模块图

2）统一对外服务门户：统一对外服务门户为终端客户呈现各种发布的云应用产品，包含各产品的应用介绍、资费说明、业务受理流程等内容，同时门户还具有在线订购、搜索、网站地图、新闻资讯、在线帮助等功能。

3）用户中心模块：用户中心模块可为用户提供客户注册、基本信息修改、忘记密码、订单查询、账单和详单管理、操作日志查询、发票管理、余额管理等功能。

4）控制台模块：控制台面向客户提供所有资源的自助申请、配置、监控等管理功能。这些资源包括弹性云主机（虚拟机）、弹性块存储（虚拟磁盘）、对象存储、关系型数据库实例、网络接入（包含带宽及 IP 地址）等各项资源。可为客户提供资源操作控制功能，如申请、绑定、配置、释放等操作。面向大数据服务的管理控制台，允许客户自助调度及编排大数据任务。

5）在线客服模块：在线客服模块可为用户提供咨询、投诉、调查以及获取资源信息在线服务功能。

6）运营管理门户。

7）运维管理门户。

2. 运营管理子系统

运营管理子系统功能模块图如图 5-16 所示。

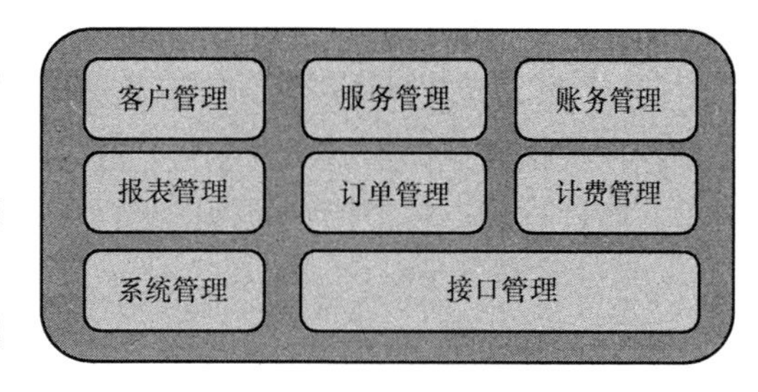

图5-16 运营管理子系统功能模块图

(1) 客户管理

1) 客户注册与注销：提供客户注册/注销功能。

2) 客户信息管理：提供客户信息管理维护功能。

3) 客户业务管理：提供客户业务管理维护功能。

(2) 服务管理

1) 服务目录：是指对服务进行分类，组成服务目录结构并进行管理维护，并对服务目录进行全生命周期管理。

2) 服务目录结构管理：是指对服务目录结构进行管理，支持目录分类管理功能。

3) 服务目录生命周期管理：是指支持服务目录的创建、修改、查询、发布和删除功能。

4) 服务请求流程：是指提供流程化方式，来处理各种服务请求。包括服务申请流程，服务变更流程、服务终止流程。

(3) 订单管理

1) 订单申请：是指向客户提供服务订单订购功能。

2) 订单审批：是指处理客户订单申请，并可全局启用或禁用审批功能权限。

3) 订单查询：是指提供查询订单信息的功能，可以按照时间、客户、订单状态等查询订单信息。

4) 续订订单：是指提供给客户，延长订单有效期，续订订单的功能。

5) 订单取消：是指提供给客户，取消已申请的订单，释放资源。

6) 订单到期提醒：是指对客户通过邮件或短信发送提醒的功能。

(4) 账务管理

1) 账单管理：是指对客户的账单进行数据维护管理。

2) 订单查询：是指客户可对其所有订单类型进行查询。

3) 详单查询：是指可通过选择条件（例如时间、产品类型）查询客户各类资源的使用详单。

(5) 报表管理

报表管理指可以查询客户清单、收入报表、客户统计、资源统计、产品统计的报表信息。

1) 客户清单：可通过输入登录账号、客户名称、联系电话，选择客户类型过滤出满足条件的客户清单。

2) 客户统计：可按照时间查询某年某月的客户统计信息。

3) 资源统计：可按照时间查询某年某月的资源统计信息。

4) 产品统计：可按照时间查询某年某月的产品统计信息。

（6）系统管理

系统管理指可通过统一管理界面对云管理平台各个子系统进行管理。

1）计费管理：可根据客户账户、客户名称及时间进行计费管理。

2）监控管理：可根据不同视图进行各类资源的监控和管理。

3. 运维管理子系统

运维管理子系统功能模块图如图5-17所示。

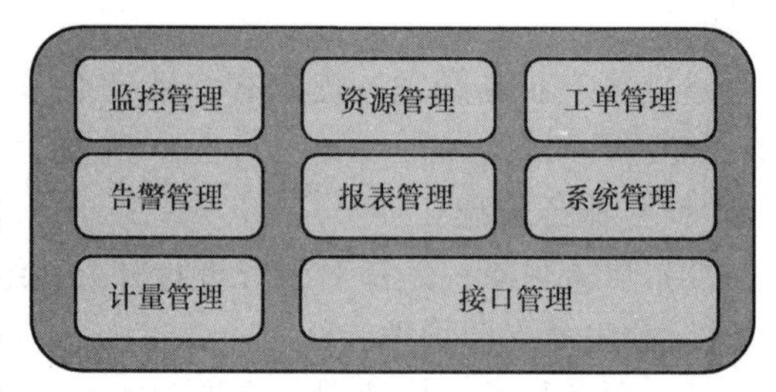

图5-17　运维管理子系统功能模块图

（1）资源管理

资源管理可提供资源视图包括云视图、综合视图、运维视图和网络拓扑图。

1）云视图：可从逻辑上将整个资源池划分为基础架构层、资源层与应用层，来展示云中的所有资源。

2）综合视图：可分别从物理地域的角度和业务使用的角度，可拓扑展示系统中的资源，例如多数据中心、机房、机层中设备的位置和运行状况。

（2）监控管理

监控管理可提供对数据中心的计算、存储、网络等资源的实时监控。

（3）告警管理

告警管理可对采集的数据按照管理员设置的告警规则进行统计、分析、呈现、定位和通知。

（4）工单管理

工单管理可为运维管理员提供新增工单、查询工单等功能。

（5）计量管理

计量管理可对服务实例中的资源使用情况进行计量管理。

（6）报表管理

报表管理可形成日常运行的各种统计报表和运营分析报告。

（7）系统管理

系统管理可提供权限管理、系统日志管理、操作日志管理等功能。

（8）接口管理

接口管理可提供各种计算资源、存储资源、网络资源、门户等接口管理功能。

5.4.2　底层软件设计原理

1. KVM 架构

KVM 是基于内核的虚拟机（Kernel - based Virtual Machine）的简称，它是一个 Linux 的一个内核模块，该内核模块使 Linux 变成了一个 Hypervisor。KVM 是基于虚拟化扩展（Intel VT 或者 AMD - V）的、X86 硬件的、开源的 Linux 原生全虚拟化解决方案。在 KVM 中，虚拟机被实现为常规的 Linux 进程，由标准 Linux 调度程序进行调度；虚拟机的每个虚拟 CPU

被实现为一个常规的Linux进程，使KVM能够使用Linux内核的已有功能。但是，KVM本身不执行任何硬件模拟，需要客户空间程序通过/dev/kvm接口设置一个客户机虚拟服务器的地址空间，向它提供模拟的I/O，并将它的视频显示映射回宿主的显示屏，目前这个应用程序是QEMU。

1）Guest：客户机系统，包括CPU（vCPU）、内存、驱动（Console、网卡、I/O设备驱动等），被KVM置于一种受限制的CPU模式下运行。

2）KVM：运行在内核空间，提供CPU和内存的虚级化，以及客户机的I/O拦截。Guest的I/O被KVM拦截后，交给QEMU处理。

3）QEMU：修改过的为KVM虚拟机使用的QEMU代码，运行在用户空间，提供硬件I/O虚拟化，通过ioctl/dev/kvm设备和KVM交互。

KVM实现拦截虚拟机I/O请求的原理是：CPU本身对特殊指令的截获和重定向的硬件支持，甚至新的硬件会提供额外的资源，来帮助软件实现对关键硬件资源进行虚拟化从而提高性能。以X86平台为例，支持虚拟化技术的CPU带有特别优化过的指令集来控制虚拟化过程。通过这些指令集，VMM很容易将客户机置于一种受限制的模式下运行，一旦客户机试图访问物理资源，硬件会暂停客户机的运行，将控制权交回给VMM处理。VMM还可以利用硬件的虚级化增强机制，将客户机在受限模式下对一些特定资源的访问，完全由硬件重定向到VMM指定的虚拟资源，整个过程不需要暂停客户机的运行和VMM的参与。

2. KVM工作原理

用户模式的QEMU利用libkvm通过ioctl进入内核模式，kvm模块未创建虚拟内存，虚拟CPU后执行vmlauch指令进入客户模式，加载Guest OS并执行。如果Guest OS发生外部中断或者影子页表缺页之类的情况，会暂停Guest OS的执行，退出客户模式执行异常处理，之后重新进入客户模式，执行客户代码。如果发生I/O事件或者信号队列中有信号到达，就会进入用户模式处理。

3. QEMU-KVM

QEMU不是KVM的一部分，它自己就是一个由纯软件实现的虚拟化系统，性能不高。但是，QEMU代码中包含整套的虚拟机实现，包括处理器虚拟化，内存虚拟化，以及KVM需要使用的虚拟设备模拟（网卡、显卡、存储控制器和硬盘等）。为了简化代码，KVM在QEMU的基础上做了修改。VM运行期间，QEMU会通过KVM模块提供的系统调用进入内核，由KVM负责将虚拟机置于处理的特殊模式运行。遇到虚拟机进行I/O操作，KVM会从上次的系统调用出口处返回QEMU，由QEMU来负责解析和模拟这些设备。

4. KVM内核

KVM内核模块在运行时按需加载进入内核空间运行。KVM本身不执行任何设备模拟，需要QEMU通过/dev/kvm接口设置一个GUEST OS的地址空间，向它提供模拟的I/O设备，并将它的视频显示映射回宿主机的显示屏。它是KVM虚拟机的核心部分，其主要功能是初始化CPU硬件，打开虚拟化模式，然后将虚拟客户机运行在虚拟机模式下，并对虚拟机的运行提供一定的支持。

5. 内存虚拟化

内存虚拟化是一个虚拟机实现中最复杂的部分，此部分也是由 KVM 实现。CPU 中的内存管理单元（Memory Management Unit，MMU）是通过页表的形式将程序运行的虚拟地址转换成实际物理地址。在虚拟机模式下，MMU 的页表则必须在一次查询的时候完成两次地址转换。因为除了将客户机程序的虚拟地址转换为客户机的物理地址外，还要将客户机物理地址转化成真实物理地址。

6. KVM 的功能列表

KVM 所支持的功能包括：

1）支持 CPU 和内存超分（Overcommit）；

2）支持半虚拟化 I/O（Virtio）；

3）支持热插拔（CPU、块设备、网络设备等）；

4）支持对称多处理（Symmetric Multi - Processing，SMP）；

5）支持实时迁移（Live Migration）；

6）支持 PCI 设备直接分配和单根 I/O 虚拟化（SR - IOV）；

7）支持内核同页合并（KSM）；

8）支持非一致存储访问结构（Non - Uniform Memory Access，NUMA）。

7. KVM 工具集合

1）libvirt：操作和管理 KVM 虚拟机的虚拟化 API，使用 C 语言编写，可以由 Python、Ruby、Perl、PHP、Java 等语言调用；可以操作包括 KVM、Vmware、XEN、Hyper - v、LXC 等 Hypervisor；

2）Virsh：基于 libvirt 的命令行工具（CLI）；

3）Virt - Manager：基于 libvirt 的 GUI 工具；

4）Virt - v2v：虚拟机格式迁移工具；

5）Virt - * 工具：包括 Virt - install（创建 KVM 虚拟机的命令行工具）、Virt - viewer（连接到虚拟机屏幕的工具），Virt - clone（虚拟机克隆工具），Virt - top 等；

6）sVirt：安全工具。

5.4.3 4A 安全管控平台设计原理

所谓 4A 安全管控平台，即融合了统一用户账号管理（Account）、统一认证管理（Authentication）、统一授权管理（Authorization）和统一安全审计（Audit）四要素后的解决方案，涵盖单点登录（Single Sign On，SSO）等安全功能，既能够提供功能完善的、高安全级别的 4A 管理，也能够提供符合等级保护/萨班斯（Sarbanes - Oxley，SOX）法案要求的内控报表。

4A 是网络信息安全不可或缺的组成部分。4A 系统作为安全架构中的基础安全服务系统，特点是可以提供统一安全框架，整合应用系统、网络设备、主机系统，提升系统安全性和可管理能力。

1. 系统安全要求

1）系统在设计、开发、测试过程中的流程、开发及接口规范符合相关安全规范要求。

2）系统需对操作系统和应用软件进行全面的安全配置，对主机操作系统进行定期安全加固。

3）避免不必要的信任关系，避免存在安全隐患的系统将风险转移到关键系统上。

2. 数据安全要求

1）系统的数据生成、存储、使用符合相关安全规范，有明确的数据安全访问、存储、备份机制。

2）系统中的敏感性数据需使用加密方式存储，如用户信息、密码信息、审计信息等。加密算法可采用对称加密（如3DES、AES）算法、非对称加密（如RSA、Diffie－Hellman）算法等。

3. 传输安全要求

1）系统内部关键组件之间通信连接能够加密传输，实现关键信息的加密传输，如密码、账户等。

2）在保障性能允许前提下，系统同其他系统间互通使用安全加密通信连接。

4. 功能架构

4A安全管理平台总体功能框架结构如图5-18所示，其主要功能如下。

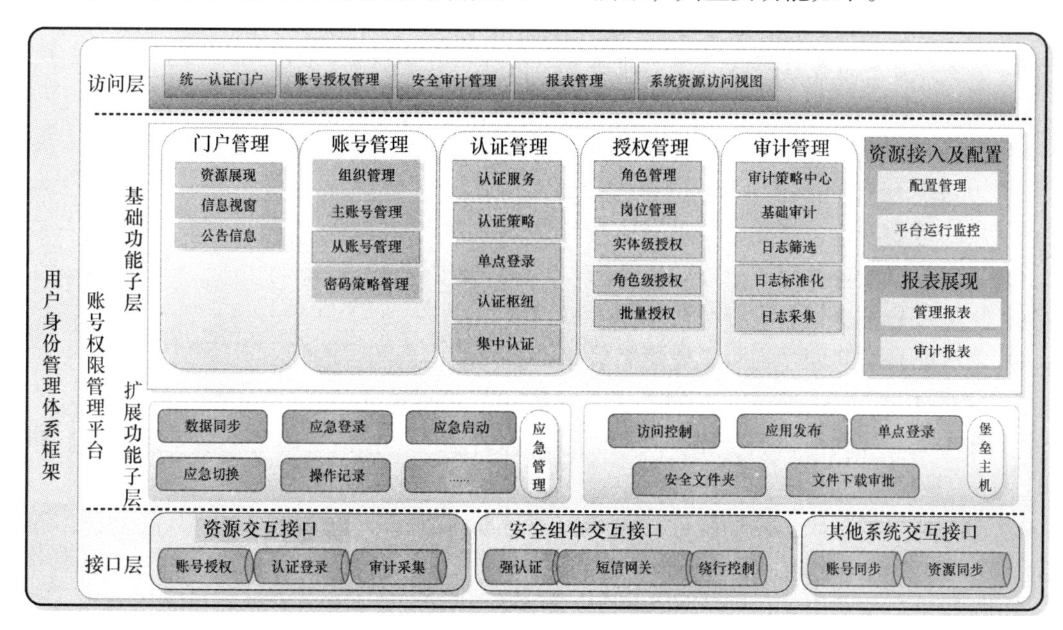

图5-18　4A安全管理平台总体功能框架结构

（1）门户管理

1）资源展现：即系统主账号可以登录进行运维操作的应用和系统资源权限视图。可以显示当前登录用户的资源具体信息以及资源相关账号信息。

2）信息视窗：用于向登录用户提供个人信息展示和日常工作信息展示，客户在登录系统后可根据日常代办工作信息开展工作。

3）公告信息：支持查看当前公告，并能够按照级别、标题、发布人的关键字查询历史公告。

（2）账号管理

1）组织管理：即人员组织机构。4A 安全管理平台可建立树状组织结构目录，用于合理展示及维护主账号信息。内部员工主账号的组织结构可以自然人行政组织机构为基础，数据来源可以是人力资源或信息化系统，对于自然人行政组织机构中没有涉及的账号，可以单独建立组织机构以便管理。

2）主账号管理：基本属性包括以下内容：

① 基本信息：主要包含自然人信息、主账号标识、主账号名、手机号码、生效时间、失效时间、创建时间、最近修改时间、创建人、归属组织、归属地区、最近登录时间等；

② 扩展属性：邮箱、性别、国籍、显示顺序、证件类型、证件号码等；

③ 账号状态：包括正常、锁定、删除三种状态；

④ 密码策略：主要是指账号密码的策略信息，比如复杂度、修改周期等；

主账号管理模块具备以下功能：

① 主账号的创建、修改、删除、加/解锁等功能；

② 从现存账号数据库导入或映射业务支撑系统现存账号的功能；

③ 将 4A 安全管控平台中的主账号导出到外部账号库中的功能；

④ 与现有外部账号库中的账号进行同步更新的功能。

3）从账号管理：该模块应具备以下功能：

① 从账号的创建、修改、删除、加/解锁、导入、导出等功能；

② 从现存账号数据库收集或导入转为 4A 安全管控平台从账号的功能；

③ 将从账号推送到对应资源账号库中的功能；

④ 将从账号定期同步到对应资源账号库中的功能。

4）密码策略管理：该模块可具备以下功能：

① 对主从账号的密码强度和有效期进行管理的功能，包括密码安全设置及修改、组成规则及校验策略等；

② 对主从账号密码有效期验证、提醒以及过期或输错次数锁定、与前几次密码不重复设定、管理员激活等功能，支持分级管理；

③ 按照密码策略由 4A 安全管控平台定期进行自动修改从账号密码的功能，并支持灵活设置是否自动定期变更的策略配置功能。

（3）认证管理

1）认证服务：4A 安全管控平台认证服务为用户及系统自身提供身份鉴别和准入控制服务。认证服务是指为自然人访问资源提供身份真实性的鉴别，并根据用户的从账号信息和事先确定的认证策略，引导用户通过被管资源的认证，达到成功访问资源的目的。认证服务包括认证策略、认证处理、单点登录、认证枢纽功能。

认证服务管理支持的功能如下：

① 认证处理：提供单点登录认证凭证信息的生成以及认证接口等功能；

② 单点登录：主账号在登录系统后访问资源时，系统能够通过模拟代填方式自动完成被管资源登录；

③ 认证枢纽：提供将主账号、从账号的认证请求转发到强认证组件或认证处理，并支持主账号身份认证、VPN身份认证、被管资源认证。

系统应支持主流的强认证手段，包括PKI/CA证书、令牌认证、短信认证及生物认证等。

2）认证策略：包括强认证方式策略、时间访问控制策略、区域访问控制策略等，安全管理员可根据实际需要选择使用合适的认证策略。系统提供认证策略的查看、添加、删除、编辑等。

3）单点登录：指用户完成主账号认证后，由系统认证模块提取用户从账号信息，自动完成登录被管资源的认证过程。

4）认证枢纽：系统支持认证枢纽服务，通过与外部认证系统的接口，将系统收到的认证请求作为中间方转发到外部认证系统，从而完成全部的认证流程。例如：Radius认证中心、CA认证中心、LDAP认证中心。

（4）授权管理

系统具备主从账号授权关系同步功能，将主从账号授权关系关联起来，作为系统运维操作的基础支撑数据。

1）角色管理：角色是资源中若干访问权限的集合，包括功能角色和数据角色。一个账号可以有多个角色，一个角色也可以有多个权限，并且一个权限也可以赋予多个角色。

在4A安全管控平台自身账号授权时，应当以角色形式进行授权，避免直接将权限赋予主账号。4A安全管控平台的自身角色管理应支持角色查询、创建、变更与删除功能。

2）岗位管理：可设置为部门领导、室主任/主管、应用管理员、网络管理员、系统管理员、数据库管理员、安全管理员、安全审计员、安全维护员、合作伙伴和其他。

3）实体级授权：4A安全管控平台的主账号代表自然人，从账号代表对资源的访问权限。实体级授权通过主、从账号关联关系的配置实现。实体级授权是授权管理的必要过程，系统管理员或应用管理员必须通过4A安全管控平台进行实体级授权。

4）角色级授权：指平台管理员能够进行主账号和平台角色之间关联关系的创建、变更和查询。

（5）审计管理

1）审计策略中心：审计策略是审计管理的核心，审计策略可以定义哪些操作是违规或者高危操作，识别并突出显示这些操作，便于审计管理员及时发现用户违规和风险操作行为。

2）基础审计：实现对审计信息的多维分析和其他分析的结果展现，可以产生图形、报表等类型分析结果；各种报表和历史数据入库保存，不允许篡改。

3）日志筛选：即提供经过标准化处理的审计信息，根据数据筛选策略进一步抽取和安全审计相关信息的过程，具体包含审计信息抽取、分拣两项工作。按照审计信息筛选策略对标准化信息中的关键行为、关键资源进行匹配或对关键字进行识别，提取出需要系统进行审计分析的信息。在数据抽取的过程中，对需要归并的数据进行归并处理。

4）日志标准化：为保证审计信息的完整性、统一性，系统具备根据审计信息类型编码标准以及操作关键字匹配后进行补全，以便按照统一的格式存储与筛选。

5）日志采集：其范围包括被管资源的敏感数据操作行为、用户关键操作行为、系统认证登录及运营管理信息等。

5. 系统管理

1）配置管理：配置管理是对4A安全管控平台的各组件及相关参数等进行配置，能够提供后台配置管理功能，包括参数配置、门户配置、采集配置等。

2）平台运行监控：系统具备系统运行状态监控能力。

3）报表展现：具备根据不同维度的展现需求，提供报表模板的创建、修改和删除等基础功能。

6. 应急管理

应急系统的建设是保障业务连续性的关键手段。通过应急系统的建设，系统在面对灾难、故障和可预见的系统异常时，可以提前防范有效处置。应急系统能够确保系统面向业务人员、管理人员和维护人员等提供不间断的安全服务。

（1）数据同步

应急系统定期同步4A安全管理平台的如下信息：

1）主、从账号及属性、组织目录树、角色等账号信息；

2）主从账号关系等权限信息；

3）相关的资源信息、配置信息。

（2）应急切换

在紧急情况下具备切换功能：

1）管理员经安全主管授权后，可登录应急系统启动应急开关；

2）可修改负载均衡或域名解析系统中4A安全管控平台的相关配置；

3）当生产系统恢复后，应急系统可关闭对外服务。

（3）应急登录

具备主账号+密码的登录认证功能，可以同样使用基于凭证式（证书等强认证方式）的登录认证功能。用户通过应急门户进行登录，输入主账号的用户名和静态密码，并能够通过单点登录访问权限内的主机、数据库资源。

（4）应急操作记录

应急系统启动后对应急登录信息进行记录，包括登录账号、IP地址、是否成功等信息，并具备生产系统恢复后向生产系统传送相关日志的功能。

7. 堡垒主机

访问控制网关是作为进入内部网络访问被管资源的集中控制点，以达到把整个网络的访问控制集中在某台主机上实现，支持对被管资源访问的应用发布、协议分析、访问控制、日志记录等功能，能够做到将所有的操作行为记录并发送到审计模块。访问控制网关功能能够对信息化系统主机数据库的敏感数据进行安全防护，通过下载申请、下载审批、日志留档等功能，来规范主机数据库文件的使用流程。

（1）单点登录

具备单点登录和单点登录策略管理功能。

（2）访问控制

访问控制支持访问策略的设置与管控两部分功能，访问策略设置具备访问控制策略的设置，支持对操作指令黑名单、白名单的定义和集中管理，可对系统资源（主机、数据库等）绑定黑、白名单。

（3）应用发布

系统上线后，不允许用户利用图形化工具对被管系统资源进行直接访问，应具备将运维人员日常使用的图形化工具发布到访问控制网关上进行应用管控。

5.4.4　软件部署

1. 基础资源集群

这里的资源池部署案例按照一个资源池为例，包含管理节点、API 节点、cell 节点、计算节点、监控节点、块存储节点、对象存储节点等。管理节点和 cell 节点可解决计算节点过多导致的消息队列堵塞问题，并为以后计算资源的扩容做好准备。cell 集群通过 OpenStack - nova - cells 服务来对接 cell 集群和 region 集群，这个服务只在单个 cell 节点上启用。

资源池包括如下 4 个部分：

1）AZ01 资源池：3 台管理节点，3 台 cell 节点，20 台计算节点；

2）AZ02 资源池：20 台计算节点；

3）块存储资源池：3 台监控节点，24 台块存储节点。

4）对象存储资源池：2 台接入节点，3 台元数据节点，20 台对象存储节点。

本资源池案例将采用三层架构即 3A3C（三个管理节点，三个 cell 节点）。

2. 管理节点

管理节点上运行身份认证服务、镜像服务、计算服务、网络服务的管理部分，以及多种网络代理以及仪表板。也需要包含一些支持服务，例如：SQL 数据库、term 消息队列以及 NTP（Network Time Protocol，网络时间协议）。

3. API 节点

API 节点的部署需要通过部署 keystone、Glance、Cinder、Neutron、Nova - Api、Warm - Api、trove - Api、barbican 来实现。

4. cell 节点

cell 节点的作用主要是把计算节点分成更多个更小的单元，每一个单元都有自己的数据库和消息队列。Cell 节点的部署需要通过部署数据库、RabbitMQ 组件、Haproxy 组件、Keepalive 组件、Novs - Cell、Cinder、监控代理等来实现。

5. 计算节点

计算节点需要通过部署 Neutron - Agent、Nova - Compute、监控服务、Trove - Taskmanager、Warm - scanner、Warm - Redis、Warm - Backuper 来实现。

6. 监控节点

监控节点主要包括 MySQL 和 MongoDB 数据库，zookeeper、kafka 和 canal 等中间件，monitor - statistics、monitor - report 和 monitor - dbsync 等监控服务。

7. 块存储节点

块存储节点一般为平台提供的分布式块存储，支持与 OpenStack 无缝集成，可采用分布式部署或超融合的方式实现快速扩展。对外为用户提供高可靠、弹性、高性能、低延时、高效的块存储。

8. 对象存储节点

对象存储节点基于通用硬件设计，为保证系统可靠性以及最佳性能，一般包括 API 服务节点、索引节点、存储节点、管理控制节点、网络设备。

5.5 开源云计算平台验收与测试

5.5.1 主机验收测试用例

表 5-3 主机验收测试用例

验收项目	编号	内容
维护资料	1.1	维护资料表格数量和名称是否正确
	1.2	网络拓扑图设备名称准确
	1.3	设备硬件信息表格：服务器、存储设备、存储交换机等信息已填写，包括设备序列号，设备维保期
	1.4	设备硬件信息表格：服务器、存储设备数量、类型与网络拓扑图一致
	1.5	服务器端口列表：设备信息填写完整规范。例：物理接口格式填写规范：GE1/0/1
	1.6	服务器端口列表：内容与设备硬件信息表格一致（包括 HBA 卡 WWN 号）
	1.7	机房平面图：内容与设备信息表格一致
	1.8	机柜落位图：内容与设备信息表格、机房平面图一致
	1.9	服务器背板图：内容与服务器端口列表一致（包括 HBA 卡或 iScsi 端口出纤内容）
	1.10	设备硬件信息表格：设备名称、型号、序列号、机柜位置，与现场情况一致（含集中存储设备、存储交换机）
	1.11	服务器端口列表：结合布线表、本端设备物理端口与对端设备端口挂接关系，与现场情况一致

（续）

验收项目	编号	内　　容
维护资料	1.12	机房平面图：内容与现场情况一致
	1.13	机柜落位图：内容与现场情况一致
	1.14	服务器硬盘情况与维护资料一致
	1.15	确认服务器实际配置与出厂配置一致，若发生不一致情况，需提供实际报修方式并增加供货商与原厂合同信息或供货商提供故障修复的说明承诺（如出现故障修复超时，此类情况责任由实施承担）
	1.16	交维资料中体现服务器总盘位和剩余盘位数量和尺寸描述
测试报告	2.1	服务器测试项目表格：测试项目及测试用例准确完整，使用统一标准后的表头
	2.2	服务器测试项目表格：测试结果有文件，内容完整
服务器	3.1	IPMI是否可登录
	3.2	IPMI查询设备无硬件告警，服务器交付前1天内无异常重启
	3.3	BIOS、IPMI、raid卡固件版本，lifecycle（HP、DELL）固件版本是否为最新版本（三个月以内厂家无更新）
	3.4	IPMI查询设备主机名与维护资料主机名是否一致
	3.5	IPMI查询设备序列号与维护资料序列号是否一致
	3.6	确认出厂服务器内存配置，如果不符，ipmi或现场查看服务器内存通道是否插错
	3.7	IDRAC中开启“启用LAN上的IPMI”（DELL服务器）
	3.8	服务器BIOS关闭CPU节能选项
	3.9	在BIOS中开启CPU超线程功能
操作系统（Linux）	4.1	操作系统hostname与资料保持一致
	4.2	操作系统uptime命令1min/5min/15min平均负载数<5
	4.3	操作系统互联网访问（具备外网条件）
	4.4	操作系统内存与交维资料一致
	4.5	检查操作系统license（部分操作系统）
	4.6	超融合服务器2块系统盘做RAID1模式
	4.7	服务器数据硬盘若需做RAID1/5/6/10，要求具备掉电保护的RAID卡。配置为write-back模式，其他设置为write-through模式
	4.8	管理和业务bond速率均为20000Mbit/s
	4.9	存储网、管理网、业务网网卡配置bond2，bond模式与交维资料一致，bond绑定关系生效，要求线路无插错
	4.10	操作系统bond link failure失败连接数<5
	4.11	x710网卡驱动最新版本（不低于2.4.3版本）
	4.12	判断操作系统网卡物理丢包错包情况稳定，1min内无增长
	4.13	NTP或chronyd服务运行状态正常，若为内网客户，请配置NTP服务地址（如为外网隔离客户，请实施与客户沟通NTP服务问题）
	4.14	系统盘使用率小于30%
	4.15	物理机安装净系统内存使用小于2GB

（续）

验收项目	编号	内　　容
操作系统（Linux）	4.16	操作系统查询硬盘情况与维护资料一致
	4.17	文件系统需要使用 LVM 方式分区，Swap 分区与内存大小相同，其他所有空间分给“根”分区（宿主机）
	4.18	服务器系统日志检查，查看 message 日志，不存在未修复的 error 级别以上报错信息
	4.19	项目需 yum 源的，按客户提供 yum 源版本部署
操作系统（Windows）	4.20	双网卡已绑定
	4.21	Ping1000 个大小 1500B 报文至 IPMI/业务/存储网关丢包小于千分之二
	4.22	检查主机名、cmd、HostName，与维护资料一致
	4.23	具有外网环境的到外网可达
	4.24	物理机网卡 x710 网卡驱动最新版本（不低于 22.10 版本）
	4.25	检查操作系统 license（部分操作系统）

5.5.2　存储验收测试用例

表 5-4　存储验收测试用例

验收项目	编号	内　　容
维护资料	1.1	维护资料表格数量和名称是否正确
	1.2	网络拓扑图设备名称准确
	1.3	设备硬件信息表格：服务器、存储设备、存储交换机等信息已填写，包括设备序列号，设备维保期限
	1.4	设备硬件信息表格：服务器、存储设备数量、类型与网络拓扑图一致
	1.5	服务器端口列表：设备信息填写完整规范。例：物理接口格式填写规范：GE1/0/1
	1.6	服务器端口列表：内容与设备硬件信息表格一致（包括 HBA 卡 WWN 号）
	1.7	机房平面图：内容与设备信息表格一致
	1.8	机柜落位图：内容与设备信息表格、机房平面图一致
	1.9	服务器背板图：内容与服务器端口列表一致（包括 HBA 卡或 iScsi 端口出纤内容）
	1.10	存储设备机头背板图：内容与交维资料一致（尽量使用实物照片）
	1.11	设备硬件信息表格：设备名称，型号，序列号，机柜位置，与现场情况一致（含集中存储设备、存储交换机）
	1.12	服务器端口列表：结合布线表、本端设备物理端口与对端设备端口挂接关系，与现场情况一致
	1.13	存储设备端口列表：结合布线表、存储交换机、服务器、机头、机框间的对应连续关系，与现场情况一致，全部线缆粘贴标签
	1.14	机房平面图：内容与现场情况一致
	1.15	机柜落位图：内容与现场情况一致
	1.16	服务器硬盘情况与维护资料一致
	1.17	确认服务器实际配置与出厂配置一致，若发生不一致情况，需提供实际报修方式并增加供货商与原厂合同信息或供货商提供故障修复的说明承诺（如出现故障修复超时，此类情况责任由实施承担）
	1.18	交维资料中体现服务器总盘位和剩余盘位数量和尺寸描述

（续）

验收项目	编号	内　　容
测试报告	2. 1	服务器测试项目表格：测试项目及测试用例准确完整，使用统一标准后的表头
	2. 2	服务器测试项目表格：测试结果有文件，内容完整
CEPH 存储	3. 1	Strip Size：SSD 64K，SATA 128K
	3. 2	Current Cache Policy：WriteBack，No Write Cache if Bad BBU
	3. 3	Disk Cache Policy：Disabled
	3. 4	VD state：Optimal
	3. 5	PD Firmware state：Online，Spun Up
	3. 6	mon 服务状态正常
	3. 7	osd 服务状态正常
	3. 8	mds 服务状态正常
	3. 9	ctdb 服务状态正常
	3. 10	nfs 服务状态正常
	3. 11	Samba 服务状态正常
SMARTX 存储	4. 1	各节点硬盘配置一致
	4. 2	zookeeper 服务状态正常
	4. 3	MongoDB 服务状态正常
	4. 4	meta 服务状态正常
	4. 5	chunk 服务状态正常
	4. 6	partition 配置正常
	4. 7	journal 配置正常
	4. 8	cache 配置正常
	4. 9	SSD 与 SATA 盘容量配比不低于 1∶10
	4. 10	同 AZ 内存储软件版本一致
	4. 11	2. 1. 3 rc1. 8 版本，/etc/sysconfig/zbs - chunkd 配置文件中包含 ENABLE_PARTITION_O_DIRECT = true
	4. 12	服务器安装对应的 RAID 卡管理工具

5. 5. 3　网络验收测试用例

表 5-5　网络验收测试用例

验收项目	编号	内　　容
交维资料	1. 1	××资源池交维资料
	1. 2	××资源池网络部分实施方案
	1. 3	××资源池路由备份方案
	1. 4	××资源池测试报告（网络部分）

（续）

验收项目	编号	内　　容
防火墙	2.1	公网登录地址可达
	2.2	拔 VPN 后，内网登录地址可达
	2.3	是否是“双设备”冗余组网
	2.4	是否是“双链路”与核心（或 IDC 出口）互联
	2.5	设备主备/堆叠状态是否正常
	2.6	防火墙主备倒换测试是否正常
	2.7	设备不存在硬件告警
	2.8	配置是否与网络实施方案一致
	2.9	与相关管理网段 GRE 互通
	2.10	主备防火墙配置同步
	2.11	设备版本是否为现有通用版本
	2.12	设备 IP 地址是否按标准统一规范配置
	2.13	登录用户名密码是否按规范
	2.14	设备主机名命名是否规范
	2.15	UP 端口（包括端口、VLAN、聚合口、vsi）是否都有描述
	2.16	有连线端口“端口描述”是否准确合规
	2.17	未连线端口是否都管理 Down
	2.18	设备时钟、时区是否正确（NTP 配置）
	2.19	设备是否已纳入网管平台（SNMP 配置）
	2.20	公网登录的 ACL 限制
	2.21	不存在一对一地址映射
	2.22	知名端口映射是否已转换
核心交换机	3.1	公网登录地址可达
	3.2	拔 VPN 后，内网登录地址可达
	3.3	是否是“双设备”冗余组网
	3.4	是否是“双链路”与核心（或 IDC 出口）互联
	3.5	设备主备/堆叠状态是否正常
	3.6	配置是否与网络实施方案一致
	3.7	设备不存在硬件告警
	3.8	虚拟机公网网关是否可通外网
	3.9	stp 功能使能
	3.10	设备 IP 地址是否按标准统一规范配置（前半个 C 为设备管理地址，后半个 C 为设备互联地址）
	3.11	登录用户名密码是否按规范
	3.12	设备主机名命名是否规范
	3.13	UP 端口（包括端口、VLAN、聚合口、vsi）是否都有描述
	3.14	有连线端口“端口描述”是否准确合规

（续）

验收项目	编号	内　　容
核心交换机	3. 15	未连线端口是否都管理 Down
	3. 16	设备时钟、时区是否正确（NTP 配置）
	3. 17	设备是否已纳入网管平台（SNMP 配置）
	3. 18	设备版本是否为现有通用版本（请提供最新通用版本号）
	3. 19	公网登录的 ACL 限制
	3. 20	堆叠口分配在不同板卡
汇聚/接入交换机	4. 1	拔 VPN 后，内网登录地址可达
	4. 2	是否是“双设备”冗余组网
	4. 3	是否是“双链路”与核心（或 IDC 出口）互联
	4. 4	设备主备/堆叠状态是否正常
	4. 5	设备不存在硬件告警
	4. 6	配置是否与网络实施方案一致
	4. 7	stp 功能使能
	4. 8	设备 IP 地址是否按标准统一规范配置
	4. 9	登录用户名密码是否按规范
	4. 10	设备主机名命名是否规范
	4. 11	UP 端口（包括端口、VLAN、聚合口、vsi）是否都有描述
	4. 12	有连线端口“端口描述”是否准确合规
	4. 13	未连线端口是否都管理 Down
	4. 14	设备时钟、时区是否正确（NTP 配置）
	4. 15	设备是否已纳入网管平台（SNMP 配置）
	4. 16	设备版本是否为现有通用版本
	4. 17	堆叠口分配在不同板卡

5. 5. 4　虚拟化验收测试用例

表 5-6　虚拟化验收测试用例

验收项目		编号	内　　容
服务检查	管理节点	1. 1	miner - sentry 服务运行状态正常
		1. 2	rabbitmq - server 服务状态正常
		1. 3	neutron - server 服务状态正常
		1. 4	cinder - volume 服务状态正常
		1. 5	OpenStack - nova - api 服务状态正常
		1. 6	OpenStack - keystone 服务状态正常
		1. 7	OpenStack - glance - api 服务状态正常
		1. 8	OpenStack - glance - registry 服务状态正常
		1. 9	OpenStack - nova - scheduler 服务状态正常
		1. 10	OpenStack - nova - cert 服务状态正常

（续）

验收项目		编号	内　　容
服务检查	管理节点	1.11	OpenStack – nova – console 服务状态正常
		1.12	OpenStack – nova – consoleauth 服务状态正常
		1.13	OpenStack – nova – novncproxy 服务状态正常
		1.14	OpenStack – cinder – scheduler 服务状态正常
		1.15	neutron – dhcp – agent 服务状态正常
		1.16	neutron – openvswitch – agent 服务状态正常
		1.17	OpenStack – nova – conductor 服务状态正常
		1.18	OpenStack – cinder – api 服务状态正常
		1.19	OpenStack – ceilometer – alarm – evaluator 服务状态正常
		1.20	OpenStack – ceilometer – alarm – notifier 服务状态正常
		1.21	OpenStack – ceilometer – api 服务状态正常
		1.22	OpenStack – ceilometer – central 服务状态正常
		1.23	OpenStack – ceilometer – collector 服务状态正常
		1.24	计算节点 nova scheduler 策略是否有内存过滤器，设置为 1.0，不允许内存超分
		1.25	RGCC 的 miner 日志齐全（api、beat（仅在一个节）、sentry、patrol）
		1.26	MINER 数据库集群分库配置正确
		1.27	云平台数据库备份例行任务配置正确
		1.28	MINER 数据库备份文件可恢复
	计算节点	2.1	libvirtd 服务状态正常
		2.2	neutron – openvswitch – agent 服务状态正常
		2.3	openstack – nova – compute 服务状态正常
		2.4	neutron – lbaas – agent 服务状态正常
		2.5	neutron – dhcp – agent 服务状态正常
	cell 节点	3.1	neutron – openvswitch – agent 服务状态正常
		3.2	OpenStack – cinder – scheduler 服务状态正常
		3.3	OpenStack – cinder – volume 服务状态正常
		3.4	OpenStack – nova – cells 服务状态正常
		3.5	OpenStack – nova – conductor 服务状态正常
		3.6	OpenStack – nova – scheduler 服务状态正常
功能测试		4.1	创建、删除虚拟机测试
		4.2	创建、恢复、删除虚拟机快照测试
		4.3	快照转镜像测试
		4.4	删除镜像测试
		4.5	登录 vnc 测试
		4.6	随机密码（或指定密码）登录测试
		4.7	修改虚拟机配置、密码测试
		4.8	迁移虚拟机测试

（续）

验收项目	编号	内 容
功能测试	4.9	创建、销毁虚拟路由器、network、subnet
	4.10	绑定、解绑 network、subnet
	4.11	创建、挂载、卸载数据卷测试
	4.12	系统卷容量在线弹性扩展
	4.13	挂载、卸载网卡测试
	4.14	安全组创建、添加、删除规则测试
	4.15	重置虚拟机测试
	4.16	网络连通性测试
	4.17	块存储压力测试
	4.18	存储网带宽测试
	4.19	网络带宽压力测试
	4.20	网络连接稳定性测试
	4.21	虚拟负载均衡器测试
	4.22	region 高可用测试
	4.23	数据库高可用测试
	4.24	虚拟路由高可用测试
	4.25	批量并发创建虚拟机
	4.26	底层残留测试数据的检查

5.5.5 门户验收测试用例

1. 运维门户测试用例（见表5-7）

表5-7 运维门户测试用例

验收项目	子项目	编号	内 容
监控管理	服务监控	1.1	支撑服务——服务状态及日志信息显示正确
		1.2	能力服务——服务状态及日志信息显示正确主机列表及服务监控详情显示正确（数据底层采集）
	拓扑视图	1.3	页面数据显示正确
	资源监控	1.4	物理机监控——资源统计、系统服务、监控详情、基础信息显示正确（数据底层采集）
		1.5	存储监控——存储节点、磁盘用量、存储信息、监控信息各项数据统计及显示正常
		1.6	交换机监控——交换机列表、端口运行状态、监控信息各项数据统计及显示正常
告警管理	告警信息	2.1	条件查询，告警确认，生成工单，取消告警确认，清除，告警详情
	告警规则配置	2.2	条件查询，新增，修改，删除
	任务故障	2.3	条件查询，修改状态，生成工单

（续）

验收项目	子项目	编号	内　　容
工单管理	工单配置	3.1	自定义属性新建、编辑、删除
	工单配置	3.2	工单类型的新建、编辑、删除、工单类型的绑定流程、绑定角色
	工单处理	3.3	工单处理——我的工单、未处理工单、已处理工单，工单流转正常
		3.4	工单处理——新建工单、编辑工单、提交工单、删除工单正常
	工单查看	3.5	工单查看——工单信息显示正常完整
实例管理		4.1	云主机——代开、开机、关机、重启、访问、修改主机名称、重置密码、更改主机配置、修改安全组、克隆主机、虚拟机迁移、更改操作系统、变更标签、销毁
		4.2	云主机——安全组 - 创建、安全组配置、复制、销毁
		4.3	云主机——快照 - 创建、编辑、销毁
		4.4	云主机镜像——创建、编辑、销毁
		4.5	网卡——代开、挂载、卸载、修改安全组、网卡限速
		4.6	负载均衡——代开、修改名称、修改后端服务器
		4.7	网络接入——代开、修改、选择路由器、解绑、改变带宽
		4.8	RDS——各项功能参数显示正常
		4.9	缓存——各项功能参数显示正常
		4.10	块存储——代开、修改、加载到主机、卸载、快照管理
		4.11	VPC——路由器代开、修改、查看拓扑、配置转发规则
		4.12	VPC——私有网络代开、修改、绑定路由
业务管理	业务资源管理	5.1	业务新增、修改、删除均正常
资源管理	逻辑资源	6.1	资源池——信息显示、条件查询、增加、修改、删除
		6.2	可用域——信息显示、条件查询、增加、修改、删除
	基础资源	6.3	机房、机架、物理机、网络设备、链路、网络出口、公网 IP 信息准确完整
		6.4	机房、机架、物理机、网络设备、链路、网络出口、公网 IP——条件查询、新增、修改、删除均正常
	软件资源	6.5	操作系统、系统镜像——各配置项信息准确完整
		6.6	操作系统、系统镜像——条件查询、新增、修改、删除均正常
性能管理	服务配置	7.1	服务配置——各配置项信息准确完整
		7.2	服务配置——条件查询、新增、修改、删除均正常
统计报表	容量报表	8.1	统计报表各信息项准确完整
	告警报表	8.2	告警报表各信息项准确完整
	工单报表	8.3	工单报表各信息项准确完整
日志管理	操作日志	9.1	操作日志各信息项准确完整、条件查询
系统管理	系统参数	10.1	系统参数各信息项准确完整、条件查询、新增、修改、删除

（续）

验收项目	子项目	编号	内　容
数据可视化	资源视图	11.1	资源视图各信息项准确完整
	业务视图	11.2	业务视图各信息项准确完整
首页	运维首页	12.1	首页展示正确

2. 运营门户测试用例（见表 5-8）

表 5-8　运营门户测试用例

验收项目	编号	内　容
门户账号	1.1	资源池测试时，运营平台创建 1 个测试用户、1 个正式用户账号和 1 个正式用户的子账户，这些用户均需要新建用户进行测试，测试完成后，需要删除测试用户，以确保释放配额。所有涉及用户的测试项均需在这三个用户下进行测试
	1.2	测试完成后，门户上除约定保留资源，无其他测试过程遗留账号及资源
虚拟私有云	2.1	创建、修改、销毁带公网的路由器
	2.2	创建、修改、销毁私有网络
	2.3	查看路由器拓扑视图
	2.4	路由器转发规则配置
	2.5	私有网络绑定路由器
安全组	3.1	创建、修改、销毁安全组
	3.2	创建、修改、删除安全组规则
虚拟主机	4.1	创建选择镜像列表中全部镜像云主机，每个镜像至少 1 台云主机
	4.2	云主机进行关机、开机、重启、修改配置、修改名称、修改密码、变更标签、vnc 登录、删除
	4.3	格式化操作系统
	4.4	更换操作系统
	4.5	云主机快照
	4.6	云主机快照恢复
	4.7	云主机快照删除
	4.8	创建快照自定义镜像、修改镜像、删除镜像
	4.9	修改安全组
	4.10	克隆云主机
	4.11	云主机系统内时间与宿主机保持一致
镜像管理	5.1	修改镜像
	5.2	删除镜像
互联网接入	6.1	创建公网
	6.2	绑定路由
	6.3	修改公网
	6.4	解绑路由
	6.5	修改带宽
	6.6	删除公网

（续）

验收项目	编号	内　容
网卡管理	7.1	创建网卡
	7.2	网卡挂载
	7.3	网卡卸载
	7.4	网卡销毁
	7.5	网卡限速
	7.6	修改网卡安全组
弹性块存储	8.1	创建块存储
	8.2	修改块存储
	8.3	销毁存储块
	8.4	存储块挂载到云主机
	8.5	存储块从云主机上卸载
	8.6	创建存储块快照
	8.7	恢复存储块快照
	8.8	删除存储块快照
弹性负载均衡	9.1	创建负载均衡（3 台负载均衡器，每台负载均衡器使用一种负载均衡策略，最少链接、轮询、源 IP）
	9.2	修改负载均衡
	9.3	删除负载均衡
	9.4	关联健康规则（ssh 22 端口）
	9.5	创建、修改、授权监控规则
	9.6	修改健康检查
	9.7	验证健康检查（账号内创建 3 个负载均衡器，选用 3 种负载均衡策略（最少链接、轮询、源 IP），选择 9.4 健康规则，类型为 TCP，端口为 22，选择 2 台 Linux 云主机作为后端服务器，路由器做对应的转发规则，ssh 访问正常且符合负载策略功能；关闭其中任意一台云主机，进行访问；启动已关闭云主机，关闭另一台云主机，进行访问，以上三种负载均衡策略模式下，要求均成功）
	9.8	销毁健康检查
互联网接入连通性	10.1	云主机中 ping 公网网关（Ping1000 个 1500B 包丢包率小于 0.2%）
	10.2	云主机中 ping 可达公网地址（114.114.114.114）和域名（www.wocloud.cn）
虚拟路由高可用	11.1	下线虚拟路由器对应节点的网卡，长 ping 云主机地址，验证虚拟路由高可用
	11.2	虚拟路由器性能满足跨 vRouter 云主机文件拷贝测试带宽要求（创建两个 100M 虚拟路由器，并分别创建私网和云主机，测试两台云主机文件传输速度是否符合带宽要求；将两个虚拟路由器更改为 10M，再测试文件传输速度是否满足带宽要求）
操作日志	12.1	可通过操作日志查看上述所有操作内容
	12.2	可以根据名称、类型、开始时间、结束时间进行搜索特定内容
模拟工单开通测试	13.1	通过模拟工单开展开通测试

5.5.6　安全验收测试用例

表5-9　安全验收测试用例

验收项目	编号	内　　容
交维资料	1.1	安全产品部署实施方案
	1.2	网络拓扑图与现场部署环境一致
	1.3	机柜落位图与现场实际环境一致
	1.4	布线表，与端口连接信息表一致
	1.5	端口连接信息表，两端设备名称、机柜位置、设备接口、网络配置、接口类型等信息
	1.6	VPN远程登录信息，详细记录VPN远程登录信息，包含VPN类型、IP、用户名和密码，且密码最少8位，包含数字、字母、符号及大小写
	1.7	虚拟机申请交付单
	1.8	安全设备配置梳理报告：详细记录安全产品所有配置信息，包括远程登录、设备命名、网络配置、密码安全、日志监控、规则库版本、安全策略
通用指标	2.1	满足冗余设计，主用设备故障能自动切换至备用设备，且整体切换丢包不超过5个，不会造成资源池整体故障
	2.2	设备命名满足最新的资源池设备命名规范
	2.3	IP地址符合IP地址规范
	2.4	NTP时钟同步，资源池所有设备需要与标准时间同步，互联网出口设备需要和互联网时钟源（推荐主用211.68.71.26，备用NTP为202.118.1.81）同步，其他设备与互联网出口设备同步
	2.5	密码设置符合至少8位且为复杂密码要求，并且不能使用键盘上连续的数字、连续特殊字符等
	2.6	设备登录需要采用加密的登录方式，如ssh，关闭telnet、ftp等非加密登录、传输方式
	2.7	网络测试无丢包，平均时延小于2ms；大包测试（ping测1000个1500B的字节包）无丢包，平均时延小于5ms
	2.8	产品版本更新至最新稳定版本，安装所有漏洞补丁，病毒库、规则库、漏洞库更新至最新稳定版本
	2.9	边界安全设备（FW、IPS、AV、WAF等）采用串接方式部署，防火墙采用心跳线主备HA方式，启动IP探测。其他设备业务口采用二层透明模式，包处理能力最强的设备放在最外侧（如硬件防火墙），处理能力最低的放在最内侧，其他参考流量顺序：CORE→FW→IPS→AV→WAF→CORE
	2.10	边界安全设备交付前，需要布放串接设备旁路绕行电路，同时提供故障倒换脚本用于串接设备故障时的一键倒换。顺序为主链路安全设备故障时，倒换为备链路安全设备，备链路故障时倒换为绕行电路，并提供相应测试报告
防火墙	3.1	客户业务需求的访问控制和地址转换策略需精确匹配
	3.2	防火墙访问策略要求除客户业务需求外，默认策略配置按照已上线公有云不加策略，已上线专享云保持现状，未上线公有云不加策略，未上线专享云添加全禁止策略进行配置

（续）

验收项目	编号	内　容
入侵防御系统	4.1	安全策略配置按照已上线公有云添加只告警不阻断的策略、已上线专享云保持现状、未上线公有云添加只告警不阻断的策略、未上线专享云添加高危阻断、中低威胁告警的策略进行配置
抗 DDoS	5.1	安全交付时对于已上线业务资源池根据学习结果完成抗 DDoS 策略配置，检测与清洗设备阈值配置（检测高于清洗阈值）容忍度暂定 100%，对于未上线业务资源池打开自学习模式
web 应用防火墙	6.1	WAF 防护策略对有安全防护需求业务采取安全优先策略，检测并阻断；无明确安全防护需求业务采取业务优先策略，检测但不阻断
VPN	7.1	VPN 设备交付时提供全部安全设备带外管理口的 SSL VPN 访问功能
	7.2	VPN 设备用于客户业务，需要独立客户账号、权限与安全设备隔离
	7.3	VPN 设备间采用心跳线双活 HA 方式，启用 IP 探测
防病毒	8.1	防病毒设备验收交付时要求对所有业务流量开启 HTTP、POP3、SMTP、FTP 快速检测
数据库/网络审计	9.1	网络审计验收交付时要求对核心交换机外联口所有数据进行审计，审计结果智能分析，能够查看、查询审计内容
堡垒主机	10.1	堡垒主机验收交付时要求将所有安全设备纳入堡垒主机管理（网闸除外），审计结果可回放
漏扫扫描	11.1	漏洞扫描交付时可通过漏扫新建扫描任务，扫描结果准确且可生成扫描报告
网闸	12.1	网闸设备验收交付前需要调通云主机与网闸的网络连接，实现通过云主机进行带外管理的功能
	12.2	网闸隔离设备间为双链路互联时，要求两条链路分别经过两台网闸，网闸间心跳线主备互联
安全管理平台	13.1	完成所有安全设备日志接入，实现日志统一管理与智能分析
	13.2	安全管理平台需配置磁盘告警，避免因磁盘空间不足导致数据丢失
策略有效性测试	14.1	防火墙设备访问控制策略有效性测试
	14.2	IDP 设备网络攻击检测策略测试
	14.3	WAF 设备网站攻击检测测试
	14.4	防病毒设备 HTTP 协议病毒快速检测测试
	14.5	抗 DDOS 设备异常流量清洗测试

第 6 章

开源云计算运维

6.1　概述

目前业界常见的 IT 运维管理相关标准有 ISO20000 信息技术服务管理体系标准族、ISO27001 信息安全管理系统标准族、ISO9001 质量管理体系标准族、GB/T 33136—2016《信息技术服务　数据中心服务能力成熟度模型》、COBIT（Control Objectives for Information and related Technology，信息及相关技术的控制目标）标准中的《安全与信息技术管理和控制的标准》等。其中 ISO27001 标准属于专业技术管理领域；ISO9001 标准则带有所有行业的普适性和抽象性，包含了经营、市场、服务及流程等，主要是为了保证能提供高品质的产品和服务，满足客户需要，其在制造企业应用得最多；ISO20000 标准主要是面向企业 IT 服务管理相关领域，在 IT 相关领域时间认证较多。ISO20000 比 ISO9001 增加了财务和信息安全的关注。ISO20000 可以看做 ISO9001 在 IT 领域的实践。信息系统审计标准 COBIT 是从企业 IT 治理角度来审视信息计划管理和控制标准，它在风险、控制和技术之间架起了一座桥梁，可以帮助管理层进行 IT 审计和 IT 治理，指导企业有效利用 IT 资源，有效地管理 IT 风险。COBIT标准关心的重点是，企业是否具有合适的控制力来确保符合企业的 IT 管理制度和流程。GB/T 33136—2016 是 ITSS 体系，是在就如何评价与提升数据中心服务能力、解决数据中心管理存在问题、解决数据中心缺乏完整管理框架作指导，是为了解决缺乏量化考核和数字化量化数据中心管理理论而推出的质量管理体系标准。

根据云计算的可运营、可管理特性，以及专业管理分工特点，云计算的一体化服务支撑由云运营管理和云运维管理构成。云运营管理负责面向云资源使用者，提供云计算服务需求受理、开通、计量/计费和客户服务。云运营管理的最终用户是云资源使用者。云运维管理负责面向云资源管理者和云运维人员，提供云资源的规划、监控、调度、分配、调拨、维护和优化建议。云运维管理的最终用户是云运维管理部门（云资源管理者）和云运维支撑部门（云运维人员）。

云运维管理的对象包括 IaaS 平台、PaaS 平台和 SaaS 平台内的所有云资源。云资源包括 IaaS 平台的物理资源和虚拟资源，PaaS 平台的数据库资源、中间件资源和技术服务组件资源，以及 SaaS 平台的私有云应用和公有云应用等。

6.2 基本方法

6.2.1 ITIL

ITIL（Information Technology Infrastructure Library，信息技术基础架构库）是全球公认的一系列 IT 服务管理的实践指南。由英国中央计算机与电信局（CCTA）创建，旨在满足将信息技术应用于商业领域的发展需求，是管理科学在信息计划中的应用，是一种基于流程的方法。

ITIL 强调“以流程为导向，以客户为中心，以技术为支点，提供低成本、高质量的 IT 服务，以满足业务快速发展的需要”。

ITIL 基于 PDCA 循环（戴明环），循序渐进地实现运维流程，ITIL 主体框架将整个运维流程分为服务战略、服务设计、服务转换、服务运营四大流程阶段，可实现事故、问题或故障在不同流程阶段中的切换，方便跟踪管理。

1）**服务战略**：对持续服务管理原则的战略规划，帮助在服务全生命周期中开发服务管理制度、标准和流程，服务战略指导对服务后续环节都有很大指导意义。

2）**服务设计**：主要是指在服务生命周期里提供或维护服务而进行的变更，以实现服务的持续性、服务级别水平协议，针对如何提高服务管理的设计能力。

3）**服务转换**：包含为构建、测试和开发一个新服务和服务变更而进行的流程与功能的管理，按照设计阶段的说明在相关干系人需求基础上建立服务转换。

4）**服务运营**：主要是指在服务过程中协调活动、流程的管理，以便按照不同的服务水平级别提供服务管理和技术支持，还用于提供和支持服务的日常管理。

为对开源云计算平台系统的运行维护进行有效管理，确保运行维护体系高效、协调运行，应依据运维管理环节、管理内容、管理要求制定统一的运行维护工作流程，实现运行维护工作的标准化、规范化和自动化。通过建立运维管理流程，可以使日常的运维工作流程化、职责角色清晰化，从而使解决问题的速度和质量得到有效提高，实现知识积累和知识管理，并可以帮助运维部门进行持续的服务改进，提高服务对象的满意度，ITIL 包括以下几个核心流程。

1）**事件管理流程**：主要目标是建单跟踪 IT 服务运作过程中发生的事故，方便记载处置过程、事后评估，避免事件升级，将业务影响降低。所谓事件，是指发生的对 IT 体系某一环节运行造成影响的事件，包括任何影响用户业务操作和系统正常运作的故障以及影响业务流程的情况，事件也包括一个用户的请求。对日常性运维工作中出现的突发事件（即日常运行维护管理平台自动发现并产生的告警事件）和由用户/维护人员报告的事件会转入事件管理流程，事件管理流程如图 6-1 所示。

2）**问题管理流程**：主要是为了预防事件和问题的再次发生，找到导致问题的根本原

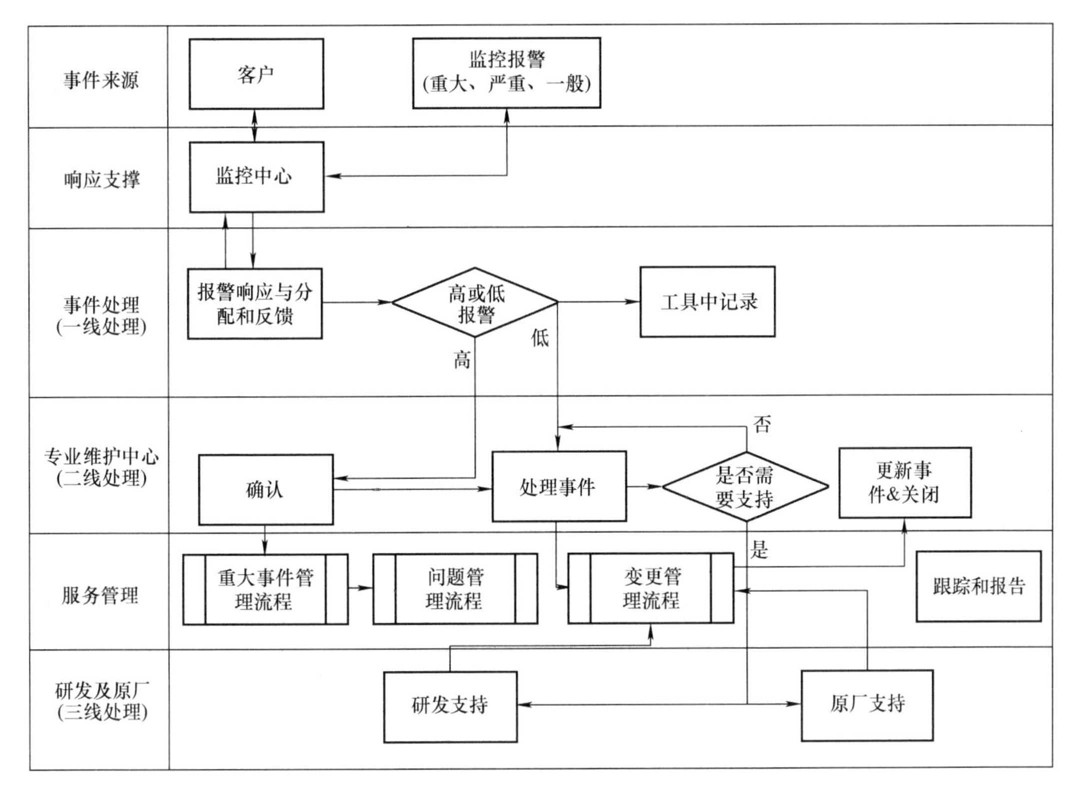

图 6-1　事件管理流程

因，提供临时过渡解决办法和最终解决方案，通过建立适当的控制过程，在问题或事件没有得到根本解决前将影响减到最小。问题是指导致事件产生的原因，许多事件往往是由同一个问题引起的。问题管理流程着重于消除事件或减少事件发生，确定事件的根本原因，其流程如下：首先，定期分析事件，找出潜在问题，调查问题以找出其原因，制定解决方案、变通方法或提出预防性措施，以消除产生原因，或在重发时使其影响力最小化；其次，记录解决方案、变通方法、预防性措施，根据需要添加到知识库中；再次，提出变更请求，对问题的解决方案进行评估，通过提出变更请求以对该方案进行测试和实施；最后，问题必须进行事后回顾以找出改进机会或总结出预防性措施，包括改进事件监测、找出技能差距和文档资料改进等。

3）**变更管理流程**：是指基础设施和应用系统的变更管理，通过变更分类，评估风险，记录并有效控制变更对企业运营可能造成的风险隐患，如图 6-2 所示。

4）**发布管理流程**：主要目标为了确保变更后的运行质量，通过规范流程来保证只有经过完整测试验证和正规授权的软硬件才能进行变更实施。

5）**配置管理流程**：负责记载 IT 基础设施和应用系统的信息与属性，并建立配置项之间的关系以及业务影响，通过配置来保证配置数据的一致性和有效性，通过服务接口来对接变

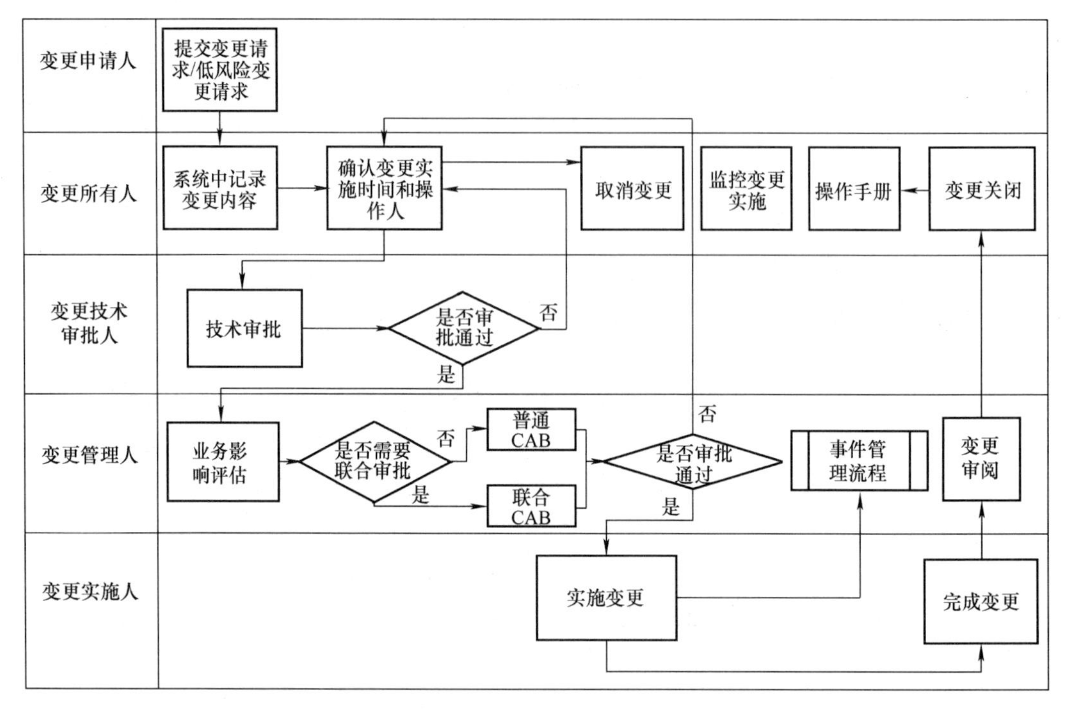

图 6-2　变更管理流程

更管理，确保配置项能够准确地反应实际状态，保证“账实相符”。

6.2.2　云运维管理体系

云运维管理与传统 IT 运维管理的不同表现为集中化和资源池化。IT 运维管理一般采用分级运维模式，而云运维管理则采用集中化方式，统一管理开源云资源池所有云资源的规划、监控、调度、分配、调拨、维护和优化，具有规范性和统一性，可以降低整体的维护成本，但也会提高对云运维管理和运维人员的要求。云运维管理需要尽量实现自动化和流程化，避免在管理和维护中因为人工操作带来的不确定性问题。同时云运维管理需要针对不同的用户提供个性化的视图，帮助管理和维护人员查看、定位和解决问题。资源池化意味着云运维管理的资源是共享资源。云运维管理和运维人员面向的是所有的云资源，要完成对不同资源的分配、调度和监控。同时应能够向用户展示虚拟资源和物理资源的关系和拓扑结构。

1. 云运维管理体系

云运维管理体系典型的三级部署架构，如图 6-3 所示。

对应于云运维管理体系的部署架构，其运维支撑体系也进行了三级划分，相比传统 IT 服务支撑的运维支撑体系，增加了虚拟化资源池和 IaaS/PaaS/SaaS 综合管理平台运维职责，同时在三线运维人员增加了虚拟化平台和 IaaS/PaaS/SaaS 平台。

运维人员设置为一线运维人员、二线运维人员和三线运维人员，职责如下：

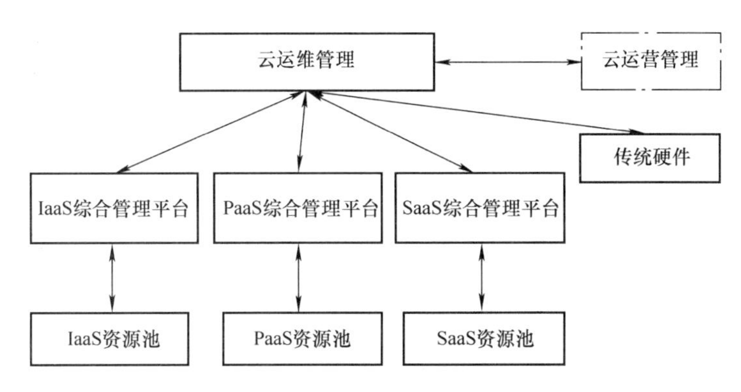

图6-3 云运维管理体系的三级部署架构

一线运维人员主要是指云运维管理的监控受理人员，承担着ITIL理论中“服务台”的角色，受理服务请求，提供一线帮助，并对提出的各种情况进行处理。

二线运维人员主要是以云运维支撑部门作为核心的团队，负责运行维护和管理工作，支持提供专业技术更强的技术支持服务，深入研究疑难事件和问题，对网络、数据库、中间件、应用、安全等进行主动运维，并解决信息服务台转交的请求，在必要时协调供应商、开发商等外部资源或者在提供现场服务的情况下及时到现场排忧解难。

三线运维人员主要以研发人员为主，支持云运维管理二线所不能解决的问题。

2. 体系框架总图

从组织人员、流程制度、技术工具、信息管控四个域来描述云运维管理体系，如图6-4所示，具体介绍如下。

（1）组织人员域

组织人员域包含的管理内容为：保证IT云化后服务支撑体系建设的组织保障要求，包括组织职能、组织架构、岗位职责等。组织人员域提到的管理职能是针对虚拟组织而言，各级运维单元在进行角色设置和职责落实时，可以根据自身的组织架构和管理现状，将要求的各管理职能映射到组织中的对应人员或部门，并在该人员或部门职责中，增加对其职责要求。

（2）流程制度域

流程制度域包含的管理内容为：云运维管理相关的各类管理流程和保障其落实的管理制度。各组织人员在流程建设的同时，应根据各自的特点，完善维护考核等相关制度，配合云运维管理技术要求的落实，确保云运维管理目标的实现。

（3）技术工具域

技术工具域包含的管理内容为：承载云运维管理体系落地的各类云运维管理功能模块。

技术工具域定义了用于承载云运维管理体系的技术工具，以实现云运维管理体系框架中提到各类管理要求、管理流程、管理信息的最终落实，具体包括以下内容：

1）运维门户：面向管理者，根据其用户权限，提供云资源的规划、调度等策略管理界

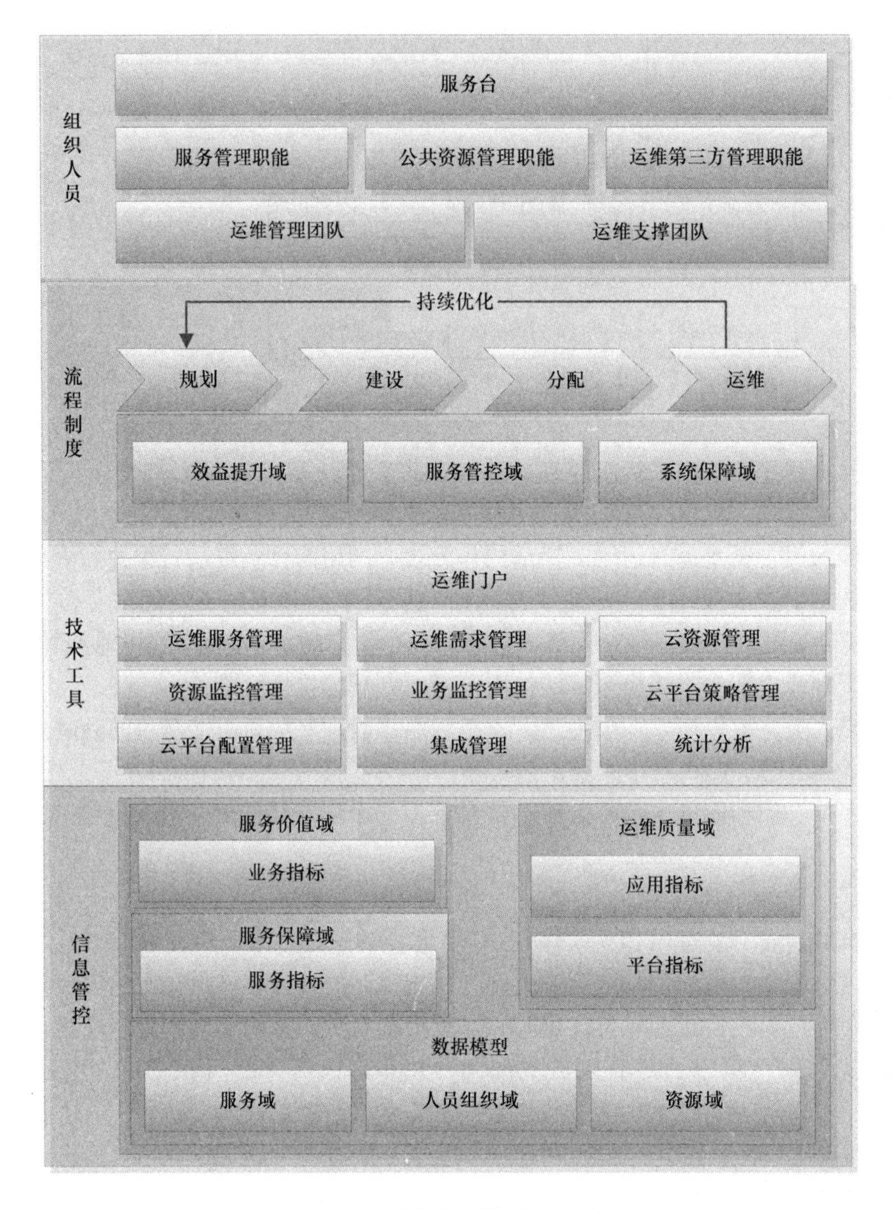

图 6-4　云运维管理体系框架总图

面，提供云资源的状态查看界面，提供云资源的健康度分析、优化管理建议的展现；面向运维人员，根据其用户权限，提供分层级的云资源的状态查看界面，提供分层级的云资源的告警信息查看和策略设置。

2）运维需求管理：负责云运维管理的需求全生命周期流程化管理，包括需求获取、需求处理、需求分析、需求验证和需求后评估五个管理过程。

3）运维服务管理：负责对云运维管理提供的各种运维服务进行管理，包括效益提升域的资源容量管理类流程、IaaS/PaaS/SaaS 平台管理类流程、资源管理识别类流程、资源管理使用类流程、资源管理回收类流程、资源配置管理类流程、资源管理通用类流程；系统保障域的故障处理类流程、维护类流程、应急预案类流程；服务管控域的运维评价考核类流程、运维平台使用咨询类流程。

4）云资源管理：实现对各类云资源的全生命周期的静态管理，包括资源状态管理、资源数据模型、资源数据核查、资源数据提供、容量管理、资源拓扑管理、资源数据模型管理、资源数据维护、资源预警等。

5）资源监控管理：负责对各类云资源的性能和状态进行监控、管理、维护和统计，包括对 IaaS 平台、PaaS 平台、SaaS 平台实现实时监控、捕获资源的部署状态、性能指标、运行指标、各类告警信息等，以及资源操作日志、资源服务质量监控、监控体系等。

6）业务监控管理：负责对业务的性能、状态进行监控、管理、维护和统计，包括对各业务系统的信息管理、业务的拓扑展现等。

7）云平台策略管理：负责管理 IaaS 平台、PaaS 平台和 SaaS 平台的资源纳管、分配、调度和容量管理，向云运维管理的管理者或运维人员提供策略的制订、修改、删除、审核和发布等操作管理功能。

8）云平台配置管理：负责管理 IaaS 平台、PaaS 平台和 SaaS 平台的资源配置，向云运维管理的管理者或运维人员提供配置的制订、修改、删除、审核、发布和审计等功能。

9）统计分析：负责对各类云资源的各项信息进行多维度的统计分析，为管理者或运维人员提供资源健康状况分析和资源管理优化等建议。

10）集成管理：负责云运维管理内部功能模块之间的接口，以及云运维管理与 IaaS 平台、PaaS 平台、SaaS 平台、云运营管理等接口的实现和管理。

11）系统自管理：负责云运维管理自身的各项管理，包括参数管理、日志管理、平台监视、用户管理、系统备份和恢复、版本控制管理等。

（4）信息管控域

信息管控域包含的管理内容为：支撑云运维管理要求的各项管理数据，包括资源信息、考核指标、管理报告等。主要包括指标体系和数据模型两个方面的内容：

1）指标体系包括监控指标和服务类指标两大类，监控类指标定义了监控系统需要监控的相关指标，服务类指标定义了客户感知和运维考核类指标。

2）数据模型定义资源管理的管理范围和管理颗粒度，数据模型包括被管对象的分类、属性、关系和命名规则。

6.2.3　规程编制方法

云数据中心运维体系标准可遵照 ISO、ITIL、ITSS 等一系列认证标准为基础进行设计，以资源池平台高质量运维保障为目标，以自动化、智能化的智效运维工具集为手段，以流程化、规范化、标准化管理为方法，以全生命周期的 PDCA 循环为提升途径，对云数据中心运维服务全过程提供体系化管理，实现规范运维操作、提升运维效率、提高运维质量、降低运维成本的目标。云数据中心运维团队一般会综合考虑数据中心所支持应用的可用性要求、数据中心场地基础设施的等级、容量等因素，结合可用性目标、能效目标以及服务等级协议（SLA），与客户及相关业务部门共同讨论确定运维管理目标，运维人员一般可通过如下常态化运维生产工作来保障云数据中心可用率，有效编制出完整翔实的运维规程文档。云数据中心运维规程的编制，可遵照4P规程文档体系，通过梳理运维对象、明确运维需求，有机结合运维活动、需求和运维对象，完成运维规程文档的编制工作，4P规程文档体系为

1）行政管理规程（Administration Procedure，AP）：AP是云数据中心基本运维管理制度、生产规范以及运行流程等规程文档。

2）标准操作规程（Standard Operating Procedure，SOP）：SOP是将某一项工作的标准操作步骤和要求以统一的格式描述出来，用来指导和规范日常的运维工作。所有关键设备系统在各种情况下都能执行常用操作，都应制定标准操作流程。

3）维护操作规程（Maintenance Operation Procedure，MOP）：MOP是用于规范和明确云数据中心运维工作中各项设备系统的维护保养审批流程、操作步骤。

4）应急操作规程（Emergency Operation Procedure，EOP）：EOP用于规范应急操作过程中的流程及操作步骤。确保运维人员可以迅速启动，确保有序、有效地组织实施各项应对措施。

基于4P规程文档体系，秉承统一运维标准，统一平台工具，统一制度流程，差异化服务的原则，构建面向不同行业和客户，提供标准化、可视化、差异化开源云资源池运维服务的能力，开源云资源池规程可按照“5+1+*N*”，即5套规程、1套手册、*N*套知识库来编制设计。这里以联通数字科技有限公司的实践为例，总结出了如下设计体系。

1. 5套规程

主要包括《开源云资源池客响管理规程》《开源云资源池故障管理规程》《开源云资源池资源管理管理规程》《开源云资源池验收管理规程》、《开源云资源池变更管理规程》等。

2. 1套手册

《开源云资源池大客户服务保障手册》。

3. *N*套知识库

主要包括《开源云资源池告警处置方法》《开源云资源池综合巡检方法》《开源云资源池门户操作方法》《开源云资源池开通方法》《开源云资源池安全策略配置方法》《开源云资源池监控/巡检日报》《开源云资源池容量/服务月报》《开源云资源池故障处置案例库》等。

如通过对云数据中心运维专业视角的继续细化深化，云数据中心运维规程可衍生形成“6+10+23+*X*”运维规程集，其中覆盖6大专业，涵盖10套公共手册，细分为23套专业手册，定制*X*套大客户专属运维保障手册。

（1）6大专业

1）监控响应专业：负责云数据中心7×24监控响应受理工作，通过自动化监控工具开展监控运维工作，定位定级各类事件，通过电子工单系统，调度升级确保云数据中心的各类

事件及时有效闭环。

2）动力环境专业：负责云数据中心基础设施日常维护工作，处置抢通各类基础设施事件，定期开展基础设施设备系统巡检巡查，分析基础设施隐患问题，及时完成基础设施设备维修及更换。

3）信息安全专业：负责云数据中心信息安全事件的处置抢通，定期开展信安设备巡检巡查，定期分析信安攻击事件，有效消除各类信息安全隐患及事件。

4）网络安全专业：负责云数据中心网络设备事件的处置抢通，定期开展设备巡检巡查，分析设备系统隐患问题，及时完成网络设备的优化升级工作。

5）软件优化专业：负责云数据中心软件系统及功能模块的事件抢通处置，定期开展软件巡检巡查，分析软件隐患问题及 bug，及时完成软件版本升级及优化工作。

6）主机存储专业：负责云数据中心服务器、集群存储设备事件的处置抢通，定期开展设备巡检巡查，分析设备系统隐患问题，及时完成主机存储设备的优化升级工作。

（2）10 套运维保障公共手册

包括《开源云资源池运行维护规程－公共分册》《开源云资源池网络与信息安全管理办法》《开源云资源池变更发布管理办法》《开源云资源池故障流程管理办法》《开源云资源池代维考核管理规程》《开源云资源池验收交付期管理规程》《开源云资源池服务监督与考核管理办法》《开源云资源池客户服务分级标准和执行规范》《开源云资源池客户响应工作规范》《开源云资源池设备利旧管理规程》。

（3）23 套运维支撑专业手册

包括《开源云资源池网络与信息安全突发事件应急响应管理办法》《开源云资源池用户信息保护管理办法》《开源云资源池系统平台漏洞及高危网络信息安全风险合规性检查规范》《开源云资源池新业务信息安全评估管理办法》《开源云资源池互联网信息安全管理系统使用及运行维护管理办法》《开源云资源池 ICP 网站备案管理规范》《开源云资源池运行维护规程－基础设施分册》《开源云资源池自动化监控运维能力规范》《开源云资源池集中监控运维基本生产制度》《开源云资源池值班及交接班管理规程》《开源云资源池网络设备数据配置规范》《开源云资源池运行维护规程——网络安全分册》《开源云资源池运行维护规程——主机分册》《开源云资源池运行维护规程——存储分册》《开源云资源池运行维护规程——公有云软件分册》《开源云资源池运行维护规程——私有云软件分册》《开源云资源池业务开通规程——公有云分册》《开源云资源池业务开通规程——私有云分册》《开源云资源池验收接维规程——网络安全分册》《开源云资源池验收接维规程——主机分册》《开源云资源池验收接维规程——存储分册》《开源云资源池验收接维规程——软件分册》《开源云资源池验收接维规程——现场分册》。

（4）*X* 套运维服务大客户专享手册

主要包括《开源云资源池××大客户运维生产保障手册》《开源云资源池××大客户月度服务报告》等。

6.3 开源云计算自动化运维

6.3.1 AIOps

AIOps 又称为人工智能运维（Artificial Intelligence for IT Operations）或基于算法的 IT 运维（Algorithmic IT Operations），它起源于 IT 运维，是将人工智能（AI）应用于运维领域，基于已有的运维数据（日志、监控信息、应用信息等），通过机器学习的方式来进一步解决自动化运维没办法解决的问题。IT 运维分为三个阶段，分别为传统运维、自动化运维、智能运维。目前智能运维还处于初步探索阶段，近期在国外已经发起了面向智能运维的研究，但是在国内，大部分 IT 企业还处于自动化运维的阶段，一部分大型企业正在向智能运维的方向探索。

AIOps 在自动化运维的基础上，增加了一个基于机器学习的大脑，指挥监测系统采集大脑决策所需的数据，做出分析、决策，并指挥自动化脚本去执行大脑的决策，从而保证资源池平台系统可用率。AIOps 基于自动化运维，将 AI 和运维很好地结合起来，AIOps 是企业级 DevOps（Development & Operations，开发运维）在运维（技术运营）侧的高阶实现。AIOps 是运维的发展必然，是自动化运维的下一个发展阶段。

由我国开源云计算产业联盟（OSCAR）联盟和高效运维社区联合牵头，联合产业 AIOps 专家，结合互联网、银行、电信等行业 AIOps 落地经验，《企业级 AIOps 实施建议白皮书》已经发布到了 1.0 版本，白皮书阐释了 AIOps 的目标是“利用大数据、机器学习和其他分析技术，通过预防预测、个性化和动态分析，直接和间接增强 IT 业务的相关技术能力，实现所维护产品或服务的更高质量、合理成本及高效支撑”。白皮书中建议“AIOps 的建设可以从无到局部单点探索，再到单点能力完善，形成解决某个局部问题的运维 AI 学件［学件（Learnware）= 模型（model）+ 规约（specification），具有可重用、可演进、可了解的特性。“可重用”的特性使得能够获取大量不同的样本；“可演进”的特性使得可以适应环境的变化；“可了解”的特性使得能有效地了解模型的能力］，再由多个具有 AI 能力的单运维能力点组合成一个智能运维流程”。AIOps 的组成元素如图 6-5 所示。首先，通过各种底层工具采集 IT 运维数据，如各种事件、指标、日志、监控等，接着将这些采集到的数据流传入到数据实时处理模块之中，接着通过应用规则、模式识别、行业内算法、机器学习或其他人工智能手段发现数据的根本规律，从而扩展到未知环境并加以应用，最终实现运维的完全自动化。

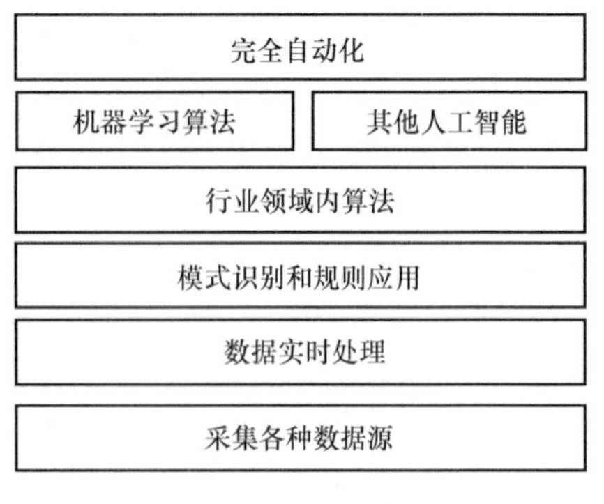

图 6-5　AIOps 组成元素

AIOps 研究要点主要有三个方面侧重，一是侧重于效率提升的研究点，包括智能决策、智能变更、智能问答等；二是侧重于质量保障的研究点，包括异常检测、故障分析等；三是侧重于成本管理的研究点，包括资源优化、容量规划、性能优化等。AIOps 的能力框架如图6-6所示。

AIOps 的建设可以先由无到局部单点探索、再到单点能力完善，形成解决某个局部问题的运维 AI 学件，再有多个具有 AI 能力的单运维能力点或学件组合成一个智能的运维流程，如智能化的监控预测及告警，免干预的自动化扩缩容，免干预的性能调优、免干预的成本组成调优等。具体可描述为五级：

1）开始尝试应用 AI 能力，还无较成熟单点应用。

2）具备单场景的 AI 运维能力，可以初步形成供内部使用的学件。

3）有由多个单场景 AI 运维模块串联起来的流程化 AI 运维能力，可以对外提供可靠的运维 AI 学件。

4）主要运维场景均已实现流程化免干预 AI 运维能力，可以对外提供可靠的 AIOps 服务。

5）有核心中枢 AI，可以在成本、质量、效率间从容调整，达到业务不同生命周期对三个方面不同的指标要求，可实现多目标下的最优或按需最优。

图6-6 AIOps 能力框架

AIOps 工作平台的能力体系主要功能是为 AIOps 的实际场景建设落地而提供功能的工具或者产品平台，其主要目的是降低 AIOps 的开发人员成本，提升开发效率，规范工作交付质量。

AIOps 围绕质量保障、成本管理和效率提升的基本运维场景，逐步构建智能化运维场景。在质量保障方面，细分为异常检测、故障诊断、故障预测、故障自愈等基本场景；在成本管理方面，细分为成本报表、资源优化、容量规划、性能优化等基本场景；在效率方面，分为智能预测、智能变更、智能问答、智能决策等基本场景，如图6-7所示。

6.3.2 监控网管基本系统

一个产业的生产模式关乎这个产业的生存命脉，在“互联网+”的时代大背景下，传统工业的生产模式正在经历着前所未有的变革，依靠云计算、大数据等诸多现代化信息技术

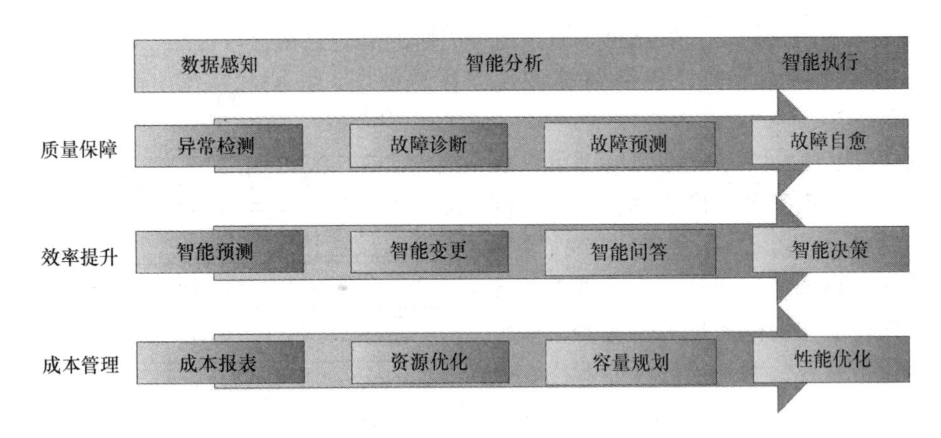

图 6-7　AIOps 常见应用场景

的新模式悄然诞生。伴随着这场变革，扎实推进数据信息化与业务管理的融合，全面实现智效运维的管理基础，大力推进监控网管系统的自动化、智能化水平提升，来提高运维效率、规范运维操作、提升运营能力、形成运维产品，实现运维生产规范化、精细化和集约化的运维目标，为客户提供面向全国的跨专业综合性的智效运维支撑体系，助力云数据中心运维生产工作的高质量发展。基于智效运维的开源云监控网管体系如下图 6-8 所示。

通过基于云数据中心的市场需求、运维经验和运维问题等方面的需求采集，可通过直采（技术壁垒高）、合作开发（技术壁垒中）、自主研发（技术壁垒低）三个方面的形成途径，

来逐步构建云数据中心五大类智效运维工具集，利用可视化技术，实现资源视图、监控视图、运维视图、运营视图以及大屏视图等五大类可视化视图层。智效运维工具集用于基础运维生产保障服务的同时，亦可包装形成运维工具产品，同步申请获得知识产权的软件著作权及专利，通过适时输出可为客户提供服务并拉动运维增值收入，最终实现运维保障服务的提质降本增效目标。智效运维工具集可按照五大类参考构建：

1）监控监测类：硬件监控、网络监测、数据共享、故障溯源等；

2）数据分析类：数据归集、运营运维可视化、数据挖掘、移动应用等；

3）流程信息类：事件管理、变更管理、知识管理、问题管理等；

4）安全防护类：安全防护、安全审计、安全分析、安全侦测等；

5）运维辅助类：配置辅助、值班辅助、数据备份、操作辅助等。

1. 主机存储常用监控项

（1）服务器设备

CPU：使用率（%）、内核使用率（%）；

内存：总量（GB）、使用量（GB）、使用率（%）；

磁盘：包括系统盘和块存储，总量（GB）、已使用（GB）、磁盘读速率（B/s）、磁盘写速率（B/s）、磁盘读 IOPS、磁盘写 IOPS、磁盘读写使用率（%）、平均写操作大小（KB/操作）、平均读操作大小（KB/操作）、平均写操作耗时（ms/操作）、平均读操作耗时

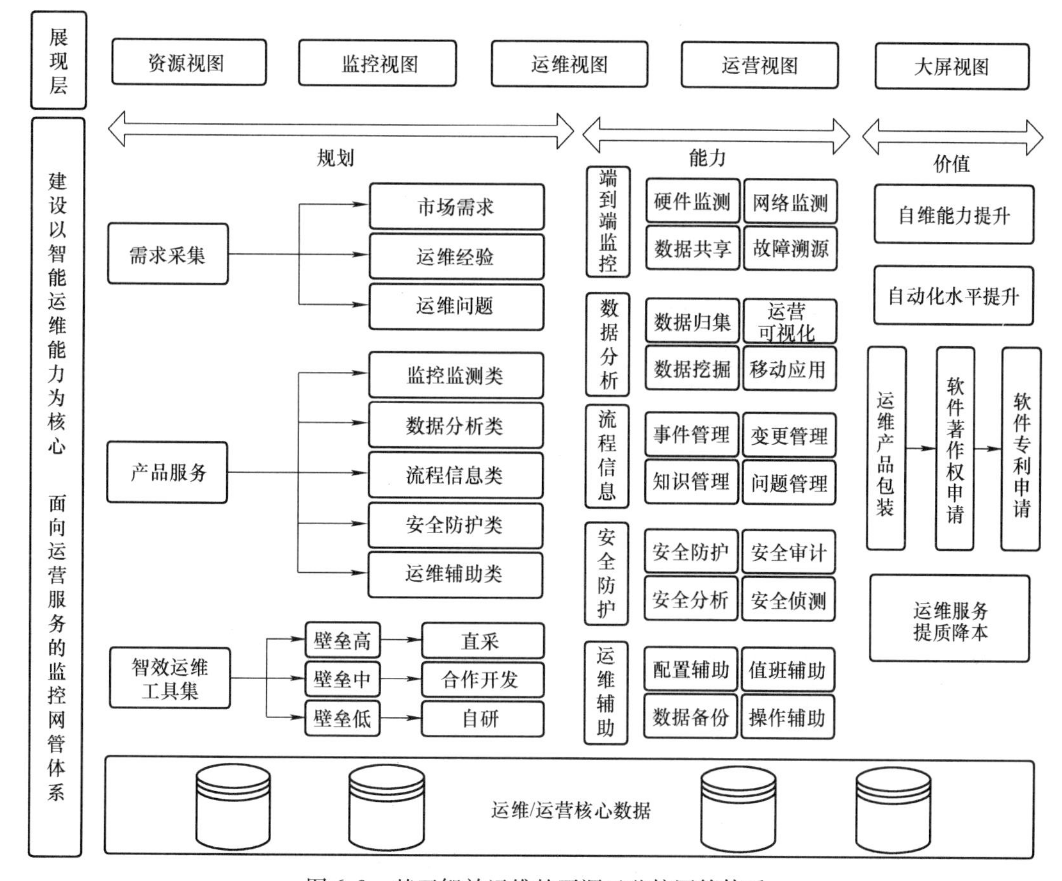

图6-8　基于智效运维的开源云监控网管体系

(ms/操作)、平均 I/O 服务时长（ms/操作）、磁盘坏道的监控；

网络：网卡降速的监控（例如由千兆降成百兆）、网卡链接的上行/下行的监控、网卡流入速率（bit/s）、网卡流出速率（bit/s）；

日志：对系统和应用日志的监控；

硬件：对温度，电源，风扇等硬件信息的监控。

（2）存储设备

单磁盘容量（GB）、已使用（GB）、磁盘读速率（B/s）、磁盘写速率（B/s）、磁盘读 IOPS、磁盘写 IOPS、磁盘读写使用率、平均写操作大小（KB/操作）、平均读操作大小（KB/操作）、平均读操作大小（KB/操作）、平均写操作耗时（ms/操作）、平均读操作耗时（ms/操作）、平均 I/O 服务时长（ms/操作）、磁盘坏道的监控；

硬件：对温度，电源，风扇等硬件信息的监控。

2. 网络设备常用监控项

（1）网络设备

网络设备：CPU 利用率（%）、内存总量（GB）、内存利用率（%）、流入速率（bit/s）、流出速率（bit/s）、接收包数、发送包数、接收错误数、发送错误数、流入带宽利用率（%）、流出带宽利用率（%）、时延（ms）、丢包率（%）；

端口：状态、管理状态、运行状态；

硬件：对温度，电源，风扇等硬件信息的监控。

（2）网络流量

链路（包括设备端口、机房出口、数据中心出口）：状态、流入速率（bit/s）、流出速率（bit/s）、接收包数、发送包数、接收包错误率（%）、发送包错误率（%）、接收包丢包率（%）、发送包丢包率（%）、接收包丢包数、发送包丢包数、接收单播包率（%）、发送单播包率（%）、接收非单播包率（%）、发送非单播包率（%）。

（3）云联网

物理链路状态，包括：起点、终点、链路通/断、带宽、链路利用率、时延、抖动、丢包率；

租户业务链路信息和状态，包括：起点、终点、链路通/断、带宽、链路利用率、时延、抖动、丢包率；

查询 SR－TE 隧道状态（可用/不可用）；

查询 L3VPN 状态（可用/不可用）。

3. 云资源常用监控项

（1）云主机

CPU：使用率（%）、内核使用率（%）等；

内存：总量（GB）、使用量（GB）、使用率（%）等；

磁盘：包括系统盘和块存储，总量（GB）、已使用（GB）、磁盘读速率（B/s）、磁盘写速率（B/s）、磁盘读 IOPS、磁盘写 IOPS、磁盘读写使用率（%）、平均写操作大小（KB/操作）、平均读操作大小（KB/操作）、平均读操作大小（KB/操作）、平均写操作耗时（ms/操作）、平均读操作耗时（ms/操作）、平均 I/O 服务时长（ms/操作）等；

网络：虚拟网卡流入速率（bit/s）、虚拟网卡流入速率（bit/s）等；

进程：进程数量、进程状态、进程消耗的 CPU 使用率（%）、进程消耗的内存使用率（%）等；

日志：对系统和应用的日志监控。

（2）宿主机

CPU：使用率（%）、内核使用率（%）等；

内存：总量（GB）、使用量（GB）、使用率（%）；

swap：swap 总量（GB）、sawp 空闲量（GB）、使用率（%）；

磁盘：包括系统盘和块存储，总量（GB）、已使用（GB）、磁盘读速率（B/s）、磁盘写速率（B/s）、磁盘读 IOPS、磁盘写 IOPS、磁盘读写使用率（%）、平均写操作大小（KB/操作）、平均读操作大小（KB/操作）、平均读操作大小（KB/操作）、平均写操作耗时（ms/操作）、平均读操作耗时（ms/操作）、平均 I/O 服务时长（ms/操作）、磁盘坏道等；

inodes：磁盘各分区 inodes 监控，剩余可用 inodes 监控、inodes 使用率（%）；

网络：对网卡降速的监控（例如由千兆降成百兆）、对网卡链接的上行/下行的监控网卡流入速率（bit/s）、网卡流入速率（bit/s）等；

进程：进程数量、进程状态、进程消耗的 CPU 使用率（%）、进程消耗的内存使用率（%）；

系统运行时长：基于 uptime 采集，监控系统运行时长；

系统登录用户数量监控；

RGCC 节点（管理节点）服务监控：cinder - api 服务进程/状态监控、cinder - scheduler 服务进程/状态监控、cinder - volume 服务进程/状态监控、glance - api 服务进程/状态监控、glance - registry 服务进程/状态监控、keystone 服务进程/状态监控、miner - api 服务进程/状态监控、miner - beat 服务进程/状态监控、miner - patrol 服务进程/状态监控、mysql 数据库服务进程/状态监控、neutron - server 服务进程/状态监控、nova - api 服务进程/状态监控、nova - conductor 服务进程/状态监控、nova - consoleauth 服务进程/状态监控、nova - console 服务进程/状态监控、nova - novncproxy 服务进程/状态监控、nova - scheduler 服务进程/状态监控、ntp/chronyd 时间同步服务进程/状态监控、rabbitmq 消息队列服务进程/状态监控等；

HCI 节点（OpenStack K 版本计算节点）服务监控：ksm 服务进程监控、libvirtd 服务进程/状态监控、neutron - dhcp - agent 服务进程/状态监控、neutron - lbaas - agent service 服务进程/状态监控、neutron - openvswitch - agent service 服务进程/状态监控、neutron - vrouter - netns - agent service 服务进程/状态监控、nova - compute service 服务进程/状态监控、ntp/chronyd 时间同步服务进程/状态监控、rabbitmq 消息队列服务进程/状态监控等；

ECM 节点（OpenStack H 版本计算节点）服务监控：libvirtd 服务进程/状态监控、neutron - dhcp - helper - agent 服务进程/状态监控、neutron - lbaas - agent service 服务进程/状态监控、neutron - openvswitch - agent service 服务进程/状态监控、nova - compute service 服务进程/状态监控、ntp/chronyd 时间同步服务进程/状态监控、rabbitmq 消息队列服务进程/状态等；

虚拟路由监控：虚拟路由总会话数监控、虚拟路由 UDP 会话数监控、虚拟路由 TCP 会话数监控、虚拟路由 ICMP 会话数监控、虚拟路由接收/发送流量监控、虚拟路由主备等；

日志：对系统和应用日志；

硬件：对温度，电源，风扇等硬件信息等；

Web：对 Web 有效访问状态等。

（3）存储

块存储：总量（GB）、已使用（GB）、磁盘读速率（B/s）、磁盘写速率（B/s）、磁盘读 IOPS、磁盘写 IOPS、磁盘读写使用率（%）、平均写操作大小（KB/操作）、平均读操作大小（KB/操作）、平均读操作大小（KB/操作）、平均写操作耗时（ms/操作）、平均读操作耗时（ms/操作）、平均 I/O 服务时长（ms/操作）、磁盘坏道等；

对象存储：存储大小（GB）、总请求数、可用性（%）、公网流出流量（GB）、公网流入流量（GB）、内网流出流量（GB）、内网流入流量（GB）等；

Ceph：ceph - ods、ceph - mon、ceph - mds 服务进程及服务状态监控等；

Ceph cluster：集群读取/写入速率（Ceph Read/Write Speed）监控、ceph 运行状态（Ceph Health）检查、NFSD 服务监控（Ceph NFSD）、存储集群读写繁忙程度（Ceph Operation）监控、OSD in/on 状态检查、PG active 数量监控、PG backfill 数量监控、PG clean 数量监控、PG cerating 数量监控、PG degraded 数量监控、PG down 数量监控、PG incomplete 数量监控、PG inconsistent 数量监控、PG peering 数量监控、PG recovering 数量监控、PG remapped 数量监控、PG repair 数量监控、PG replay 数量监控、PG scrubbing 数量监控、PG splitting 数量监控、PG stale 数量监控、PG total 数量监控、PG wait - backfill 数量监控等。

（4）数据库

缓存数据库（Redis）：已用容量（B）、已用容量百分比（%）、已用连接数、已使用连接百分比（%）、写入网速（bit/s）、写入带宽使用率（%）、读取网速（bit/s）、读取带宽使用率（%）、实例故障、实例主备切换、操作失败数等的监控；

关系型数据库：磁盘使用率（%）、IOPS 使用率（%）、已用连接数、已使用连接百分比（%）、CPU 使用率（%）、内存使用率（%）、只读实例延迟（s）、网络入流量（bit/s）、网络出流量（bit/s）、实例故障、实例主备切换、数据库死锁等的监控。

（5）网络

VPC：内网网络流入速率（bit/s）、内网网络流出速率（bit/s）、内网流入数据包速率（包/s）、内网流出数据包速率（包/s）、内网限速丢包速率（包/s）、外网网络流入速率（bit/s）、外网网络流出带宽、外网流入数据包数（包/s）、外网流出数据包数（包/s）、外网限速丢包速率（包/s）等；

公网 IP：网络流入速率（bit/s）、网络流出速率（bit/s）、流入数据包速率（包/s）、流出数据包速率（包/s）、限速丢包速率（包/s）等。

（6）负载均衡

四层协议：端口流入流量（bit）、端口流出流量（bit）、端口流入数据包数、端口流出数据包数、端口新建连接数、端口活跃连接数、端口非活跃连接数、端口并发连接数、后端健康云主机实例数、后端异常云主机实例数、端口丢弃连接数、端口丢弃流入数据包数、端口丢弃流出数据包数、端口丢弃流入流量（bit）、端口丢失流出流量（bit）、实例活跃连接数、实例非活跃连接数、实例丢弃连接数、实例丢弃流入数据包数、实例丢弃流出数据包数、实例丢弃流入流量（bit）、实例丢弃流出流量（bit）、实例最大并发连接数、实例新建连接数、实例流入数据包数、实例流出数据包数、实例流入流量（bit）、实例流出流量（bit）等；

七层协议：监听端口每秒查询率（QPS）、端口请求平均延时（ms）、实例 QPS、实例请求平均延时（ms）、端口 UpstreamRT、实例 Upstream RT、端口 Upstream 状态码及其个数、端口状态码及其个数、实例 Upstream 状态码及其个数、实例状态码及其个数等。

4. 监控可视化

1）资源池负载及容量监测分析示意图如图 6-9 所示。

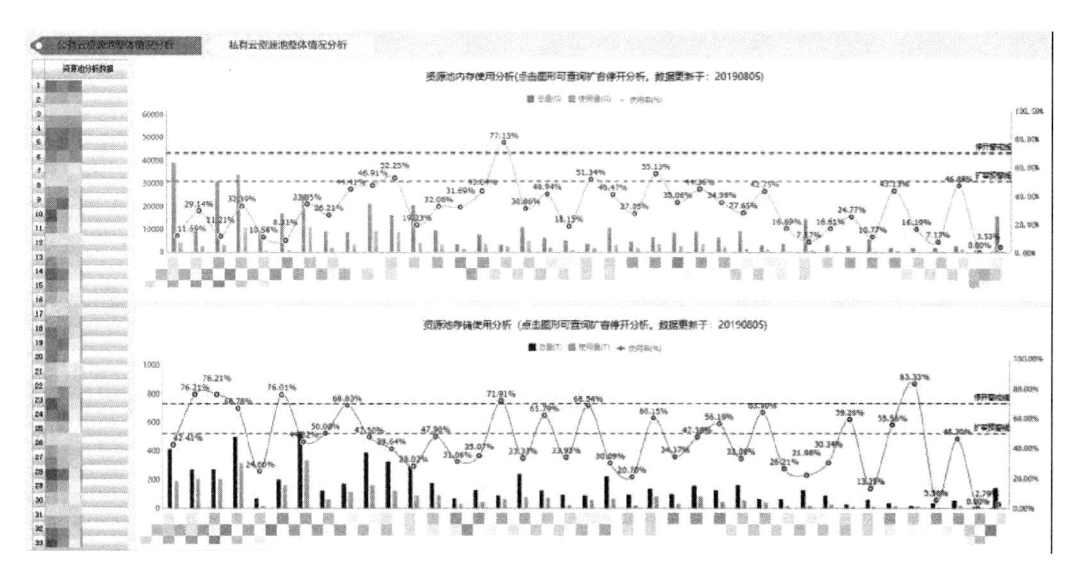

图6-9　资源池负载及容量监测分析示意图

2）宿主机CPU负载、内存使用量、磁盘空间使用量监测分析示意图如图6-10所示。

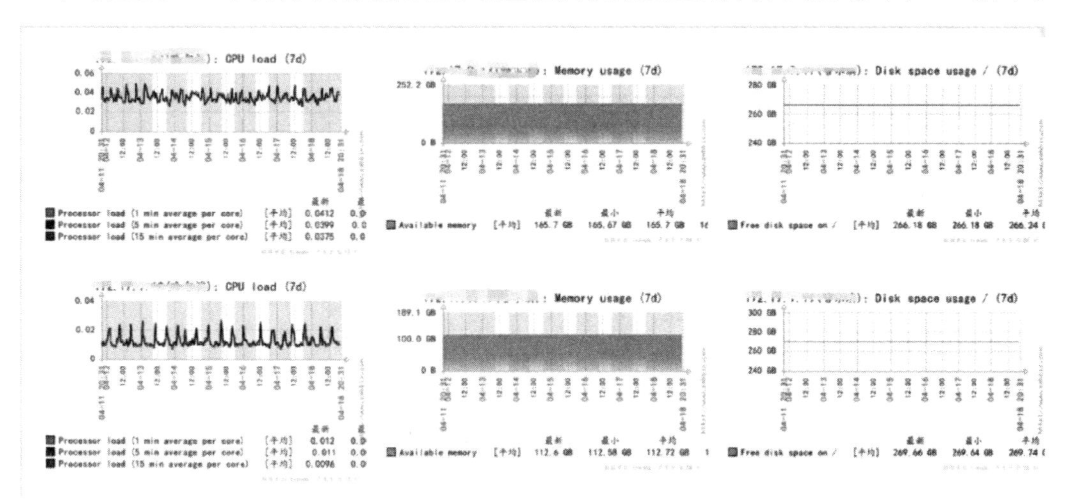

图6-10　宿主机CPU负载、内存使用量、磁盘空间使用量监测分析示意图

3）Ceph节点磁盘R/W速率监测分析示意图如图6-11所示。

4）Ceph节点集群状态性能（OSD、Degraded、Cluster容量、Cluster负载）监测分析示意图如图6-12所示。

5）vRouter会话数负载性能监测分析示意图如图6-13所示。

6）宿主机网卡流量性能监测分析示意图如图6-14所示。

7）软负载均衡会话数性能监测分析示意图如图6-15所示。

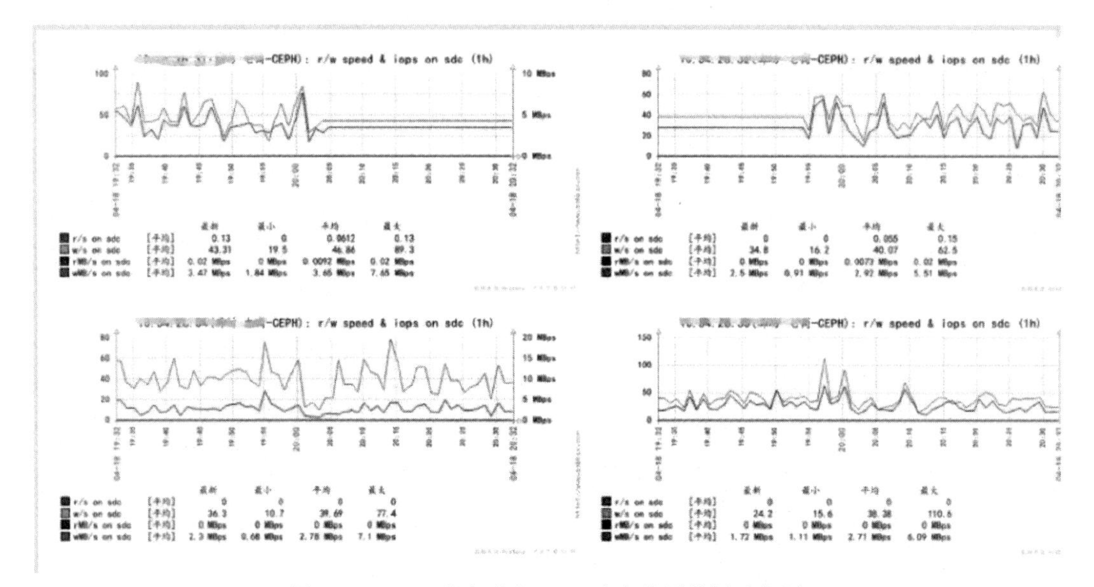

图 6-11　Ceph 节点磁盘 R/W 速率监测分析示意图

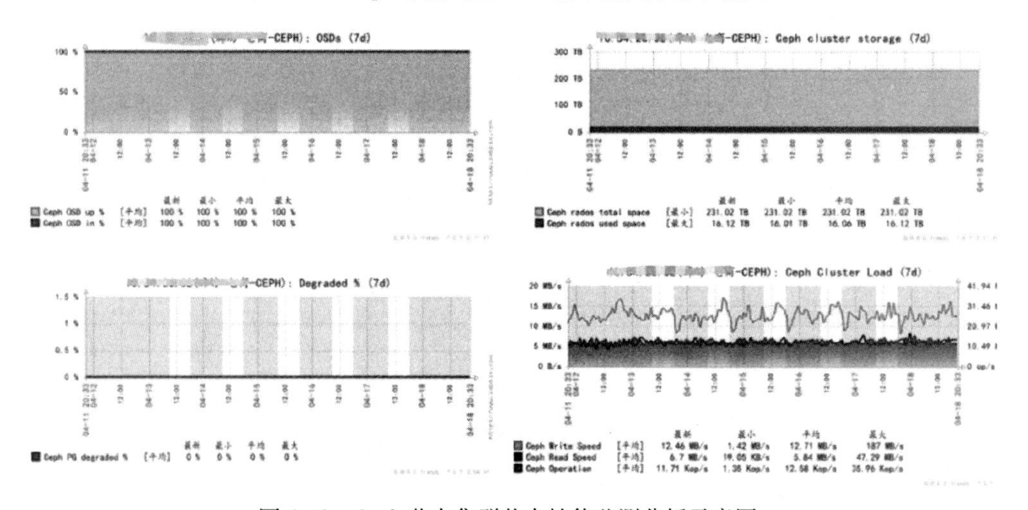

图 6-12　Ceph 节点集群状态性能监测分析示意图

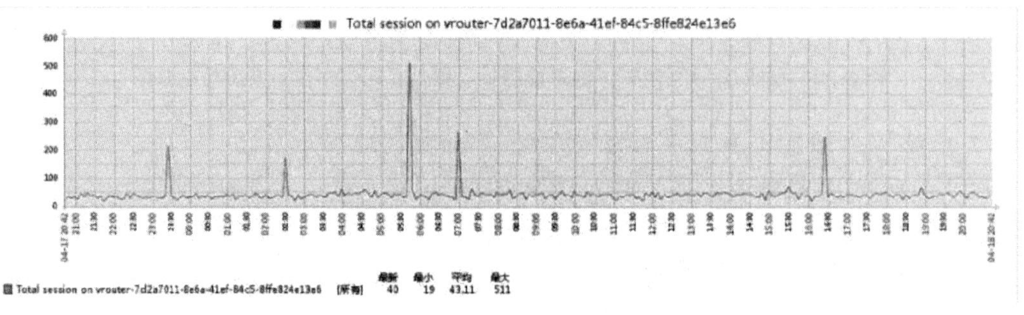

图 6-13　vRouter 会话数负载性能监测分析示意图

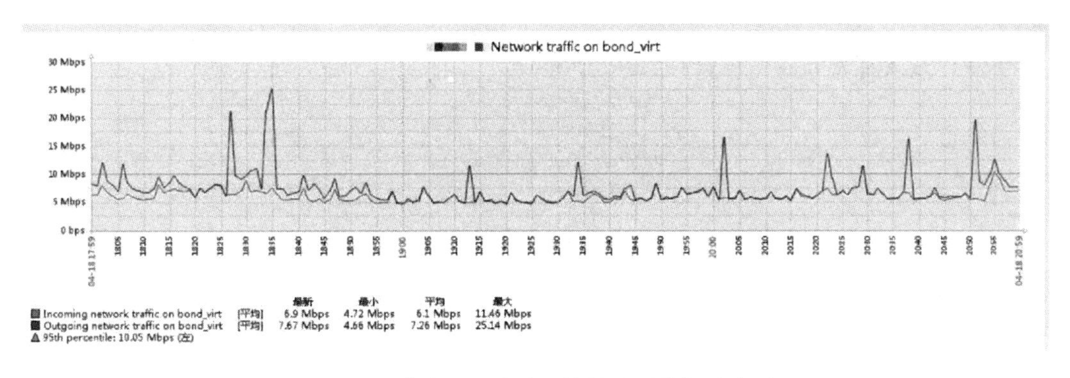

图 6-14　宿主机网卡流量性能监测分析示意图

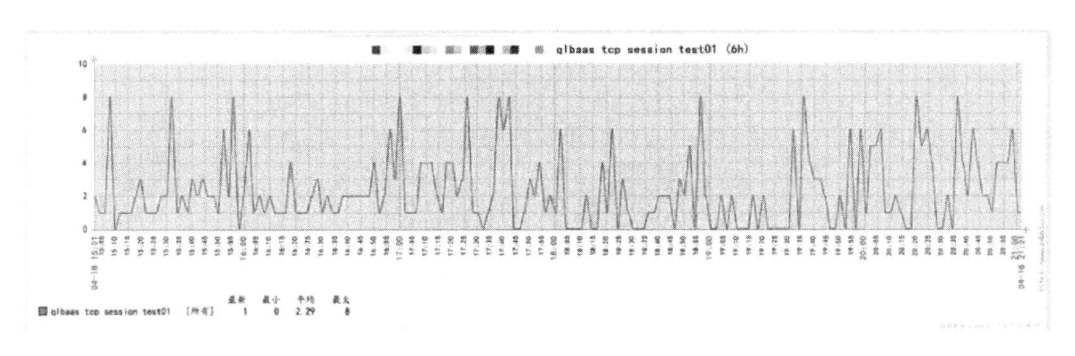

图 6-15　软负载均衡会话数性能监测分析示意图

6.3.3　常用工具安装与配置

1. Zabbix

（1）概述

Zabbix 由 Alexei Vladishev 创建，目前由其成立的公司 Zabbix SIA 积极地持续开发和更新维护，并为用户提供技术支持服务。Zabbix 是一个企业级分布式开源监控解决方案。Zabbix 支持主动轮询（Polling）和被动捕获（Trapping）。Zabbix 所有的报表、统计数据和配置参数都可以通过基于 Web 的前端页面进行访问。基于 Web 的前端页面可以确保用户在任何地方访问监控中的网络状态和服务器健康状况。Zabbix 的官方网站为 https：//www. zabbix. com；

Zabbix 通过 C/S 模式采集数据，通过 B/S 模式在 Web 端展示和配置，其监控流程如图 6-16所示，监控组件如图 6-17 所示。

被监控端：主机通过安装 agent 方式采集数据，网络设备通过 SNMP 方式采集数据。

Server 端：通过收集 SNMP 和 agent 发送的数据，写入 MySQL 数据库，再通过 PHP + Apache 在 Web 前端展示。Zabbix Server 需运行在 LAMP（Linux + Apache + MySQL + PHP）环境下。

Agent：目前已有的 Agent 基本支持常见的操作系统，包含 Linux、HPUX、Solaris、Sun、

Windows。

SNMP：各类常见的网络设备均支持 SNMP。

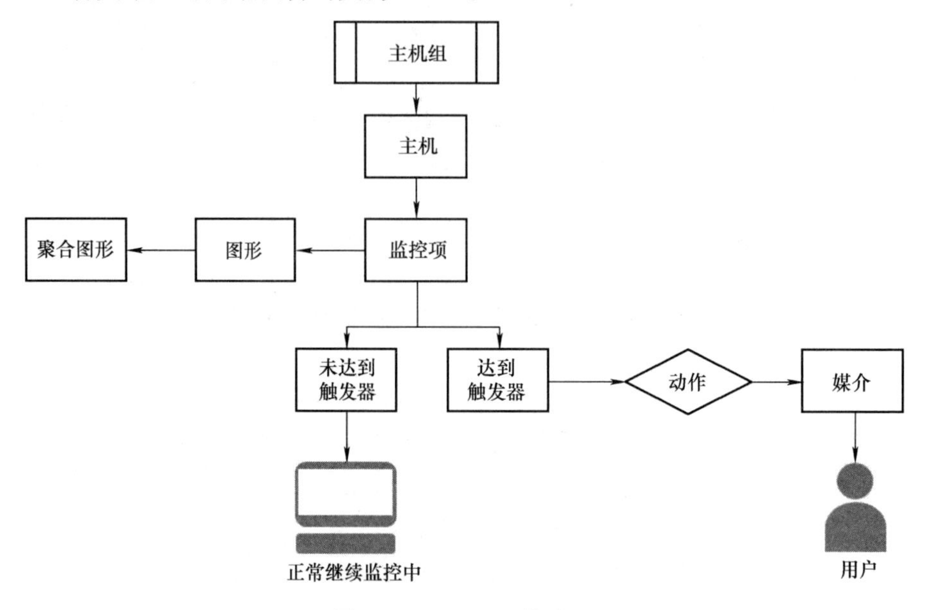

图 6-16　Zabbix 监控流程

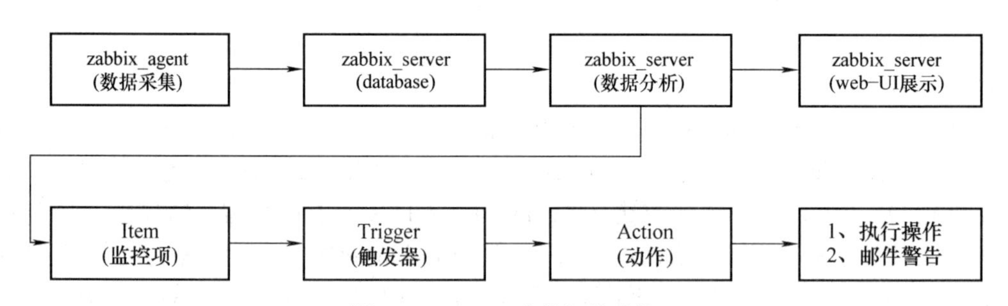

图 6-17　Zabbix 监控组件功能

（2）安装部署

1）服务端环境准备：Zabbix Server 需要运行在 CentOS、RedHat Linux、Debain 等 Linux 系统上。以 RHEL 作为部署环境，建议配置好 yum，通过 yum 安装下列包，解决包的依赖关系。安装要求不少于 128MB 物理内存和 256MB 可用磁盘空间。

LAMP 环境：

```
#yum install mysql - server httpd php
```

安装需要用到的包：

```
#yum install mysql - dev gcc net - snmp - devel curl - devel perl - DBI-
php - gd php - mysql php - bcmath php - mbstring php - xml
```

从官网下载 Zabbix 的源代码包到本地：

```
#tar - zxvf zabbix - 3.4.0.tar.gz
```

添加 zabbix 用户和组：

```
#groupadd zabbix
#useradd - g zabbix - m Zabbix
```

2）数据库要求及准备：启动 MySQL 数据库→修改 MySQL root 用户密码→测试能否正常登录数据库→创建 Zabbix 数据库→导入数据库 sql 脚本，各软件的要求见表 6-1。

表 6-1　各软件的要求

软件	版本	要　　求
MySQL	5.0.3 ~ 5.7.×	要求 MySQL 作为 Zabbix 的后端数据库，需要 InnoDB 引擎 MariaDB 可兼容 Zabbix 需注意 MySQL 8.0 版本不支持 Zabbix pre - 4.0 版本
Oracle	10g 及以上	要求 Oracle 作为 Zabbix 的后端数据库
PostgreSQL	8.1 及以上	要求 PostgreSQL 作为 Zabbix 的后端数据库 建议使用 PostgreSQL 8.3 及以上版本
IBM DB2	9.7 及以上	要求 IBM DB2 作为 Zabbix 的后端数据库
SQLite	3.3.5 及以上	只有 Zabbix Proxy 支持 SQLite 要求 SQLite 作为 Zabbix Proxy 的后端数据库

（3）编译安装示例

配置编译 Zabbix →修改配置文件及 Web 前端文件，在/etc/services 添加服务端口→修改 server 配置文件，添加数据库的名称、用户名和密码→启动 server，修改 agentd 配置文件，指定 Zabbix server 的 IP →启动 agent，添加 Web 前端 PHP 文件→Web 前端安装配置，修改 PHP 相关参数→重启 Apache。

在本地浏览器上访问 Zabbix Server 地址 http://ServerIP/zabbix，开始 Web 前端配置，按提示逐步进行即可。其中“check of pre - requisites”过程必须全部项目提示“OK”后才能继续配置，如有提示“fail”，应在 server 上检查安装包或配置是否准确。填入 Zabbix Server 登录 MySQL 的用户和密码，按提示下载配置文件到 Server/var/www/html/zabbix/conf 地址下，名字是 zabbix.conf.php，配置完成后，出现登录界面。可以查看对应的日志文件，排查错误，默认在/tmp/zabbix - *.log。至此，Zabbix Server 的安装就完成了。

（4）在被监控端上安装配置 Agent

Linux 环境下可直接进行 yum 安装，也可采用源码编译安装，都要求 Agent 与 Server 版本一致。源码解压之后，通过编译安装 ./configure - - prefix =/usr/local/zabbix_agent - - enable - agent，make install，groupadd zabbix，useradd zabbix - g zabbix，配置 zabbix server 的

IP，启动 zabbix_agentd 服务。

Windows 环境下载解压与 Server 版本一致的客户端包（zip 格式为免安装的），修改 zabbix_agentd. conf 配置文件，设置 zabbix server 的 IP 地址 ，打开 cmd 命令行，安装 Agent 服务，zabbix_agentd. exe – i – c C：\Zabbix_Agent\conf\zabbix_agentd. conf，然后通过命令行，执行 zabbix_agentd. exe – s – c C：\Zabbix_Agent\conf\zabbix_agentd. conf 启动 Agent 服务。

（5）配置示例

通过本地浏览器访问 http：//ServerIP/zabbix 来开始配置和使用 Zabbix。一次完整的监控流程可以简单描述为 Host Group（设备组）→Host（设备）→Application（监控项组）→Item（监控项）→Trigger（触发器）→Action（告警动作）→Media（告警方式）→User Group（用户组）→User（用户）。

添加 Hosts：Host 是 Zabbix 监控的基本载体，所有的监控项都是基于 Host 的。通过 Configuration →Hosts →Create Host 来创建监控设备按提示填入 Name、Groups、IP，其他选项默认即可，在 Link Templates 处选择一个模板，保存后即可成功添加设备。一类的 Hosts 可以归属到同一个 Host 组（Group），添加 Host 之前，要先创建 Host 组，通过 Configuration →Host Group →Create Host Group 可以添加设备组。

添加 Items：Items 是监控项，是监控的基本元素，每一个监控项对应一个被监控端的采集值。在 Configuration→Hosts 界面，我们能看到每个 Host 所包含的 Items 总数，选择对应主机的 Items 项，可以看到具体的每个 Item 信息，这些 Item 可以引用自 Templates，也可以自己创建。通过点击具体 Item 名字可以修改已有监控项的属性，单击 Status 的链接可以禁用/启用这个监控项。新增 Item 可以通过点击右上角的 Create Item 来创建按提示逐项填入相关信息即可，其中 Key 是 Zabbix 已经自带的取值方法，也可以是自定义的 Key，Application 为监控项的分类。Zabbix 自带非常多的监控项及方法，能满足当前的基本监控需求。

给监控项添加 Triggers：Trigger 是触发器，当 Item 采集值满足 Trigger 的触发条件时，就会产生 Action。每一个 Trigger 必须对应一个 Item，但一个 Item 可以对应多个 Trigger。同样，通过点击 Configuration→Hosts→Triggers 中某个 Trigger 的名字，可以修改 Trigger 的属性。新增 Trigger 可以通过点击右上角的 Create Trigger 来创建 Expression 中选择对应的 Item、触发方式及触发值，Severity 是告警级别，根据 Trigger 的严重性来选择。Zabbix 提供多种触发方式供选择，常用的是 last ( )（最近一次采集值）。可以根据实际需要来设定触发方式。

给触发器添加 Actions：

1）Action 即告警动作，当触发器条件被满足时，就会执行指定的 Action。通过 Configuration→Actions→Create Action 来创建 Action Event source（告警动作事件源），如果选择 Trigger，即所有的触发条件满足时，都会执行该告警动作。

2）Escalation 指告警是否升级，及升级时间。

3）Subject、Message 指告警标题和内容，此处可引用 Zabbix 的宏变量。例如 { {HOSTNAME}：{TRIGGER. KEY} . last（0）} 表示最后一次采集值。

4）Condition 指触发器产生的条件，条件可以多选。

5）Operation 指选择 Medias 及 Users。

添加自定义监控：对于 Zabbix 功能上无法实现的监控，我们可以通过自己编写程序或脚本来辅助完成，并将脚本的结果通过 Agent 递交给 Zabbix Server 统一管理，一样可以绘制报表等。通过配置 Agent 的 UserParameter = logA ［ * ］，python /etc/zabbix/log - analyze $1 $2 $3，添加自定义脚本 log - analyze 到对应目录下，重启 Agent 服务。前端配置监控项即可。

添加 Template：如果有大量的同一类设备，需要监控的信息也大致类似，逐个去修改相关参数比较麻烦，我们可以通过创建一个 Template 来简化操作，依次进入 Configuration→Host Groups→Template→Create Template。创建 Template 后，在 Configuration→Host→Template 下找到刚创建的 Template，配置相关的 Item、Trigger、Graph 等信息，使满足要求后链接到相关的 Host 即可。

2. ELK

（1）概述

ELK 的正式名称是 Elastic Stack，是 Elastic 公司提供的一套完整的日志收集以及展示的解决方案，ELK 是三个主要产品的首字母缩写，分别是 Elasticsearch（存储 + 搜索）、Logstash（收集）和 Kibana（展示），另外还有 Redis 等（处理队列不做存储）。

Elasticsearch 简称 ES，它是一个实时的分布式搜索和分析引擎，它可以用于全文搜索，结构化搜索以及分析。它是一个建立在全文搜索引擎 Apache Lucene 基础上的搜索引擎，使用 Java 语言编写，ELK 功能组件如图 6-18 所示。

Logstash 是一个具有实时传输能力的数据收集引擎，用来进行数据收集（如读取文本文件）、解析，并将数据发送给 ES。

Kibana 为 Elasticsearch 提供了分析和可视化的 Web 平台。它可以在 Elasticsearch 的索引中查找，交互数据，并生成各种维度表格、图形。

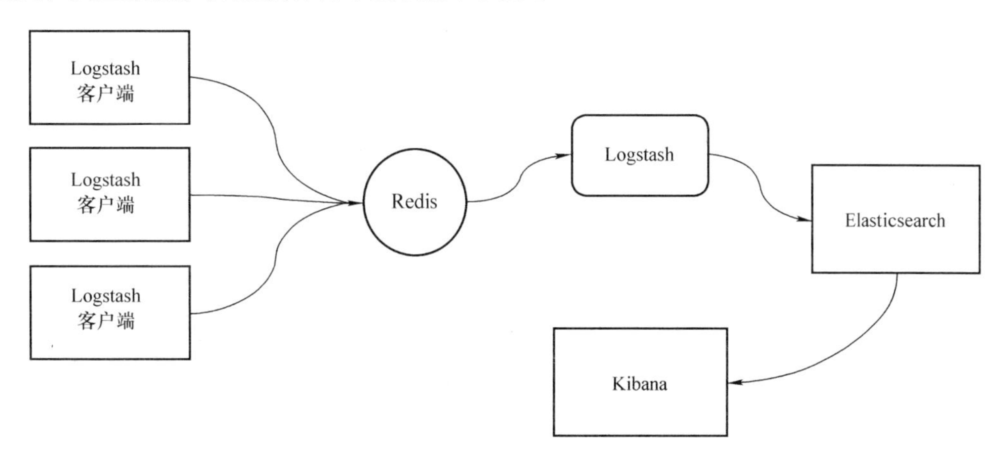

图 6-18　ELK 功能组件

（2）安装环境示例

硬件环境：16 核 CPU，内存 16GB，硬盘 2TB；

操作系统：CentOS7. 4 64 位，内核版本 3. 1，最小化安装。

（3）部署示例

1）安装 java 环境：从官网下载 JDK1. 8 源码包，解压到相应的文件夹，修改变量，Java 安装完成之后使用“java - version”查看是否安装成功。通过配置当前系统版本的 yum 源，也可直接采用 yum 安装 java - 1. 8. 0 - openjdk。

2）Yum 源安装 ELK 组件：添加 yum 源，执行 yum 命令，可直接安装官网提供 ELK 组件的最新 7. 6 版本，新旧版本存在部分差异，需注意。

使用 yum 安装后，Elastcisearch、Kibana 可通过 service elasticsearch start，service kibana start 来启动。Logstash 可通过/bin/logstash - f/etc/logstash/conf. d/a. conf（a. conf 为自定义的配置文件）。

3）源码安装 logstash 组件（5. 6 版）：将下载好的源码包解压到“/usr/local/elk”目录。解压好之后直接运行/usr/local/elk/logstash - 5. 6. 0/bin/logstash - e，这是一个标准化输入和输出测试，如果出现图 6-19 所示的内容说明测试成功。

```
[root@ELK bin]# ./logstash -e 'input{stdin{}}output{stdout{codec=>rubydebug}}'
Sending Logstash's logs to /usr/local/elk/logstash-5.6.0/logs which is now configured via log4j2.properties
[2018-03-19T11:50:16,359][INFO ][logstash.modules.scaffold] Initializing module {:module_name=>"fb_apache", :directory=>"/usr/local/elk/lo
figuration"}
[2018-03-19T11:50:16,365][INFO ][logstash.modules.scaffold] Initializing module {:module_name=>"netflow", :directory=>"/usr/local/elk/logs
ration"}
[2018-03-19T11:50:16,442][INFO ][logstash.agent           ] No persistent UUID file found. Generating new UUID {:uuid=>"9f3864ef-4e24-424d
local/elk/logstash-5.6.0/data/uuid"}
[2018-03-19T11:50:16,946][INFO ][logstash.pipeline        ] Starting pipeline {"id"=>"main", "pipeline.workers"=>16, "pipeline.batch.size"
"pipeline.max_inflight"=>2000}
[2018-03-19T11:50:17,004][INFO ][logstash.pipeline        ] Pipeline main started
The stdin plugin is now waiting for input:
[2018-03-19T11:50:17,108][INFO ][logstash.agent           ] Successfully started Logstash API endpoint {:port=>9600}
test
{
      "@version" => "1",
          "host" => "ELK",
    "@timestamp" => 2018-03-19T03:50:28.149Z,
       "message" => "test"
}
```

图 6-19　输入和输出测试成功

直接复制 logstash - 5. 6. 0 目录两份，分别改名为 logstash - 5. 6. 0_syslog_to_redis 和 logstash - 5. 6. 0_redis_to_es，这两个目录分别在运行 Logstash 时要分开，因为后面会有两个配置文件要同时运行。

标准配置文件模板如下，可以参考，如果需要加入过滤器、字段匹配等需要另外安装插件，并写入相应的配置文件。

redis - to - es 配置模板，过滤器、字段匹配等插件配置可以直接往里面写。

运行服务通过/usr/local/elk/logstash - 5. 6. 0/bin/logstash - f 指定配置文件即可。

4）源码安装 Redis 组件：将下载好的源码包解压，进入该目录执行“make install”进行安装。

这里使用的是 Redis 4. 0. 8 版本，安装完成之后需要修改配置文件“redis. conf”。

开启守护进程→关闭保护模式→设置密码。修改完成之后保存退出，使用“redis - server”启动 Redis 服务，服务端口为 6379。

也可以将 Redis 和日志采集端的 Logstash，改为 Kafka 和 Filebeat。Filebeat 是一款轻量级的日志采集工具，对资源消耗较少；Kafka 是高性能的分布式订阅发布消息系统，集群化的方式满足高可用。Filebeat，Kafka，Logstash，Elasticsearch，Kibana组成了目前比较常用的日志系统架构。

5）源码安装Elasticsearch组件（5.6版）：创建一个用户elk，使用该用户进行操作。将下载好的源码包解压，并进入到该目录中，修改配置文件“elasticsearch. yml”。启动服务“/usr/local/elk/elasticsearch－5. 6. 0/bin/ elasticsearch”，如果出现错误，可以修改指定文件，编辑/etc/security/limits. conf，在文件后增加elk soft nofile 65536、elk hard nofile 65536，编辑/etc/sysctl. conf，在文件中增加vm. max_map_count＝655360参数，然后使用sysctl－p使其生效”注销elk用户重新登录再次运行即可。

6）源码安装Kibana组件：解压源码包，进入到该目录，修改配置文件“. /config/kibana. yml”，修改完成之后运行即可“bin下面的kibana服务”，然后通过网页访问5601端口。注意这些组件的启动顺序，每个服务启动之后需要在后台运行，加上“&”或者使用“nohup”，否则一旦关闭会话窗口服务将停止。

6.3.4　实用运维工具开发

1. Zabbix日志监测

（1）需求背景

应用系统通常会将运行状态及信息写入日志文件，因此基于应用程序的日志文件监控监测，比起监控进程状态更准确和详细（例如某些进程实际异常但状态正常）。Zabbix自带的日志监控方式，会抓取监控操作所有的特征字符串所在的行，同时作为结果全部返回，这样虽然实现了告警功能，但对监控系统造成较大的读写压力和数据存储压力，对于监控项的告警规则设置带来了非常大的困难，如果监控项设置低，则会带来频繁的告警通知，混淆正常告警信息；如果监控项设置过高，则又起不到告警作用。

鉴于此，通过对Zabbix数据返回值类型和返回方式进行优化开发，不仅可实现CPU负载、内存和磁盘使用、进程状态等常规监控，同时也更深层次对应用和系统日志进行监控分析，从而实现对进程和服务更为精细准确的监控监测。

（2）设计原理及方案

任何日志报错都带有特定的错误标志，如日志级别或应用记录的异常，都有错误特征值可供过滤分析。通过对日志文件内容进行读取分析，过滤并定位错误标志，来有效判断服务及应用的运行健康状态。

对被监控分析的日志文件，进行逐行读取，按照既定的特征值进行自动过滤分析，一旦抓取到，就会返回真值给Zabbix，继而触发Zabbix告警，如果读取到文件末尾未抓取到特征值，则返回假值给Zabbix，不触发

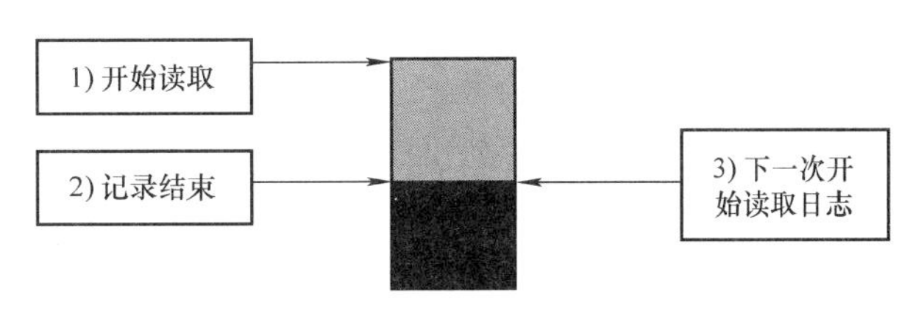

图6-20　Zabbix日志监控分析原理图

告警。首次监测会读取不大于10MB的日志内容，并且记录日志文件的大小，作为此次监控完成时的文件读取位置。再次监控取值时，会从上次记录的读取位置，继续读取日志文件，通过循环读取来提高监测效率，监控分析原理如图6-20所示。

如果日志文件未更新，则文件的最后更改时间加上一个监控间隔的和，小于当前时间，就触发Zabbix日志文件无更新的告警。当日志文件有轮询，获取日志文件当前大小小于上次记录的文件大小，则会忽略上次读取记录，按首次读取日志文件处理。

（3）告警配置

在Zabbix的Agent配置文件里自定义如下参数配置：其中$1为日志文件的绝对路径，$2为要过滤的特征值，$3是设置的监控间隔数（以s为单位）。

UserParameter = logA [*], python /etc/zabbix/log - analyze $1 $2 $3

添加日志监测工具log - analyze到对应的目录下。然后在Zabbix上添加如下图6-21所示监控，即可实现对例如的compute. log文件的定期监控。

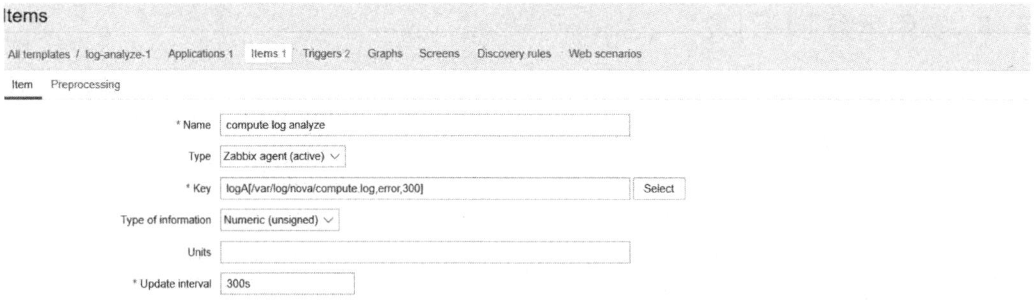

Items

All templates / log-analyze-1 Applications 1 Items 1 Triggers 2 Graphs Screens Discovery rules Web scenarios

Item Preprocessing

* Name: compute log analyze

Type: Zabbix agent (active)

* Key: logA[/var/log/nova/compute.log,error,300] Select

Type of information: Numeric (unsigned)

Units:

* Update interval: 300s

图6-21　监控配置

2. 海量存储桶云拨测

（1）需求背景

由于业务的高可用要求，某海量存储桶项目有着较高的SLA要求，而且系统对终端用户的操作响应成功率是非常关键的考核项。因此通过模拟系统业务访问操作，验证和检测当前存储桶业务可用状态，显得十分重要。通过对存储桶业务可用状态做实时拨测监测，为及时发现问题，快速消除隐患，提升系统可用率，有力保障SLA均起到积极作用。

（2）设计原理及方案

存储桶业务主要涉及数据的上传、下载和删除。模拟对业务访问操作，同步执行这三类操作，并适时输出监测结果。

因此，需要设计三种动作连贯执行，对同一个文件做上传、下载和删除，实现业务全流程的操作，同时对于存储桶的互联网IP地址，可定时定期执行ping（三层）、TCP（四层）的监测操作，操作后同步生成操作结果，数据处理后入库，可自定义频率频次执行。鉴于实际终端用户分布全国各地，为保证模拟精确效果，可从全国各开源云资源池节点发起创建监测站，开展对存储桶有效状态的模拟监测。

（3）定时监测任务配置

可在全国 N 个开源云资源池配置创建拨测节点，创建定时任务，添加脚本到对应的目录下，部分代码举例如下：

```
*/5 * * * * cd /root/probe; source /etc/profile; /root/probe/ping-all_vips.sh  >/root/probe/pinglogs/ping.log 2>&1
*/5 * * * * cd /root/probe; source /etc/profile; /root/probe/dci-cu-ping.sh  >/root/probe/pingcu/cu.log 2>&1
```

3. vRouter 状态监测

（1）需求背景

OpenStack 的 vRouter（虚拟路由）因服务异常，会偶发性地存在双主 bug 的情况，此时主备路由均为 master 状态，此时会导致客户通过虚拟用户公网访问异常。又因为主备路由分别位于不同的物理节点上，用常规监控方式，只能判断一个节点上的路由状态，无法对路由的整个 HA 状态进行判断。为了满足此项监控需求，实现对故障的及时发现和定位，开发了路由状态监测工具。

（2）设计原理及方案

OpenStack 的主备虚拟路由，通过虚拟路由冗余协议（Virtual Router Redundancy Protocol，VRRP）通告当前的主备状态，并且通过地址 224.0.0.18，以组播的方式，实现主备路由的状态通知。正常情况下，主路由向组播组发送组播包，备路由接收组播包。主路由的内网和公网接口有 IP，备路由的内网和公网接口无 IP。路由双主的情况是主路由发送组播包，备路由也发送组播包，主备路由的内网和公网接口都有 IP。

鉴于此，虚拟路由状态通过抓取主备路由是否发送组播包来判断。虚拟路由主备正常时，主路由只有自己发送到组播组的包，没有收到的包，备路由只有收到组播组的包，没有发送的包。其他情况都是路由的异常状态，包括都不发包是双备，都发包是双主。并且优化返回值类型为数值型，便于存储和历史趋势图形展示。对于返回值大于 1 的监控，都会触发 Zabbix 产生告警，不同的值有不同的告警级别和展示不同的告警内容。部分返回值和代表的信息映射关系如下：

```
0==>active, 1==>standby, 2==>two active, 3==>two standby
5==>no ha, 6==>vrouter not exists, 8==>active, interface down
9==>standby, interface down…
```

（3）告警配置

在 Zabbix 的 Agent 配置文件里自定义如下参数配置，其中$1 为路由 ID：

```
UserParameter=vrouterN[*], python /etc/zabbix/vrouter-check $1
```

添加日志监测工具 vrouter-check 到对应的目录下。然后在 Zabbix 上添加如下配置，即可实现对虚拟路由的定期监控。

6.4 常规事件定位及处置方法

6.4.1 适用范围

本节的主题是响应处置非特殊网络架构业务云主机出现的各类事件，涵盖开源云的网络链路、主机存储、虚拟化服务、操作系统及应用系统等设备系统等，运维人员可通过本节，有效定位客户事件原因，开展故障事件的处置恢复工作。它能帮助您快速构建安全、稳定的应用，实现提高运维质量、优化运维成本、强化运维效能、降低运维风险的目标。

6.4.2 基于数据流的定位原理

云主机是一台随时可以通过终端远程访问并控制的电脑，云主机提供的是整合了计算、存储与网络资源的 IT 基础设施能力租用服务，能提供基于云计算模式的按需使用和按需付费能力的系统能力租用服务，客户可通过开源云自助服务平台，开通及管理所租用的云资源，数据流量走向如图 6-22 所示。

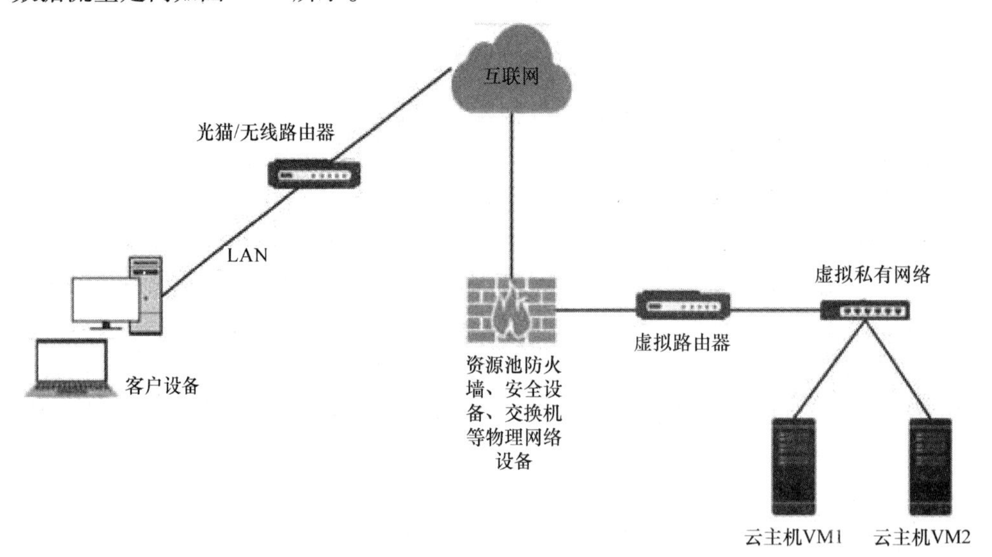

图 6-22 客户端至云主机数据流量走向

客户远程访问云主机数据流量走向：本地个人设备→通过光猫/无线路由器接入宽带运营商网络→互联网→资源池网络设备→虚拟路由器→私有网络→资源池云主机。

云资源池入方向数据流量走向：互联网→核心交换机→主防火墙（外网线路）→主防火墙（内网线路）→核心交换机→虚拟路由器（公网口）→虚拟路由器（内网网关）→云主机。

云资源池出方向数据流量走向：云主机→虚拟路由器（内网网关）→虚拟路由器（公

网口）→核心交换机→主防火墙（内网线路）→主防火墙（外网线路）→核心交换机→互联网。

云主机出方向数据流量走向：云主机1发出数据包→经网桥过安全组（匹配上行放行规则）→云主机所在节点OVS（虚拟化交换机）网桥br-int→云主机所在节点与物理网卡相连的OVS网桥br-bond_virt→经物理链路到vRouter所在节点跟物理网卡相连的OVS网桥br-bond_virt→vRouter所在节点OVS网桥br-int→匹配vRouter的SNAT规则→将内网IP地址转化为互联网地址→经br-ex出物理网卡→经资源池网络设备→最终进入互联网。

云主机入方向数据流量走向：互联网访问数据包→经资源池网络设备→经虚拟路由所在物理服务器物理网卡→经vRouter匹配DNAT规则→经vRouter所在节点OVS网桥br-int→经vRouter所在节点跟物理网卡相连的OVS网桥br-bond_virt→经物理链路到达云主机所在节点跟物理网卡相连的OVS网桥br-bond_virt→经云主机所在节点OVS网桥br-int→经网桥过安全组（匹配下行规则）→云主机收到互联网访问数据包。

6.4.3 事件定位及处置实例

当运维值班工程师接到客户故障申告后，应首先与客户沟通掌握故障现象，然后进行复测核实，如复测属实，按照一点受理逐级升级的事件流程运维体系，开展预判定级、首问处置，对于重大/疑难故障问题，通过电子工单系统调度相关运维专业开展事件处置，实现各类事件问题的一站式闭环，整体流程如图6-23所示。

1. 实例一

资源池某客户，新交付云主机因安全组策略配置问题，导致云主机无法远程访问。

（1）定位及处置过程

1）**复测验证**：接到客户申告云主机无法远程访问，复测属实，故障现象为云主机远程端口不通。

2）**安全组排查**：登录客户门户控制台发现，在客户Windows云主机创建后，仅添加了远程端口DNAT转发，安全组未添加任何放行规则。

3）**安全组添加策略**：在安全组添加RemoteDesktop服务端口后（端口号：3389），测试远程访问正常。同时可按照客户要求，同步添加HTTP（上行）、HTTPS（上行）、DNS、ICMP等常规默认协议端口。

（2）案例分析

该案例在客户云主机新交付时较为多见，一般为安全组未放行相关规则导致，常见默认需放行的协议及端口主要有：HTTP上行（端口号：80）、HTTPS上行（端口号：443）、DNS双向（端口号：53）、ICMP双向、Windows的RemoteDesktop双向（3389）、Liunx的SSH双向（22）等规则。客户新交付云主机远程不通情况主要原因有

1）虚拟路由器未添加相应转发规则。

2）安全组未添加相应放行规则。

3）操作系统防火墙默认开启访问策略。

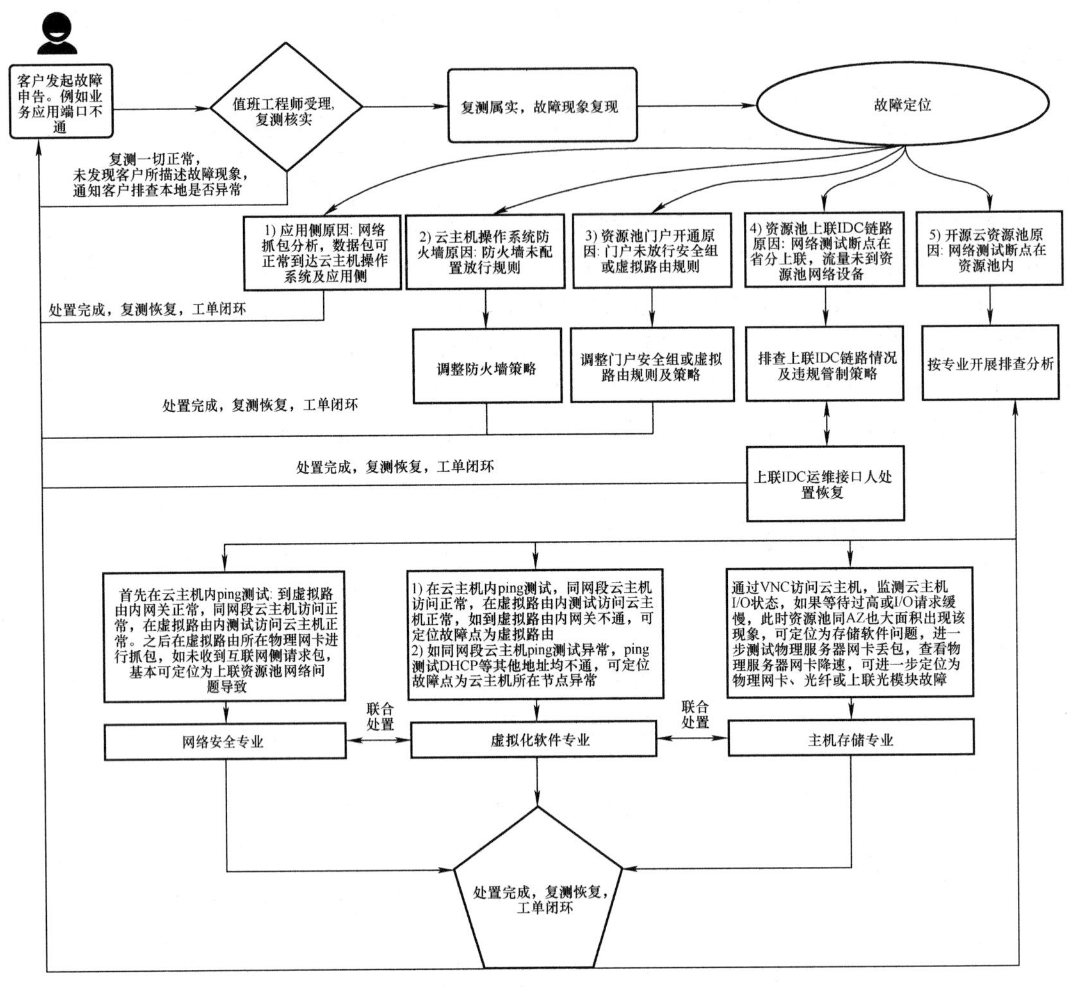

图 6-23　开源云资源池客户故障定位及处置流程图

2. 实例二

资源池某客户，因公网 IP MAC 地址冲突导致间歇性丢包。

（1）定位及处置过程

1）**复测验证**：接客户申告反馈业务部署后，业务时常出现丢包中断情况，在同一时间段测试发现，业务端口、远程服务端口、业务 ip 的 ping 测试均有丢包情况。

2）**互联网排查**：通过 MTR 工具追踪路由，互联网传输中未出现丢包情况。

3）**异网网段排查**：测试资源池其他网段地址无丢包现象，测试其他虚拟路由器上公网地址也无丢包现象，据此可判断非网路设备原因导致。

4）**同网段内排查**：云主机到内网网关网络测试正常，到同网段其他云主机网络测试正常。结合 1）～3）排查情况，基本可定位网络断点在虚拟路由器到资源池接入设备之间。

5）**虚拟路由主备状态排查**：在管理节点上查看虚拟路由主备状态，是否存在主备状态异常情况。查看命令：neutron virtualrouter – agent – list – hosting – virtualrouter $vrouter – id。

6）**多MAC冲突排查**：如在同网段其它地址测试有丢包，进一步其上的其他虚拟路由上使用arping测试，查看客户公网183.95. ＊＊. ＊＊是否存在多个MAC回复ARP请求情况（排查命令：ip netns exec vrouter – 虚拟路由uuid aping – I 网口IP地址），如图6-24所示。

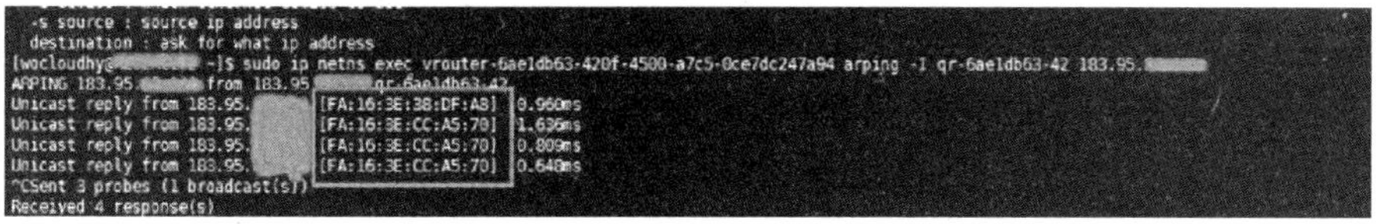

```
  -s source : source ip address
  destination : ask for what ip address
[wocloudhy@        ~]$ sudo ip netns exec vrouter-6ae1db63-420f-4500-a7c5-0ce7dc247a94 arping -I qr-6ae1db63-42 183.95.
ARPING 183.95.      from 183.95.      qr-6ae1db63-42
Unicast reply from 183.95.      [FA:16:3E:38:DF:A8]  0.960ms
Unicast reply from 183.95.      [FA:16:3E:CC:A5:70]  1.636ms
Unicast reply from 183.95.      [FA:16:3E:CC:A5:70]  0.809ms
Unicast reply from 183.95.      [FA:16:3E:CC:A5:70]  0.648ms
^CSent 3 probes (1 broadcast(s))
Received 4 response(s)
```

图6-24 MAC地址冲突

7）**MAC冲突分析**：查看该公网IP之前已分配给资源池其他客户，该客户退租后回收资源时，虚拟路由回收删除时虚拟化底层未删除成功，新开通资源时创建了新公网接口导致与原残留网口出现MAC冲突现象，从而造成客户业务频繁出现丢包。

8）**抢通处置**：查找原公网IP关联信息，虚拟化底层查看原虚拟路由状态（操作命令：neutron virtualrouter – show $vrouter – id），将原残留未完成删除的虚拟路由进行删除（操作命令：neutron virtualrouter – delete $vrouter – id）；长时间ping测试无丢包现象，arping测试无冲突现象，告知客户验证业务。

（2）案例分析

该案例为资源删除时，底层虚拟化未删除成功，出现网口MAC冲突，将未成功删除的虚拟路由手工删除即可（操作命令：neutron virtualrouter – delete $vrouter – id）。

3. 实例三

资源池某客户云主机，因操作系统防火墙策略配置问题，导致云主机无法远程访问。

（1）定位及处置过程

1）**故障现象**：客户报障本地办公室出口测试客户公网IP无丢包现象，但测试客户业务端口22不通。

2）**定位排查**：首先排查安全组转发规则，安全组转发规则正常。然后登录客户云主机，使用tcpdump命令抓包分析，数据包有去无回，进一步查看操作系统内防火墙为开启状态，初步定位为防火墙规则拦截如图6-25和图6-26所示。

设置端口转发规则

名称	协议	公网IP	源端口号	内网IP	内网端口	状态	操作
远程	TCP		9833	172.16.10.6	22	创建成功	删除
转发名称	TCP	86	源端口号	内网IP	内网端口	刷新	添加

图6-25 查看云主机安全组策略

```
[root@host-172-16-10-6 ~]# tcpdump -nnei eth0 port 9833
tcpdump: verbose output suppressed, use -v or -vv for full protocol decode
listening on eth0, link-type EN10MB (Ethernet), capture size 65535 bytes
14:55:14.064570 fa:16:3e:be:f1:a1 > fa:16:3e:a2:f8:70, ethertype IPv4 (0x0800), length 74: 111.194.44.72.6018 > 172.16.10.6
.9833: Flags [S], seq 259798982, win 64240, options [mss 1420,nop,wscale 8,sackOK,TS val 9225486 ecr 0], length 0
14:55:16.077815 fa:16:3e:be:f1:a1 > fa:16:3e:a2:f8:70, ethertype IPv4 (0x0800), length 74: 111.194.44.72.6019 > 172.16.10.6
.9833: Flags [S], seq 2275850088, win 64240, options [mss 1420,nop,wscale 8,sackOK,TS val 9227496 ecr 0], length 0
14:55:18.084334 fa:16:3e:be:f1:a1 > fa:16:3e:a2:f8:70, ethertype IPv4 (0x0800), length 74: 111.194.44.72.6020 > 172.16.10.6
.9833: Flags [S], seq 546450128, win 64240, options [mss 1420,nop,wscale 8,sackOK,TS val 9229505 ecr 0], length 0
14:55:20.094061 fa:16:3e:be:f1:a1 > fa:16:3e:a2:f8:70, ethertype IPv4 (0x0800), length 74: 111.194.44.72.6021 > 172.16.10.6
.9833: Flags [S], seq 962668358, win 64240, options [mss 1420,nop,wscale 8,sackOK,TS val 9231510 ecr 0], length 0
```

图 6-26　抓包分析——数据包有去无回

3）**抢通修复**：在云主机操作系统内关闭防火墙后，云主机恢复正常。

（2）案例分析

本案例一般因客户云主机业务安全加固调试时经常发生，因配置云主机操作系统或者应用系统的安全策略，导致数据包被拦截阻断。可登录云主机使用网络抓包命令开展分析定位。

4. 实例四

因云主机双网卡默认路由配置问题，导致云主机网络异常。

（1）定位及处置过程

1）**故障现象**：客户报障一台云主机无法远程访问，云主机互联网 IP 地址可 ping 通；进入客户云主机排查，云主机绑定双网卡，状态均为 UP 状态，ping 测试各自网卡所在网段的 DHCP 地址和网关，通信正常。

2）**定位排查**：在云主机内对两个网卡使用 tcpdump 分析远程会话数据包，可正常到主机内，但回包异常，核查云主机内防火墙为关闭状态，继续查看云主机内明细路由，出现两条分配到不同网关情况，基本定位为双网卡缺省路由冲突问题导致，事件截图如图 6-27 所示。

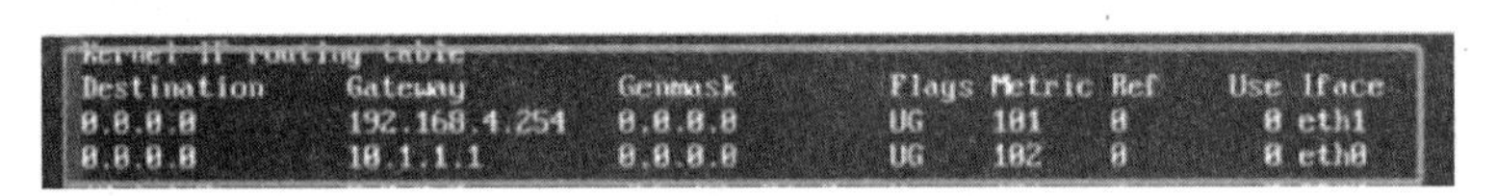

Destination	Gateway	Genmask	Flags	Metric	Ref	Use	Iface
0.0.0.0	192.168.4.254	0.0.0.0	UG	101	0	0	eth1
0.0.0.0	10.1.1.1	0.0.0.0	UG	102	0	0	eth0

图 6-27　云主机内网络抓包分析

3）**处置恢复**：删除其中一条缺省明细路由后，客户云主机恢复。

（2）案例分析

客户云主机配置了双网卡，其中一块为互联网网卡，另一块为专线内网网卡，客户可能在添加专线需求时，新增了一块网卡但未调整云主机内明细路由配置，导致云主机在 DHCP 地址到期后，出现了明细路由冲突情况，此类情况在双网卡云主机上较为常见。

6.4.4　基本安全防护方法

资源池虚拟化一般提供安全组和虚拟路由功能，充分利用安全组和虚拟路由转发功能，可有效防止非必要互联网访问端口暴露在互联网，避免安全隐患。

1. 安全组策略

安全组默认全部阻断，可单独针对TCP、UDP端口放行、也可进行IP段放行，不建议进行1~65534、0.0.0.0/0这种配置，此种配置是全部放行，有较大安全隐患，建议对需放行的端口进行单端口放行，或单独放行某一IP地址，可实现IP白名单放行、其他IP阻断访问。

2. 虚拟路由转发规则

虚拟路由可以设置基于TCP、UDP、IP、ICMP的端口转发规则。源端口不能重复添加（其中源端口为80端口需网站备案），一个源端口只能映射一条转发规则；转发规则可以添加，可以删除，支持批量导入规则，建议不配置IP一对一映射，此种配置会导致映射的内网云主机服务端口直接暴露在互联网中，建议通过NAT映射将常规源端口配置为其他端口，避免互联网对默认端口进行安全攻击。

3. 快照备份

快照是数据存储的某一时刻的状态记录，备份是数据存储的某一时刻的副本。在云主机开机状态下，可以对云主机进行快照管理操作。可使用指定时间创建的快照，将云主机快速恢复到快照创建时间的版本，用于数据/业务恢复。建议定期进行云主机快照备份，防止因云主机内业务部署、大版本更新、人为误删除以及病毒侵害等导致的文件损坏或丢失。

4. 操作系统内安全防护

可充分利用操作系统内防火墙进行安全防护，Windows可使用系统内自带防火墙，Linux可使用系统内的iptables、firewalld功能，必要业务端口放行，非必要业务端口限制，同时设置白名单限制，有效防止网络攻击行为。

6.5　网络维护

6.5.1　适用范围

网络维护适用于开源云资源池平台网络设备、安全设备的维护管理，网络设备主要指核心交换机、业务接入交换机、专线接入交换机、CE设备（交换机或者路由器）、防火墙以及硬件负载均衡设备（不包括软件负载均衡）。安全设备主要指业务防火墙、防病毒网关、入侵防御（IDP）、WEB应用防火墙（WAF）、抗DDoS设备、堡垒机、网闸、网络审计等。

6.5.2　网络基本维护

网络安全管理应当是一系列实行统一组织、分级管理、建立网络安全小组、由专人负责所辖区域内网络的日常工作。

安全小组应定期查看有关部门或安全厂商安全站点的安全公告，跟踪和研究各种IP网安全漏洞和攻击手段，跟踪主机系统使用的操作系统、应用系统最新版本和安全补丁程序的发布情况，以便及时制定相应的对策，做好安全防护工作。

设备可用率应达到或超过99.9%；原则上，设备的核心处理及交换模块、电源模块必须为1:1主备模式；设备采用双/多路冗余供电方式；设备必须支持热插拔功能；设备在故障状态下可以实现一定程度上的故障自恢复，包括主备引擎的切换、不中断业务的转发等。

在新设备入网前，必须与现有网络安全设备进行严格的互通性测试，由新入网设备厂家提供测试报告及测试案例，确保新设备符合相关设备的技术要求。

重要网络安全设备必须采用经过厂家测试并正式发布的、性能稳定可靠的内核软件和操作系统软件版本，同型号设备所安装的内核软件、操作系统的版本原则上应统一，安装的补丁程序版本原则上应一致；所采用的硬件和软件产品本身应具备一定的安全功能。

MIB安全管理：设备MIB库的读/写字串必须设定为非缺省值，避免攻击者窃取其中的信息，威胁网络的安全；非必要情况下，不设置写权限。须通过设备的访问控制列表严格限制可读/写设备MIB库的主机，原则上禁止从网管网段外访问MIB库。对于不同的网管系统，应设置独立的SNMP字串和访问控制列表。

网络拓扑安全要求：核心节点不少于2个，并保证同节点核心设备间直联。直连核心的设备应通过双/多链路上联不同核心节点，防止单链路失效导致设备脱网。双/多上联链路原则上从本设备的不同板卡引出，连接到不同的核心节点或同一核心节点的不同核心设备或同一核心设备的不同板卡。

在所有网络设备及相应网管、认证系统配置统一的NTP服务器，保证全网设备时间的同步。必须关闭网络设备未使用的物理端口。

日常维护的安全管理：应严格执行维护作业计划，每周定期检查网络设备的安全策略配置，并填写和保留有关记录；每周定期进行设备硬件、系统软件、应用软件、运行状态检查，及时发现设备运行中的安全隐患并及时处理；每月定期检查安全日志（包括系统访问日志、配置更改日志等），及时发现非法访问和异常配置的安全隐患并及时处理。

对网络安全检查中发现的问题，应根据问题的严重性及影响范围制订修补计划，必要时可以寻求专业安全技术厂商的支持并报相关运维管理部门审批，在安全小组成员的监督下，由安全技术厂商进行渗透性测试，以检查安全问题解决的效果。

远程登录访问控制要求：确保在所有登录服务的位置设置口令防护，其中设备登录和认证的通信过程应加密，确保AUX和Console接口设置EXEC口令。严格限定特定的IP地址远程登录网络设备或主机设备。

对设备的远程登录会话最大无响应连接断开时间应设置为不大于10min。

应开启路由器、以太网交换机日志功能，同时必须保证日志功能对设备性能的影响较小。

应针对路由器、交换机配置AAA功能，对于核心设备，应采用集中认证系统进行认证并记录设备访问和操作日志。

关闭路由器、以太网交换机及服务器上不必需的服务。发现安全漏洞时，应采取必要的防护措施，并及时升级软件版本或安装补丁。

流量监控要求：进行网络流量监控，按月定期采集、分析网络流量数据，了解网络流量的主要组成成分，形成网络流量的一般模型，掌握流量随时间变化的规律，及时发现异常流量。

开启网络设备接入访问包过滤控制功能，使用访问控制列表，防止异常流量对网络造成冲击。

每年至少一次对重要网络安全设备进行安全审计和评估，形成评估报告，对评估报告中发现的安全隐患，应采取措施予以消除。同时做好相关资料的存档。

网络安全设备主要运行维护技术指标

指标1：点到点的包时延

定义：指IP网上指定标测点网络设备到另一指定标测点网络设备的环回时延。

计算方法：点到点的时延=指定标测点网络设备收到测试包时刻-指定标测点网络设备发出测试包时刻。

指标：资源池上联IDC时延值应≤1ms；资源池到相邻骨干网节点的时延值应≤15ms；

注：IP网测试包大小为512B。

指标2：点到点的丢包率

定义：指IP网上指定标测点网络设备到另一指定标测点网络设备的丢包率。

计算方法：点到点的丢包率=(点到点的丢包数/点到点的总包数)×100%。

指标：资源池到上联IDC节点之间的丢包率应≤0.1%。资源池到相邻骨干网节点之间的丢包率应≤0.5%。

注：IP网测试包大小为512B。

指标3：上联链路带宽峰值月平均利用率

定义：指IP网上指定链路在一个月内每日峰值利用率的平均值。

计算方法：上联链路带宽峰值月平均利用率=(当月链路带宽每日峰值利用率之和/当月的天数)×100%。

指标：≤75%。

指标4：上联链路可用率

定义：指互联IP网链路在统计时长内可用比率。

计算方法：上联链路可用率=(中继电路可用时长/统计时长)×100%。

指标：≥99%。

指标5：网络安全设备可用率

定义：指网络安全设备在统计时长内的可用比率。

计算方法：网络安全设备可用率=(网络安全设备可用时长/统计时长)×100%。

指标：≥99.9%。

指标6：网络安全设备CPU月平均利用率

定义：指IP网上指定的网络安全设备在一个月内CPU利用率的平均值。

计算方法：网络安全设备CPU月平均利用率=(当月每日CPU平均利用率之和/当月的

天数）×100%。

指标：≤50%。

指标7：网络安全设备内存月平均利用率

定义：指网络安全设备在一个月内内存利用率的平均值。

计算方法：网络安全设备内存月平均利用率 =（当月每日内存平均利用率之和/当月的天数）×100%。

指标：≤70%。

6.5.3 设备巡检

设备巡检主要分为资源池网络监控管理和资源池安全监控管理。

资源池网络监控管理主要内容包括：网络设备监控、链路状态监控、网络流量监控、网络性能监控。

1）网络设备监控：对各类网络设备的运行状况、系统性能进行监控。被监控的设备包括核心交换机、接入交换机，实时监测设备的性能、运行情况，统计分析设备对业务的承载能力。同时包含对网管系统设备的监控，即对网管主机设备、软件系统的监控。

2）链路状态监控：对资源池网络上联及内部互联链路的连通性进行监控，及时发现网络链路故障。

3）网络流量监控：对资源池上联链路流量监控，用以分析网络带宽资源的利用率、趋势、模型以及发现网络的异常流量。

4）网络性能监控：对资源池上联链路的网络时延、丢包率等网络性能的监控，用以统计、分析网络的性能及业务质量。

资源池安全监控管理主要内容包括：安全设备监控、链路状态监控、安全流量监控审计。

1）安全设备监控：对各类安全设备的运行状况、系统性能进行监控。被监控的设备包括防火墙、防病毒网关、入侵防御（IDP）、Web应用防火墙（WAF）、抗DDoS设备、堡垒机、网闸、网络审计等，实时监测设备的性能、运行情况，统计分析设备对业务的承载能力。

2）链路状态监控：对与资源池网络设备互联及安全设备内部互联链路的连通性进行监控，及时发现链路故障。

3）安全流量监控审计：对资源池出口流量进行监控和审计，分析流量协议，及时发现异常流量。

结合上文所述，设备巡检表可归纳如下，见表6-2。

表 6-2　资源池网络设备巡检作业参考表

序号	作业分类	执行要求	阈值参考	作业频度
1	网络设备	端口误码	0	1次/天
2		主备状态	正常	1次/天
3		设备温度	正常	1次/天
4		单板运行状态	正常	1次/天
5		CPU 利用率	>75%	1次/天
6		告警	无	1次/天
7		风扇状态	正常	1次/天
8		电源工作状态	正常	1次/天
9		内存利用率	>75%	1次/天
10		中继链路	—	1次/天
11		设备时钟	—	1次/天
12	监控告警	按告警信息处理故障	—	随时
13	台账管理	对网络设备进行统计，更新台账列表	—	日常
14	垃圾数据清理	定期清理网络设备垃圾数据	—	半年
15	账号密码修改	定期修改网络设备密码，管理现有账号密码	—	1次/季
16	所有安全设备	CPU 使用率	<80%	1次/天
17		内存使用率	<80%	1次/天
18		磁盘使用率	<80%	1次/天
19		接口状态	无异常灭/亮	1次/天
20		接口流量	0～接口规格 80%	1次/天
21		运行时间	>1天	1次/天
22		定期修改账号密码	—	1次/周
23	防火墙/VPN	HA 状态	无异常选项	1次/天
24	网络审计	流量统计	无流量	1次/天
25	网闸	设备状态	无报错	1次/天
26	规则库更新	WAF 库	匹配 ftp 服务器最新	1次/周
27	策略库升级	IDP 攻击检测、应用识别	匹配 ftp 服务器最新	1次/周
28		VSS 漏扫库	匹配 ftp 服务器最新	1次/周
29		UTM 深度、快速规则库	匹配 ftp 服务器最新	1次/周
30	安管平台	到各个安全设备连通性	无连接断开	1次/天
31	堡垒机	单点登录	登录无异常	1次/天
32		行为审计回放	回放正常	1次/天
33	防病毒	扫描统计无异常	刷新页面扫描数变化为正常	1次/天
34	IDP	统计信息存储空间	<90%	1次/天
35	ADS	检测、清洗联动状态	状态无异常	1次/天

6.5.4 常见故障处理实例

1. 实例一：资源池失联—资源池外部原因

资源池上联 IDC 故障

故障现象：资源池整体失联、ping 业务公网地址不通、ping 业务公网网关不通、监控资源池所有节点不通。

处理步骤：

1）出口核心交换机、防火墙无法 ping 通，交换机无法远程登录。

2）在办公网对业务公网网关进行路由追踪，根据断点情况大致判断为 IDC 故障。

3）为进一步确认故障点，联系机房人员通过控制台登录核心交换机，确认资源池内部网络设备是否正常，与 IDC 互联链路是否正常。

4）在核心交换机用公网网关对外网地址进行路由追踪，与办公网路由追踪结果进行比对，进一步确认故障点提供给 IDC。

5）待反馈故障恢复后，复测业务，并登录网络设备进行测试。

2. 实例二：资源池失联—资源池内部原因

资源池内部防火墙故障

故障现象：交换机出口 IP 可以 ping 通，ping 业务公网地址不通、ping 业务公网网关不通、监控资源池所有节点不通。

业务流量如下：

入方向流量：互联网→核心交换机→主防火墙（外网线路）→主防火墙（内网线路）→核心交换机→内网。

出方向流量：内网→核心交换机→主防火墙（内网线路）→主防火墙（外网线路）→核心交换机→互联网

处理步骤：

1）出口核心交换机出口 IP 可以 ping 通，可以远程登录管理。

2）登录核心交换机，用出口 IP 测试业务 IP 不通，用业务公网网关测试业务 IP 可以 ping 通，判断为防火墙故障。

3）因防火墙为设备归第三方维护，将排查情况反馈给第三方进行故障处理。

4）在核心交换机上操作 bypass 脚本绕开防火墙，临时恢复业务。

```
#interface Vlanif1000
  undo ip binding vpn-instance  inside
# ip 地址也将被删除
interface Vlanif1000
  ip address ×. ×. ×.1 255.255.255.0
  ip address ×. ×. ×.1 255.255.255.0 sub
# 此时 GRE 隧道中断，VNC 方式访问云主机中断
```

第三方处理完防火墙故障后，在核心交换机进行恢复操作引导流量经过防火墙。

```
#interface Vlanif1000
ip binding vpn - instance inside
ip address ×. ×. ×.1 255.255.255.0
ip address ×. ×. ×.1 255.255.255.0 sub
#
```

3. 实例三：网络不稳定—资源池外部原因

安全设备故障

故障现象：客户反映网络不稳定。

处理步骤：

1）登录核心交换机，确认网络设备是否正常。

2）根据客户反馈情况进行测试。

ping 测试业务地址×. ×. ×. ×无丢包

ping 测试业务网关×. ×. ×.1 无丢包

tcping 测试业务地址×. ×. ×. ×端口丢包严重

tcping 测试业务网关×. ×. ×.1（交换机）22 端口丢包严重

3）根据运维经验者种情况都是安全设备导致，因安全设备部署在资源池之上，第三方维护，将排查结果反馈给第三方，配合第三方处理。

4. 实例四：网络不稳定—资源池内部原因

资源池内部环路

故障现象：客户反映网络不稳定、所有业务有中断现象。

处理步骤：

1）登录核心交换机，查看日志会有 MAC 地址漂移现象。

2）部分交换机无法登录。

3）MAC 地址漂移说明交换机内部有环路，根据学到 Mac 地址的端口进行交换机层层追溯，确定最终端口。

4）将有 Mac 地址漂移的端口管理关闭（根据实际情况也可将环路 VLAN 删除），查找端口所连接设备，查找环路原因。

5）消除环路，打开端口，进行测试。

6.6　主机集群维护

6.6.1　适用范围

主机集群维护适用于开源云资源池平台主机设备及附属操作系统的维护管理，主机设备主要指通用机架式架构 X86 服务器（含刀片式），包含承载资源池平台虚拟化环境的宿主机和独立单台使用的物理机。操作系统主要包括各类常用的 Windows Server 类系统与 Linux 类操作系统。

6.6.2 主机集群基本维护

1）服务器设备的维护包括日常维护、定期维护和突发性维护。

① 日常维护是指日常检测等经常性的简单维护工作，包括对设备整体运行状态、设备内关键部件运行状态、操作系统状态的实时监控等。

② 定期维护是指按规定期限进行的预检、预修、检测等维护工作。包括对设备整体及设备内关键部件的周期性检测，对安装在设备上的操作系统的周期性检测，对设备所在机房的巡视和环境维护等；设备的定期维护应有详细记录。

③ 突发性维护指当设备整体或部分部件、承载的操作系统无法正常运转时的故障处理等。

2）维护单位应对资源池内的服务器设备及其包含的各部件建立准确、完备的资料档案，并做到及时更新。

3）未得到相关运维管理部门许可，严禁对资源池内的各类服务器设备及其上承载安装的操作系统执行操作、重启、复位、变更等操作。

4）新设备的交付上线应执行验收通过许可制，达到本专业验收条件并专业维护人员确认后可上线开始使用。

5）开源云资源池的相关工程必须经过各相关专业初验，满足验收要求的各项技术指标和设计要求后正式移交至运营相关部门后方可进行业务的开通。

6）服务器设备及操作系统维护项目：

监测设备整机运行状态；

监测设备主板运行状态；

检测设备 CPU、内存、硬盘、电源模块、RAID 卡等主要部件运行状态；

检查上述内容是否有告警；

检查服务器 IPMI 独立模块健康和运行状态；

检查服务器连接的各类链路（包括网线、光纤、电源线等）运行状态；

检测操作系统运行状态，核心内核运行状态，各主要进程运行状态；

检测操作系统内 CPU、内存、硬盘、网卡等运行状态；

检测主机存储使用率；

检查、修改设备 IPMI 及操作系统各级登录口令；

监控设备及操作系统运行状况，保证正常运行。

7）设备资源数据档案、运维资料的维护管理。

① 资源数据档案、运维资料包括：

设备资产清单；

设备详细配置清单（包括配置调整后的更新）；

资源池以集群为单位的网络拓扑图；

设备链路连接资料；

项目验收记录、故障处理记录、值班日志；

设备维保及到期后续保的状态信息；

操作系统的类型及核心版本号信息；

操作系统账号登录信息及变更信息。

② 维护要求：

严格管理相关维护资料，建立文档管理体系；

严格遵守相关保密制度，未经批准不得擅自向无关人员泄露相关资料；

根据设备配合和操作系统的变更及时更新资料内容。

8）服务器设备维护管理必须遵循先核实后处置的原则，对于服务器在当前运行状态下是否承载业务的情况进行准确了解。

9）服务器维护管理的基本要求。

掌握物理设备运行状况、涉及多机或集群的，掌握整体运行状态，合理调配各资源池间的设备资源，保证合理利用和运行最优化。

制定服务器设备的维护作业计划并组织实施。

专人负责用于监控服务器设备的网管系统，以及承载监控业务的网管系统的软硬件设备。

对于现用或备用的整机服务器设备，不得擅自更改其配置、结构或拆除部件，保证设备的完整性和可用性。

对于下线的设备，专人负责设备的回收、放置，对于有利旧需求的，按照资产管理部门利旧管理办法执行，完成资产的全生命周期管理。

10）操作系统维护管理必须遵循先核实后处置的原则，对于操作系统内是否后续部署了包括数据库、中间件、分布式存储环境、虚拟化平台等核心业务的情况进行准确了解。

操作系统运行整体状况：操作系统作为软件层面的基础，必须保证其可用性和完整性，主要指操作系统的各核心功能可以正常工作，各核心进程运转正常，各类相关配置项准确无误，在遇有断电、重启等场景时，保证操作系统的可重复使用。

操作系统版本信息：必须依据业务需要严格规定安装操作系统的版本类型和信息，对于Windows类系统，保证其来源及用途合法，状态正常激活，对于Linux类系统，保证其版本完整准确，非改造版本或其他第三方途径的定制版本。

操作系统维护人员应具备维护技能：在遇有操作系统类故障时，能够执行各类状态查看、核心模块功能修复、操作系统重新安装及配置等操作，以恢复业务。

操作系统日常监控内容：包括主机全部核心部件的状态健康度，及各核心部件的性能指标，能够做到发现某一个或多个指标超出阈值的及时发现和处置。

11）服务器设备运行质量指标统计项目：

整机及整机告警灯健康状态；

服务器主板健康状态；

核心部件CPU、内存、硬盘、RAID卡、电源模块健康状态；

RAID卡及磁盘RAID信息准确无误；

IPMI模块健康状态；

服务器电源线、电源指示灯、电源模块指示灯状态；
服务器双绞线网卡接口、网卡指示灯、网线状态；
服务器光纤网卡接口、网卡指示灯、光纤状态；
服务器 HBA 卡接口、网卡指示灯、光纤状态；
服务器名牌、序列号、服务代码、SN 信息等的完整性和清晰度辨识状态；
重大故障的次数和历时。

12）操作系统运行质量指标统计项目：
操作系统内核运行状态；
操作系统启动或引导部分的配置信息正确；
服务器设备内各部件驱动正确无告警；
CPU 使用率在非业务峰值情况下低于 80%；
内存使用率在非业务峰值情况下低于 80%；
操作系统盘使用率低于 80%；
全部网卡使用率在非业务峰值情况下低于 80%；
操作系统核心进程无异常和无关进程项；
操作系统的用户名密码正常可用，不存在无关账号、测试账号、僵尸账号等。

6.6.3 设备巡检

1. 服务器设备的日常安全管理

维护人员应严格执行维护作业计划，定期检查设备的各项指标性能及可用性并保留有关记录。

每月定期进行服务器设备、操作系统运行状态检查，及时发现设备运行中的安全隐患，并填写和保留有关记录。

每月定期检查操作系统内的日志记录，及时发现非法访问和异常配置的安全隐患，并填写和保留有关记录。

2. 维护作业的执行及记录

维护作业计划应报至相关运维管理部门，获批准后认真执行，所列项目和周期未经批准不得删减变动。维护作业计划完成后，必须详细记录完成情况和测试情况，同时将发现的问题摘要记录并做相应处理；测试记录由专人妥善保管。

各项计划一经下达应认真严肃对待，不得无故拖延计划的执行。

各级维护人员要严格按照维护作业计划的内容和周期认真执行。

维护作业应在业务空闲时进行，发现的不正常情况应及时处理和详细记录，对于无法处理的问题，应立即向主管负责人报告。

在记录里写明作业执行的结果、具体量化数据、发现的问题及处理过程等。

如需调整维护作业计划，必须上报相关运维管理部门审核批准后方可调整。

维护作业计划项目，见表 6-3。

表 6-3　服务器主机和操作系统维护作业参考表

序号	作业分类	执行要求	阈值参考	作业频度
1	X86 服务器	服务器面板指示灯信息检查（硬盘、内存、网卡、电源模块等）	红色/琥珀色灯亮	2 次/天
2		服务器线缆连接状态（电源线、网线、光纤）及接口指示灯状态	红色/琥珀色灯亮	2 次/天
3	存储设备	设备 CPU、内存利用率、硬盘 I/O 状态等基本硬件状态检查	正常	天
4		剩余空间检测及告警处理	正常	天
5		每个存储池，分配情况与实际占用量（85% 预警）	≥85%	周
6		每个资源使用量（85% 预警）	≥85%	周
7	数据库	数据库状态良好，I/O 值在合理范围	正常	天
8		告警信息处理	有效消除	天
9	机房机架	设备所在机房及列架的温、湿度记录及安全巡视	≤25℃	2 次/天
10		设备机房环境清洁	整洁干净	季
11		设备面板、机架清洁	整洁干净	季
12		设备风扇、过滤网检查及清洁	整洁干净	季
13	工具耗材	对现有物品整理盘点并提出下阶段补充采购物品明细	按需补充	周
14	监控告警	按告警信息处理故障	有效消除	随时
15	应急演练	按硬件演练作业指导书完成应急演练工作	定期演练	半年
16	资产管理	对资产的变更进行盘点，更新资产列表	定期更新	年
17	物理机操作系统管理	管理和业务 bond 速率正常	速率正常	2 次/日
18		各网卡连接失败数	小于 10 或连续两日无增长	2 次/日
19		各网卡丢包数	小于 20 或连续两日无增长	2 次/日
20		管理和业务 bond 的 Slave 状态均为 UP	UP	2 次/日
21		CPU 任务队列 <4	<4	2 次/日
22		CPU 使用率	<80%	2 次/日
23		系统盘使用率	<90%	2 次/日
24		内存使用率	<80%	2 次/日
25		是否有硬盘缺失	—	2 次/日
26		NTP 或 chronyd 服务运行状态正常	running	2 次/日
27		各节点时间相差不到 6s	相差时间不超过 6s	2 次/日

6.6.4　常见故障处理实例

1. 实例一：ipmi 无法进行远程管理

故障现象 1：ipmi 地址可 ping 通，管理界面不能正常登录。

处理步骤：

1）登录宿主机操作系统执行命令 `ipmitool mc reset cold`。

2）执行成功后等待15min左右，ipmi地址ping通即可登录使用。

故障现象2：ipmi地址可ping通，管理界面能打开，总是提示密码不正确，即使输入的是正确密码。

处理步骤：

对于浪潮服务器：

1）登录宿主机操作系统，上传工具lxRW_x64. x64。

2）执行以下命令：

```
chmod +x lxRW_x64
./lxRW_x64.x64 p2a write 0x1e785024 0x10
./lxRW_x64.x64 p2a write 0x1e785028 0x4755
./lxRW_x64.x64 p2a write 0x1e78502c 0x33
```

对于华为服务器：

操作系统内执行以下命令进行密码重置：

```
ipmitool user set password 2 Huawei12#$
```

故障现象3：ipmi地址不通，宿主机不可登录。

处理步骤：

1）现场进场插KVM到服务器查看，判断服务器是否还在系统运行状态。

2）如果系统已经死机，需要断电服务器，断电之后长按电源三秒进行放电处理，开机，ipmi即可登录。

3）如果现场宿主机能登录，查看宿主机系统ssh服务和防火墙状态，恢复远程ssh连接。

2. 实例二：宿主机不可登录，ssh无法连接

故障现象：监控报警，宿主机ssh无法登录管理。

处理步骤：

1）现场查看服务器是否有硬件告警，同时远程登录ipmi查看日志，是否有警告存在，如果发现告警，通过日志查看和现场故障灯类型判断故障类型，常规故障类型有：CPU、内存、网卡、硬盘、主机等，如果硬件故障影响业务使用，进行业务迁移，报修原厂进行硬件维修，同时观察存储恢复状态，使用zbs-meta pextent find need_recover命令进行查看。

2）现场查看和远程ipmi登录无告警，查看系统当前运行状态，如果死机，通过ipmi管理界面进行强制重启，进入操作系统后可恢复ssh登录。

3）如果ipmi虚拟控制台可以输入密码登录操作系统，检查防火墙和ssh状态，重启和关闭服务。

3. 实例三：存储空间使用率过高，扩容资源未到位

故障现象：存储使用率过高，有写满趋势（实际使用率超过85%），会影响可用分区内所有云主机。

处理步骤：

1）云平台和存储底层可删资源清理，释放空间，减小写满的风险。

2）制定云主机迁移计划，与客户沟通确认后执行跨可用分区迁移。

3）一般情况下需准备备用机，用于紧急扩容。

4. 实例四：光模块，硬盘故障处理

故障现象：光模块，硬盘故障损坏需进行更换

处理步骤：系统盘和数据盘采用 RAID1 和 RAID5 部署，光模块网卡采用 bond2 模式，保证业务冗余，通过备件更换。

6.7　存储集群维护

6.7.1　适用范围

存储集群维护适用于开源云资源池平台存储系统的维护管理工作，存储系统是指开源云资源池的分布式存储系统和集中存储设备，分布式存储系统包括 ZBS 存储和 Ceph 存储。集中存储设备包括磁盘阵列和光纤交换机。

6.7.2　存储集群基本维护

1）存储系统的维护包括日常维护和突发性维护。

2）日常维护是指日常检测等经常性的简单维护工作，包括对存储系统整体运行状态、关键部件/组件/服务运行状态的检查等。

3）突发性维护指当存储系统整体或部分部件/组件无法正常运转时的故障处理等。

4）专业维护人员制定存储系统的维护作业计划并组织实施。

5）对生产环境存储系统的变更，需具备完善的变更方案，包括变更步骤、影响范围、验证过程、回退步骤等。

6）对存储系统进行配置修改，原则上不得进行多节点并行操作。

7）存储系统版本升级，应先在测试环境中升级验证，再进行生产环境的变更。

8）未经相关运维管理单位许可，严禁对线上存储系统执行各类变更操作。

6.7.3　设备巡检

1. ZBS 存储系统维护作业

检查 Zookeeper 服务运行状态是否正常、检查 Zookeeper 目录空间使用率是否正常、检查 Mongo 服务运行状态是否正常、检查 Meta 服务运行状态是否正常、检查 Chunk 服务运行状态是否正常、检查是否有待恢复数据、检查是否有丢失数据、检查固态硬盘（SSD）状态是否正常、检查 SATA 盘状态是否正常、检查存储利用率是否正常。

2. Ceph 存储系统维护作业

检查 CPU 负载情况是否正常、检查 OSD 服务运行状态是否正常、检查 MON 服务运行状态是否正常、检查 MDS 服务运行状态是否正常、检查 PG 运行状态是否正常、检查 SSD

状态是否正常、检查SATA盘状态是否正常、检查存储利用率是否正常、磁盘阵列维护作业、检查控制器状态是否正常、检查硬盘框状态是否正常、检查接口卡状态是否正常、检查硬盘状态是否正常、检查电池状态是否正常、检查存储利用率是否正常、检查日志是否存在正常。

3. 光纤交换机维护作业

检查端口状态是否正常、检查级联状态是否正常、检查日志是否正常。

结合上文，存储集群维护作业参考表见表6-4。

表6-4 存储集群维护作业参考表

序号	作业分类	执行要求	阈值参考	作业频度
1	存储组件状态	CPU 负载	CPU load 值<0.85 正常	天
2		坏盘检查	正常状态	天
3		RAID 卡电池检查	正常状态	天
4		OSD 服务状态检查	cephosd up/in 值为100%，正常	天
5		集群健康状态检查	cephhealth 获取值为1，正常	天
6		存储空间使用率检查	超过70%关注	天
7		Ctdb 服务状态检查	正常状态	天
8		NFS 服务状态检查	ceph nfsd 获取值为0，正常	天
9		网卡 bond 速率检查	正常状态	天
10		Zookeeper 服务状态	服务状态检查，1为正常、0为异常	天
11		Mongo 服务状态	服务状态检查，1为正常、0为异常	天
12		Meta 服务状态	服务状态检查，1为正常、0为异常	天
13		Chunk 服务状态	服务状态检查，1为正常、0为异常	天
14		SATA 盘检查	正常状态	天
15		SSD 盘检查	正常状态	天
16		Zookeeper 空间检查	超过80%告警	天
17		集群容量检查	正常状态	天
18		离线卷检查	正常状态	天
19		坏块检查	正常状态	天
20		待恢复块检查	正常状态	天
21		节点连接状态检查	正常状态	天
22	集中存储	健康状态	正常状态	2次/周
23		容量利用率	超过70%告警	2次/周
24		控制器检查	正常状态	2次/周
25		盘框检查	正常状态	2次/周
26		日志检查	正常状态	2次/周
27	存储交换机	端口状态检查	UP	2次/周
28		日志检查	正常状态	2次/周

6.7.4 常见故障处理实例

1. 实例一：存储系统进入单用户模式方法

重启在grub页面使用上或下方向键停止读秒，将光标移至Linux recovery mode：

1）此时按E键，进入编辑模式。

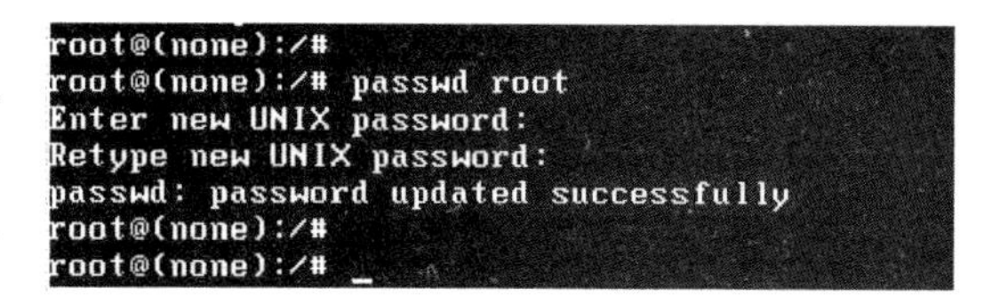

图6-28　修改root密码

2）将 ro recovery nomodeset 替换为 rw single init =/bin/bash。

3）按Ctrl + X进入单用户模式，当前用户即为root。

4）修改root密码，如图6-28所示。

5）按CTL + ALT + DEL重启。

2. 实例二：NFS服务状态异常的处理

1）查看节点的NFS log，执行以下命令：tailf/var/log/syslog | grep" Bad page state in process nfsd" 如果有关于" Bad page state in process nfsd" 的log输出，则判断NFS有问题。

NFS问题描述：计算节点mount正常，df -h卡死，无法打开共享目录。则需要查看NFS状态。出现类似情况，不要重新mount，可参照下面步骤继续操作。

2）查看节点的NFS状态：

ps ax | grepnfs

查看是否有僵死进程，S为正常D为僵死状态。

使用如下命令统计s和d进程：

ps -ax | grep nfs | awk ' {cnt [$3] + + } END {for (x in cnt)　{print cnt [x] " \t" x}} '

3）NFS死进程的紧急处理：

① 释放虚拟IP：登录到错误节点之后，首先先释放虚拟IP，让业务恢复正常。

执行ipadd查看相应的IP地址和错误的节点IP是否一致。

/etc/init. d/ctdb stop

执行该命令之后，虚拟IP会释放；执行 ip add，会看到虚拟IP会消失，此时查看计算节点，数据交互是否正常。

② 执行 ceph mds dump：找到mds为active的节点IP，ssh到这个IP，可执行/etc/init. d/ceph restart mds。

4）NFS死进程的处理办法：

如果有D状态，则先结束僵死进程，然后重启NFS，结束进程使用" kill -9 xxxx"。

① 停掉NFS进程：

/etc/init. d/nfs - kernel - server stop

执行命令 ps ax | grepnfs，如果显示中没有NFS进程，也没有僵死进程，则开启NFS进程。

② 开启NFS进程：

/etc/init. d/nfs - kernel - server start

再次执行命令 ps ax | grepnfs，如果显示中没有僵死进程，则为正常。

③ 启动 ctdb：

/etc/init.d/ctdb start

5）查看存储实 IP 对应的节点方法：

执行 ctdb status 查看 IP 对应的 pnn 值。

6）查询节点对应的虚 ip 方法：

ctdb ip

3. 实例三：根目录写满的处理

登录到对应节点，查看根下是否产生大量 core 文件或 Megaraid.log，如果有，将其删除释放空间，如果没有，切换到/var/log/目录下，查看产生的日志文件，将占用空间较大的删除。

4. 实例四：CPU 负载高的处理

通过 uptime 命令或监控发现 CPU 负载高时，可通过 ps -eLf 命令查看是否存储大量 Ceph 进程，可以尝试重启 mon 服务解决。

5. 实例五：OSD RAID 组中 SATA 硬盘故障的处理

OSD 由 RAID5 构成，其中一块硬盘故障 RAID 仍可工作，理论上不影响 OSD 服务运行，通过观察 RAID 组的繁忙情况，如果性能出现劣化，先停掉问题 OSD，硬盘更换，RAID 重建完成后，将 OSD 加回集群。

相关命令：

```
iostat -x
/etc/init.d/ceph stop osd.x
ceph osd out osd.x
/etc/init.d/ceph start osd.x
ceph osd in osd.x
```

6. 实例六：request blocked 的处理

通过 ceph -s 命令，有时出现以下告警：

health HEALTH_ WARN 15 requests are blocked > 32 sec

可通过 ceph health detail 命令查看具体信息，如图 6-29 所示。

```
root@EBS02-PUB01-Langfang-new:~# ceph health detail
HEALTH_WARN 15 requests are blocked > 32 sec; 2 osds have slow requests
15 ops are blocked > 1048.58 sec
7 ops are blocked > 1048.58 sec on osd.2
8 ops are blocked > 1048.58 sec on osd.10
2 osds have slow requests
```

图 6-29 ceph health detail 命令

到对应的 OSD 所在节点重启 OSD 服务，逐个进行，待恢复完成进行下一个操作。最后通过 ceph -s 命令确认状态是否恢复到 HEALTH_ OK 状态。

7. 实例七：pg 不一致的修复处理

通过 ceph pg repair <pgid>与 ceph osd repair <osdid>修复 inconsistent 的 pg，前者是对一个 pg 触发 repair 操作，后者则是对一个 OSD 承载的所有 pg 做 repair 操作。

8. 实例八：monitor 所在磁盘空间不足的处理

默认情况下，monitor 都会把数据写到/var/lib/ceph/mon 目录下，如果日志、coredump 等存储没有跟 monitor 目录分开，则可能会出现 monitor 空间不足的情况，一般报错都形如"mon.bj-yz2-ceph-12-102 low disk space -- 29% avail"，此时就需要删除相关 coredump 文件和日志文件。如果是因为 monitor 写入的文件过大，则需要在 ceph.conf 中添加一下配置并重启 monitor：

```
[mon]
mon compact on start = true
```

6.8　虚拟化软件维护

6.8.1　适用范围

虚拟化软件维护适用于开源云资源池平台虚拟化软件及组件的维护管理工作，包括：云门户软件、OpenStack 平台软件、RMS 中间件、MariaDB 数据库、RabbitMQ 消息队列。

1）云门户软件包括：自服务门户、运维管理平台、运营管理平台、工单系统。

2）OpenStack 平台软件：Nova、Neutron、Cinder、Glance、Keystone，详见 1.5 节。

3）RMS 中间件：Miner 服务。

4）MariaDB 数据库：MariaDB 数据库、Mariadb-Galera-Server 集群服务。

5）RabbitMQ 消息队列：RabbitMQ、RabbitMQ 集群服务。

6.8.2　虚拟化软件基本维护

为确保当虚拟化软件自身发生故障时，监控系统能及时发现，需要对虚拟化相关服务组件进行性能监控保障。

1. 虚拟化管理软件性能指标（见表 6-5）

表 6-5　虚拟化管理软件性能指标

编号	指标名称	指标描述	采集周期
1	是否可连接	指虚拟化管理软件是否可以连通	5min
2	虚拟化管理软件 CPU 占用率	虚拟化管理软件进程的 CPU 占用率	15min
3	虚拟化管理软件内存占用率	虚拟化管理软件进程的内存占用率	15min
4	虚拟化管理软件 I/O 操作速率	虚拟化管理软件 I/O 操作速率	15min

2. 虚拟化管理软件配置指标（见表6-6）

表6-6　虚拟化管理软件配置指标

编号	指标名称	指标描述	采集周期
1	IP 地址	虚拟化管理软件所在设备的 IP 地址	5min
2	URL	访问虚拟化管理软件的地址	5min
3	端口	访问虚拟化管理软件的端口	5min
4	超时时间	访问虚拟化管理软件的超时时间	5min
5	连接用户名	访问虚拟化管理软件时使用的用户名	5min
6	连接密码	访问虚拟化管理软件时使用的密码	5min

3. 宿主机性能指标（见表6-7）

表6-7　宿主机性能指标

编号	指标名称	指标描述	采集周期
1	CPU 空闲率	CPU 空闲时间量占 CPU 时间总量的百分比值	5min
2	CPU 使用率	用户 CPU 时间百分比和系统 CPU 时间百分比的平均值	5min
3	CPU 时间：系统百分比	CPU 在系统相关任务上所用的时间量并报告它所占 CPU 时间总量的百分比值	5min
4	CPU 时间：用户百分比	用户任务所占用 CPU 时间量占 CPU 时间总量的百分比	5min
5	CPU 时间：等待百分比	CPU 等待（包括 I/O 等待，SWAP 等待和进程输入输出等待）所占用 CPU 时间量占 CPU 时间总量的百分比	5min
6	内存的使用率	宿主机内存的使用量与内存总量的比值（百分比）	5min
7	SWAP 使用率	宿主机 SWAP 的使用量与内存总量的比值。对于 Windows 主机则是虚拟内存使用率（百分比）	5min
8	系统内存使用率	系统内存占所有物理内存的百分比	5min
9	用户内存使用率	用户内存占所有物理内存的百分比	5min
10	内存交换请求数	Page request（包括 page in&out）的操作数	5min
11	内存交换页换进率	内存交换页换进速率	5min
12	内存交换页换出率	内存交换页换出速率	5min
13	内存队列数	等待内存的进程或线程数量	5min

（续）

编号	指标名称	指标描述	采集周期
14	磁盘物理 I/O 操作速率	磁盘物理 I/O 操作速率（B/s）	30min
15	磁盘忙百分比	磁盘读写的时间占用总时间的百分比	30min
16	每秒磁盘读请求	每秒磁盘读请求字节数	30min
17	每秒磁盘写请求	每秒磁盘写请求字节数	30min

4. 宿主机配置指标（见表 6-8）

表 6-8　宿主机配置指标

编号	指标名称	指标描述	采集周期
1	宿主机名称	宿主机的标识	1 个月
2	宿主机型号	宿主机型号	1 个月
3	宿主机厂商	宿主机厂商	1 个月
4	承载应用系统	宿主机所装应用，编码见监控指标编码规则	1 个月
5	服务截止日期	宿主机服务结束时间	1 个月
6	设备序列号	设备序列号	1 个月
7	设备所在机房	设备所在机房	1 个月
8	设备所在机柜	设备所在机柜	1 个月
9	设备所在机柜位置	设备所在机柜的开始 U 数到结束 U 数，格式为［3－7］	1 个月

5. 宿主机告警指标（见表 6-9）

表 6-9　宿主机告警指标

编号	指标名称	指标描述	采集周期
1	宿主机连接断开	当监控服务器 ping 宿主机断开时发送此告警	5min
2	宿主机双机状态异常	当宿主机发生双机切换时发送此告警	5min
3	宿主机运行状态假死	宿主机连接正常，但无法登录，能够 ping 通，telnet 或 ssh 不成功	5min
4	操作系统关键进程状态	当被监控服务器的操作系统核心进程出现异常时发送此告警	5min
5	宿主机 CPU 使用率高	连续 5minCPU 使用率超过 95% 发送此告警信息	5min
6	宿主机内存使用率高	连续 5min 内存使用率超过 95% 发送此告警信息	5min

（续）

编号	指标名称	指标描述	采集周期
7	宿主机 SWAP 使用率高	连续 5min SWAP/虚拟内存使用率超过50%发送此告警	5min
8	宿主机内置盘状态	宿主机的内置盘是否正常	30min
9	宿主机网卡状态	宿主机的网卡的工作状态	5min

6. 虚拟机性能指标（见表 6-10）

表 6-10　虚拟机性能指标

编号	指标名称	指标描述	采集周期
1	CPU 空闲率	CPU 空闲时间量占 CPU 时间总量的比值（百分比）	5min
2	内存的使用率	虚拟机内存的使用量与内存总量的比值（百分比）	5min
3	SWAP 使用率	虚拟机用量与内存总量的比值，对于 Windows 虚拟机则是虚拟内存使用率（百分比）	5min
4	磁盘使用率	虚拟机磁盘系统已使用的空间与总空间的比值	5min
5	磁盘物理 I/O 操作速率	磁盘物理 I/O 操作速率（B/s）	30min
6	每秒磁盘读请求	每秒磁盘读请求字节数	30min
7	每秒磁盘写请求	每秒磁盘写请求字节数	30min

7. 虚拟机配置指标（见表 6-11）

表 6-11　虚拟机配置指标

编号	指标名称	指标描述	采集周期
1	虚拟机名称	虚拟机名称	1 天
2	虚拟机 IP 地址	虚拟机主 IP 地址	30min
3	虚拟机操作系统名称	虚拟机操作系统名称	1 个月
4	虚拟机 CPU 数	虚拟机 CPU 数	1 个月
5	虚拟机内存大小	虚拟机内存大小	1 个月
6	虚拟机磁盘空间大小	虚拟机磁盘空间大小	1 个月
7	虚拟机网卡数	虚拟机网卡个数	1 个月

8. 虚拟机告警指标（见表6-12）

表6-12　虚拟机告警指标

编号	指标名称	指标描述	采集周期
1	虚拟机连接断开	当监控服务器ping虚拟机断开时发送此告警	5min
2	虚拟机双机状态异常	当虚拟机发生双机切换时发送此告警	5min
3	虚拟机运行状态假死	虚拟机连接正常，但无法登录，能够ping通，telnet或ssh不成功	5min
4	操作系统关键进程状态	当被监控服务器的操作系统核心进程出现异常时此告警信息	5min
5	虚拟机CPU使用率高	连续5minCPU使用率超过95%发送此告警信息	5min
6	虚拟机内存使用率高	连续5min内存使用率超过95%发送此告警信息	5min
7	虚拟机SWAP使用率高	连续5minSWAP/虚拟内存使用率超过50%发送此告警信息	5min
8	虚拟机内置盘状态	虚拟机的内置盘是否正常	30min
9	虚拟机网卡状态	虚拟机的网卡的工作状态	5min

6.8.3　设备巡检

维护作业计划应按所列项目和周期严格执行，维护作业计划完成后，必须详细记录完成情况和测试情况，同时将发现的问题摘要记录并做相应处理；测试记录由专人妥善保管，虚拟化软件组件维护作业参考表见表6-13。

维护作业应在业务空闲时进行，发现的不正常情况应及时处理和详细记录，对于无法处理的问题，应立即向主管负责人报告。

在记录里写明作业执行的结果、具体量化信息（如CPU或内存利用率、服务日志、网络流量等）、发现的问题及处理过程等。

应根据维护内容变化更新调整维护作业计划，以确保开源云资源池平台故障隐患的及时发现及处理，保障平台的安全可靠运行。

表 6-13　虚拟化软件组件维护作业参考表

编号	作业项目	节点	维护作业子项说明	安全阈值参考	作业频度
1	OpenStack 服务状态检查	管理节点	openstack - nova - api 服务是否正常	up	2 次/天
2			openstack - nova - cert 服务是否正常	up	2 次/天
3			openstack - nova - scheduler 服务是否正常	up	2 次/天
4			openstack - nova - conductor 服务是否正常	up	2 次/天
5			openstack - glance - api 服务是否正常	up	2 次/天
6			openstack - glance - registry 服务是否正常	up	2 次/天
7			openstack - keystone 服务是否正常	up	2 次/天
8			neutron - server 服务是否正常	up	2 次/天
9			neutron - dhcp - agent 服务是否正常	up	2 次/天
10			neutron - lbaas - agent 服务是否正常	up	2 次/天
11			neutron - openvswitch - agent 服务是否正常	up	2 次/天
12			openstack - cinder - api 服务是否正常	up	2 次/天
13			openstack - cinder - scheduler 服务是否正常	up	2 次/天
14			openstack - cinder - volume 服务是否正常	up	2 次/天
15			mysqld 服务是否正常	up	2 次/天
16			openstack - nova - novncproxy 服务是否正常	up	2 次/天
17			openstack - nova - consoleauth 服务是否正常	up	2 次/天
18			rabbitmq - server 服务是否正常	up	2 次/天
19		数据库节点	mysqld 服务是否正常	up	2 次/天
20			rabbitmq - server 服务是否正常	up	2 次/天
21		网络节点	neutron - openvswitch - agent 服务是否正常	up	2 次/天
22			rabbitmq - server 服务是否正常	up	2 次/天
23			网络连接数检查 check_session. sh	连接数不超过 5000	2 次/天
24			check_conntrack. sh	无安全事件	2 次/天
25		计算节点	neutron - lbaas - agent 服务是否正常	up	2 次/天
26			neutron - openvswitch - agent 服务是否正常	up	2 次/天
27			openstack - nova - compute 服务是否正常	up	2 次/天
28			neutron - dhcp - helper - agent 服务是否正常	up	2 次/天
29			libvirtd 服务是否正常	up	2 次/天
30			neutron - dhcp - agent 服务是否正常	up	2 次/天
31			neutron - vrouter - netns - agent 服务是否正常	up	2 次/天
32			openstack - nova - compute 服务是否正常	up	2 次/天

（续）

编号	作业项目	节点	维护作业子项说明	安全阈值参考	作业频度
33	容量监控统计	计算节点、存储节点	分可用分区统计内存实际使用总量及占比、实际存储使用量及占比，每月出报表	—	1次/天
34	垃圾数据清理	—	定期清理底层残留垃圾数据	无残留垃圾块数据	1次/月
35	账号密码修改	—	定期修改云化服务器管理员密码，及3A平台管理员密码	—	1次/季
36	应急预案演练	—	按虚拟化软件相关指导书开展	—	1次/季

6.8.4　常见故障处理实例

1. 实例一：租户网络失联

（1）虚拟路由服务状态异常

故障现象：租户虚拟网内所有云主机失联或大量丢包。

处理步骤：

1）在管理节点查看路由主备状态：

neutron virtualrouter - agent - list - hosting - virtualrouter $vrouter - id

2）如果ha状态都为active，则为虚拟路由双主异常状态。可执行ip netns exec vrouter - $vrouter - id ip link set $port_ name down将其中一个虚拟路由状态强制设置为standby恢复。

3）如果ha状态正常，则怀疑主虚拟路由僵死，在主路由节点执行ip netns exec vrouter - $vrouter - id ip link set $port_ name down直接主备切换虚拟路由解决。

（2）虚拟路由转发异常

故障现象：相同虚拟路由下关联的虚拟机均无法正常访问公网或出口IP地址发生改变。

处理步骤：

1）通过neutron networkvirtualrouterbinding - list | grep $network_ id查询故障网段绑定的虚拟路由。

2）在该虚拟路由上执行ip netns exec vrouter - $vrouter - id ping114.114.114.114，若不通，则协调网络专业联合排查。

3）若虚拟路由访问公网正常，执行ip netns exec vrouter - $vrouter - id iptables - save查看路由转发规则中的SNAT是否存在，路由转发功能是否异常。

4）若SNAT丢失，执行ip netns exec vrouter - $vrouter - id - t nat - A neutron - vrouter - - snat - s $CIRD - j SNAT - - to - source $Publicip添加相应的SNAT重新建立转发。

（3）计算节点 ovs 服务异常

故障现象：宿主机所有云主机网络不通。

处理步骤：

1）检查云主机所在计算节点的 OVS 的服务状态。

2）若 OVS 服务状态异常，可执行 `systemctl restart openvswitch` 重启 OVS 服务解决。

2. 实例二：计算节点失联

（1）计算节点失联 - 业务可正常访问

故障现象：无法正常登陆该计算节点，但业务网卡流量正常。

处理步骤：

1）梳理虚拟机清单，沟通客户协调业务迁移窗口。

2）将该节点上的虚机通过管理命令 `nova restore - to - host $uuid` 或 `nova live - migration $uuid` 做冷/热迁移变更。

3）将该节点上的虚拟路由，通过修改路由配置并更新生效的方式做迁移变更。

4）联系硬件专业排查失联原因，修复硬件故障。

（2）计算节点失联 - 业务无法访问

故障现象：无法正常登陆该计算节点，ping 该节点不通，业务网卡异常。

处理步骤：

1）通过 IPMI 查看物理机状态，是否可恢复。

2）无法恢复则将该节点上的虚机通过管理命令 `nova restore - to - host $uuid` 或 `nova live - migration $uuid` 做冷/热紧急迁移变更。

3）将该节点上的虚拟路由，通过修改路由配置并更新生效的方式做紧急迁移变更。

4）联合硬件专业网络专业排查失联原因。

3. 实例三：整网段虚拟机获取不到 IP 地址

故障现象：一个或多个内网网段虚拟机均无法通过 DHCP 获取到 IP 地址，导致整个网段虚机失联。

处理步骤：

1）为尽快抢通业务，可通过设置静态 IP 地址的方式临时恢复。

2）执行 `neutron dhcp - agent - network - add $dhcp_ agent $network` 新增相应网段 DHCP 服务端，为故障网络提供 DHCP 服务，解决无法获取到 IP 地址问题。

3）排查原有 DHCP 服务状态和 DHCP 与虚拟机的通信状态，以避免类似问题再次出现。

第7章 云计算安全

云安全（Cloud Security）是网络时代信息安全的新技术领域，它融合了并行处理、网格计算、未知病毒行为判断等新兴技术和概念，并通过网状的大量客户端对网络中软件行为进行异常监测，获取互联网中的木马与恶意程序，然后进行自动分析和处理，再把病毒和木马的解决方案分发到每一个客户端。

云计算强大的数据运算与同步调度能力可以极大地提升对新威胁的响应速度，同时快速地将补丁或安全策略分发到各个分支节点。对于传统反病毒厂商而言，云计算的引入可以极大地提升其对病毒样本信息的收集能力，减少威胁的响应时间。实施安全云计算的前提是快速高效收集用户的安全威胁，通过云计算实时的数据分析，来响应用户的安全需求。基于云计算代理计算机能提供过去在本地执行的安全服务，如强制进行身份识别、防止数据丢失、入侵检测、网络接入控制和安全漏洞管理等。

7.1 云计算虚拟化安全

虚拟化是云计算的核心，也是云计算区别于传统计算模式的重要特点。虚拟化的目的是虚拟化出一个或多个相互隔离的执行环境，用于运行操作系统及应用，并且确保在虚拟出的环境中，操作系统与应用的运行情况与在真实的物理设备上运行的情况基本相同。

通过虚拟化技术，可以使系统中的物理设施的资源利用率得到明显提高，有效地平衡云计算系统的性能，还可以使系统动态部署变得更加灵活、便捷。

尽管虚拟化是云计算最重要的技术支持之一，然而，虚拟化的结果必然会使许多传统的安全防护手段失效。从技术层面上讲，云计算与传统 IT 环境最大的区别在于其虚拟的计算环境，也正是这一区别导致其安全问题变得异常棘手。虚拟化的网络结构令传统的分域防护变得难以实现，同时虚拟化的服务提供模式使得对使用者身份、权限和行为的鉴别、控制与审计变得更加困难。

为了解决上述虚拟化的安全问题，图7-1所示为“虚拟安全网关+集中管理+集中审计和集中授权”的云计算及虚拟化一体化安全解决方案示例，这样的方案旨在实现以下功能。

1. 虚拟安全网关

虚拟安全网关可以为用户安全功能，包括访问控制、攻击防御、病毒防御、应用控制、

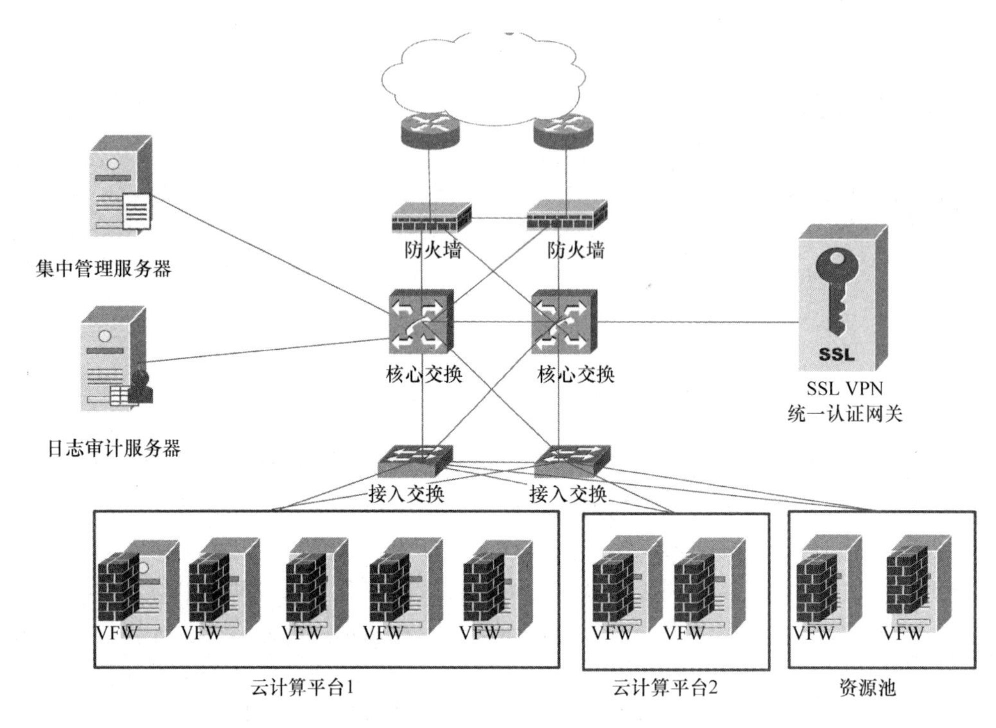

图7-1　云计算及虚拟化一体化安全解决方案示例

身份认证、日志审计等，同时对系统进行深度优化和改造，以减少开启各安全引擎后带来的性能降低，保证用户网络的安全性。

2. 核心技术及实现方式

通过对 vSwitch 的配置调整，将需要进行安全检查的流量指向虚拟安全网关，来完成相应的安全检查和流量监控审计等，并针对虚拟机的虚拟网卡驱动进行优化，使具有硬件防火墙的性能。

3. 集中管理

集中管理不仅可以对传统的网络设备和安全设备进行统一管理和监控，对虚拟安全网关产品也可以进行统一管理、部署、监控和策略下发。另外通过对全网设备集中的管理和监控、攻击行为的分析后，找出安全威胁和漏洞，发现网络脆弱点和安全短板，加强安全策略的应用并检验安全策略应用效果，从而构成安全闭环。

4. 集中审计

由于虚拟安全网关产品的推出，使得安全审计也成为可能，虚拟机之间的所有访问日志和安全性问题都可以通过虚拟安全网关以日志形式发送到外部服务器，由外部的集中审计产品来完成相关的审计和报表的生成处理。

5. 集中授权

对于来自虚拟机外部和内部的访问授权也是虚拟安全网关产品的一个重要功能，未经认证的用户访问不同虚拟机资源时，须经过虚拟安全网关的认证后才可以访问相关指定资源，认证服务器可以统一部署、集中认证。

7.2　云计算安全组件及设备

1. 安全防护设备

安全防护设备包括在互联网出口部署的新一代融合安全网关、数据中心防火墙、办公接入区防火墙、运维管理区边界防火墙、DMZ 区边界防火墙、安全监测平台等设备。安全防护建设可参考信息安全等级保护三级的安全防护标准进行建设，同时也可根据数据中心网络实际应用情况来部署必要的安全防护设备。

在数据中心互联网出口部署两套融合安全网关设备，并插入防火墙业务板卡、入侵防御业务板卡、上网行为管理业务板卡、WAF 业务板卡、负载均衡等设备，来实现互联网出口的访问控制级防护以及应用攻击级的安全防护，同时还能够保证互联网出口业务不中断。同时部署两套融合安全网关设备将通过双活虚拟化技术进行双机虚拟化，并形成主备份网络级可靠部署方式。同时，每台新一代融合安全网关设备配置冗余主控保证设备级的可靠性。在互联网出口部署的融合安全网关设备的各业务板卡依据及作用如下。

（1）防火墙

根据 GB/T 22239—2019《信息安全技术　网络安全等级保护基本要求》的 8.1.3.2 访问控制要求，部署的防火墙作用是可设定互联网和数据中心网络的访问权限，限制来自互联网侧的访问请求，且允许内部终端访问互联。通过对经过防火墙的数据流中每一个数据包的源 IP 地址、目的 IP 地址、源端口号、目的端口号、协议类型等因素或它们的组合，最终确定是否允许该数据包通过。管理员可通过定制各种包过滤规则，实现对数据包的基本安全防护，保证进出网络的数据或终端进行控制管理，防止来自互联网的非法访问请求，同时可隐藏允许访问互联网的内网 IP 地址，保护内网安全。

（2）入侵防御

根据 GB/T 22239—2019《信息安全技术　网络安全等级保护基本要求》的 8.1.3.3 入侵防范要求以及 8.1.3.4 恶意代码防范要求，部署的入侵防御对允许经过防火墙的访问数据进行深度检测，从而对来自互联网应用层攻击行为进行有效检测和阻断，同时记录攻击源、攻击目标、攻击类和攻击时间。入侵防御通过配置攻击防御规则，对匹配 IT 资源、攻击类型、协议等的攻击报文采取相应的动作。识别包括漏洞利用类、恶意代码类、信息搜集类、协议异常、网络监控、拒绝服务等攻击行为进行告警、阻断。同时在入侵防御上增加病毒库，实现所有流经入侵防护设备的流量实行病毒监测。通过集成专业病毒特征库向用户提供防病毒服务，能够检测通过 HTTP、FTP、SMTP、POP3、IMAP、SMB、TFTP 等协议传输的病毒。通过采用实时分析的方式，自动检测、阻断、隔离或重定向携带病毒的流量。

（3）上网行为管理

根据 GB/T 22239—2019《信息安全技术　网络安全等级保护基本要求》的 8.1.3.5 安

全审计要求，部署的上网行为管理对所有允许访问互联网的终端进行行为审计，对记录访问目的网站或域名、访问时间、访问源地址等信息进行记录，一旦发生安全事件可通过上网行为管理进行事件溯源，同时通过上网行为管理能够帮助用户合理规划网络流量应用，提升带宽使用效率，规范职员上网行为，提升工作效率。严格控制信息传递，规避泄密和法律风险，同时也可通过上网行为管理对禁止允许访问互联网 IP 地址进行黑名单设置。

（4）WAF 设备

根据 GB/T 22239—2019《信息安全技术　网络安全等级保护基本要求》的 8.1.3.3 入侵防范要求及 8.1.3.4 恶意代码防范要求，WAF 设备主要针对网站或基于 HTTP 对外提供服务的 Web 业务系统的安全防护。互联网 Web 的应用会随着信息化的应用而日益增多，如 SQL 注入、跨站脚本、网页挂马等各种攻击手段使得 Web 应用处于高风险的环境中。通过 WAF 设备能够有效抵御包括 SQL 注入、跨站脚本、会话劫持在内的各种高危害性 Web 漏洞攻击。对 HTTP 正规化，对 Cookie 的各种属性进行严格检查，对缓冲区溢出保护等多种 HTTP加固功能，对网站的数据备份和还原。

（5）负载均衡

负载均衡虽然在等级保护三级中没有明确列出相关功能，但却不能忽略负载均衡重要性。负载均衡目的是对数据中心多条出口链路进行负载均衡。通过链路调度策略、链路健康检查、链路会话保持等手段，保证多条出口链路资源合理利用，同时保证在某条出口链路突然故障之后，能够将业务快速切换到正常使用的出口链路上，保证业务的连续性。也可以使用负载均衡做 DNS 解析策略，与终端 DNS 请求所属运营商相同的服务器地址通过 DNS 返回给客户，使得客户可以通过对应的运营商链路进行访问，提高网络的使用体验。负载均衡也可实现内外网地址转换。

2. 安全网闸

在生产网接入的关键链路上部署网闸设备，可满足管理部门对生产网数据的调取需求，以及生产网对自身安全的要求。

生产网接入网闸的工作是基于人工信息交换的操作模式，即由内外网主机模块分别负责接收来自所连接网络的访问请求，两模块间没有直接的物理连接，形成一个物理隔断，从而保证可信网和非可信网之间没有数据包的交换，没有网络连接的建立。在此前提下，通过专有硬件实现网络间信息的实时交换。这种交换并不是数据包的转发，而是应用层数据的静态读写操作，因此可信网的用户可以通过安全隔离与信息交换系统安全的访问非可信网的资源，而不必担心可信网的安全受到影响。

信息通过网闸传递需经过多个安全模块的检查，以验证被交换信息的合法性。当访问请求到达内外网主机模块时，首先由网闸实现 TCP 连接的终结，确保 TCP/IP 不会直接或通过代理方式穿透网闸；然后，内外网主机模块会依据安全策略对访问请求进行预处理，判断是否符合访控制策略，并依据定制策略对数据包进行应用层协议检查和内容过滤，检验其有效载荷的合法性和安全性。一旦数据包通过了安全检查，内外网主机模块会对数据包进行格式化，将每个合法数据包的传输信息和传输数据分别转换成专有格式数据，存放在缓冲区等待被隔离交换模块处理。这种“静态”的数据形态不可执行，不依赖于任何通用协议，只能被网闸的内部处理机制识别及处理，因此可避免遭受利用各种已知或未知网络层漏洞的威胁。

3. 安全检测平台

安全检测平台的作用是通过主动探测和安全检测任务实现对现有网络的资产盘点、主机监控、高中低危漏洞检查、弱口令检测、弱口令验证以及对网络中存在的违规外联进行全面检查。

（1）资产漏洞检查

支持识别各类系统漏洞、中间件漏洞、数据库漏洞、WEB 漏洞、弱口令漏洞，全面发现资产的安全隐患。

（2）漏洞自动化验证

平台支持模拟人工渗透测试的方式对漏洞进行验证，自动判断漏洞的真实性，用户可根据检测结果有针对性地制定漏洞修复计划。

（3）安全情况分析

针对发现的资产风险，能够提供各维度的数据分析展示，让用户从展示大屏中迅速了解网络空间资产的整体安全状态。

（4）资产测绘及分析

依托上万种资产指纹特征，通过主动探测的方式快速识别资产，有效盘点包括 IP、MAC、设备类型、设备厂商、软硬件版本、开放端口/服务等资产信息，形成资产信息库。同时可基于资产的各个维度进行分析和统计，并可生成独立的资产盘点报告。

4. 数据库审计

在应用层安全设备区部署数据库审计系统，数据库审计系统的管理接口接入到运维管理区交换机上，数据采集端口接到数据中心接入交换机上，并由该交换机做端口镜像，数据库审计系统通过抓取访问数据库的数据，发现期间存在的安全隐患和安全问题。

数据库审计对审计和事务日志进行审查，从而跟踪各种对数据库操作的行为。一般审计主要记录对数据库的操作、对数据库的改变、执行该项目操作的人以及其他的属性。这些数据库被记录到数据库审计独立的平台中，并且具备较高的准确性和完整性。针对数据库活动或状态进行取证检查时，审计可以准确地反馈数据库的各种变化，对我们分析数据库的各类正常、异常、违规操作提供证据。

5. 日志审计

在应用层安全设备区部署日志审计，日志审计通过采集安全设备、网络设备、重要服务器的日志，实现数据中心日志的集中存储、分析、展示，为提高数据中心管理水平提供基础数据依据。日志审计系统作为一个统一日志收集与分析平台，能够实时不间断地将企业和组织中来自不同厂商的安全设备、网络设备、主机、操作系统、数据库系统、用户业务系统的日志、警报等信息汇集到审计中心，实现全网综合安全审计。能够实时地对采集到的不同类型的信息进行归一化和实时关联分析，通过统一的控制台界面进行实时、可视化的呈现，协助安全管理人员迅速准确地识别安全事故，消除了管理员在多个控制台之间来回切换的烦恼，同时提高工作效率。为客户提供了丰富的报表模板，使得用户能够从各个角度对企业和组织的安全状况进行审计，并自动、定期地产生报表。用户也能够自定义报表。

6. 堡垒机

在应用层安全设备区部署堡垒机，通过配置相关安全设备，堡垒机将成为服务器、业务系统、数据库等应用，管理员级别管理的唯一通道，任何访问上述系统的管理系统行为都将通过堡垒机，堡垒机将根据策略忠实记录访问行为、限制危险访问行为（例如数据库删除操作等行为将被严格禁止）。

7. 终端安全杀毒管理与准入平台

在应用层安全设备区部署终端杀毒管理与准入平台的准入部分，通过与每个办公电脑上的终端杀毒管理客户端配合使用，实现终端准入与杀毒，以及办公电脑规范管理，严守信息安全最薄弱的一环。该平台的作用是解决以下问题。

（1）解决漏洞修复不及时的问题

在企业的数据中心和办公网络中普遍存在各种不同类型的操作系统，它们都需要管理员进行全面的补丁管理，管理员往往需要甄别不同的操作系统，并根据各个系统的不同情况有选择性的下发系统补丁，服务器系统尤为复杂，需要管理员将补丁与服务器应用进行兼容性测试后，才能对相应的服务器进行补丁升级操作。对全网计算机进行漏洞扫描并把计算机与漏洞进行多维关联，可以根据终端或漏洞进行分组管理，并且能够根据不同的计算机分组与操作系统类型将补丁进行错峰下发，在保障企业网络带宽的前提下，可以有效提升企业整体漏洞防护等级。

（2）解决终端合规性管控要求

企业内部人员在工作中，很多时候有不合规的电脑操作行为，导致工作效率降低或安全风险，如敏感信息的外泄，导致组织核心利益受损，用户随意安装和运行各种软件，随意占用有限的带宽资源，用户可以在工作时间，随意访问不安全的或者严重影响工作效率的网站，不仅降低的工作效率，还可能从不安全网站引入病毒和木马，终端安全系统能结合合规性管理要求，执行相应的安全策略，有效对终端进行合规性管理，减低风险。

（3）解决移动存储设备随意使用问题

移动存储设备在企业内部滥用会对企业内部造成很大的风险隐患，例如计算机终端使用未经认证的移动存储设备进行数据交换，不受控制；未经认证的移动存储设备成为病毒传播的载体；存储关键数据的移动存储设备丢失或失窃，造成严重的泄密事故等，所以统一的企业移动存储设备管理对企业来说至关重要，应能够实现对移动存储设备的灵活管控，保证终端与移动存储介质进行数据交换和共享过程中的信息安全要求。移动存储管理包括移动存储介质的身份注册、网内终端授权管理、移动介质挂失管理、外出管理和终端设备例外等功能。

（4）解决终端审计管理要求

随着信息安全技术和理念的发展，安全监控的关注点已经从设备转向对于设备使用者的行为，用户对于设备使用人行为审计和行为控制的需求越来越明显，应能通过技术手段使各种管理条例落地，增强用户的安全和保密意识，保护内部的信息不外泄。同时所审计的内容只跟内网安全合规管理相关的信息，不对涉及终端用户的个人隐私信息，达到合规管理的审计的要求。

（5）解决终端准入管理要求

企业的内网往往承载着企业重要信息的传递，存储着大量的企业财务、客户、人力资源等信息，这些都是企业需要重点保护的核心资产。但由于很多企业对于终端准入并没有做限制，私人 PC 或外来终端设备可以轻易地接入企业内网获取企业内部信息。尤其在当今网络无边界的趋势之下，通过私设无线路由，手机、平板电脑等移动终端也可以轻松地接入企业内网。同时，由于缺乏统一的管控和审计，如果发生企业信息泄露，很难做到追踪溯源。这对于企业数据安全是极大的危害。可使用主机完整性策略和准入硬件旁路设备来发现和评估哪些终端遵从策略，判断哪些终端是否允许安全访问企业核心资源。非安全客户端会定向至修复服务器，通过下载必需的终端安全软件、补丁程序及病毒定义更新等使客户端计算机保持安全性。

8. 云安全管理平台

在数据中心业务区的数据中心接入交换机上旁路部署云安全管理平台，云安全管理平台与云平台为异构体系，符合行业通常做法。云安全管理平台为云内虚拟主机提供东西向的主机安全，其中包括主机防火墙、主机入侵防御、主机防病毒、主机加固等多种安全能力。结合南北向的虚拟化防火墙还可提供访问控制和入侵防范的安全能力。

云安全管理平台集成了种类丰富的安全组件，提供主机安全管理和云内智慧防火墙安全防护。不仅能够提供立体化的安全防护能力，还能充分满足各种合规标准中信息安全防护的要求。

主机安全管理系统是集主机防病毒、主机防火墙、主机入侵防御、Hypervisor 层防护、主机加固、WebShell 检测于一体的虚拟化安全解决方案，为解决虚拟化环境下虚拟主机的病毒风险、攻击风险、管理风险及宿主机安全等一系安全问题。

智慧防火墙，在提供复杂环境组网、扫描攻击防护和虚拟系统等功能的基础上，深度集成了漏洞防护、间谍软件防护、失陷服务器检测等高级安全防护功能，快速构建基于威胁情报、态势感知、智能协同、安全可视化等新一代技术的安全防护解决方案。

9. 大数据威胁分析及管理平台

大数据威胁分析及管理平台借助旁挂在核心交换机处的探针设备回传的信息，通过检测引擎对发现的告警事件持续监控和关联，形成完整攻击链，为后续安全响应提供决策依据。能够支持对“僵木蠕”传播、漏洞利用、C&C（Computer and Communication，计算机和通信）通道、APT（Advanced Persistent Threat，高级持续性威胁）等各类安全事件的聚合和管理，可基于告警制定进一步的处置策略，并生成黑客档案信息。支持从内部威胁、外部威胁、外联威胁等多个维度展开分析，具备攻击溯源能力，以关系图呈现并包含攻击链信息。

7.3 安全基线与基本配置

7.3.1 安全基线标准

结合云计算技术架构特性，云计算安全基线要求应覆盖以下部分：

1）数据安全：包括对数据传输、存储、查看、分析处理等方面的安全要求，同时涉及数据备份恢复等方面的要求。

2）应用安全：指云平台上应用程序的安全，包括服务商或用户开发的应用程序。

3）网络安全：指云服务端的网络安全，包括安全域划分、访问控制、安全边界防护和攻击防范等。

4）虚拟化安全：指虚拟机和虚拟化平台在隔离、配置与加固、虚拟资源监控管理等安全要求。

5）主机安全：指云服务端各类服务器的安全，包括安全配置与加固、访问控制、攻击防范、恶意代码防范等。

6）物理安全：指底层物理设备及其所处环境设施的安全保护和控制。

7）管理安全：包括安全管理的各项措施要求。

7.3.2 数据安全

在数据传输过程中应满足如下要求：

1）通过采用 VPN 和数据传输加密等技术，实现数据传输通道的安全。

2）采用加密或其他有效措施实现虚拟机镜像文件、鉴别信息、重要业务数据和系统管理数据等数据资源的传输保密性。

3）能够检测到虚拟机镜像文件、鉴别信息重要业务数据和系统管理数据等数据资源的安全完整性，并在检测到完整性错误时采取必要的恢复措施。

7.3.3 数据存储

在数据存储过程中应满足如下要求：

1）采用加密技术或其他保护措施实现虚拟机镜像文件、系统管理数据、鉴别信息和重要业务数据等数据资源的存储保密性。

2）提供有效的虚拟机镜像文件加载保护机制。保证即使虚拟机镜像被窃取，非法用户也无法直接在其他计算资源进行挂卷运行。

3）提供有效的硬盘保护形式，保证即使硬盘被窃取，非法用户也无法从硬盘中获取有效的用户数据。

4）能够检测到虚拟机镜像文件、系统管理数据、鉴别信息和重要业务数据在存储过程中完整性受到破坏，并在检测到完整性错误时采取必要的恢复措施。

7.3.4　数据迁移

在数据迁移过程中应满足如下要求：

1）进行数据迁移前的网络连接能力评估，保证数据迁移的快速、安全实施。

2）保证数据迁移不影响业务应用的连续性。

3）数据迁移中做好数据备份以及恢复相关工作。

7.3.5　数据销毁

在数据销毁过程中应满足如下要求：

1）能够提供手段协助清除因数据在不同云平台间迁移、业务终止、自然灾害、合同终止等遗留的数据。

2）提供手段清除数据的所有副本。

3）保证用户鉴别信息所在的存储空间，在被释放或再分配给其他用户前，得到完全清除。

4）确保文件、目录和数据库记录等资源所在的存储空间被释放或重新分配给其他用户前，得到完全清除。

5）提供手段禁止恢复被销毁的数据。

7.3.6　备份和恢复

在数据备份和恢复过程中应满足如下要求：

1）提供数据备份与恢复功能。

2）建立异地灾难备份中心，配备灾难恢复所需的通信线路、网络设备和数据处理设备等。

7.3.7　网络安全

1. 网络拓扑结构安全

在网络拓扑结构安全方面应满足如下要求：

1）绘制与当前运行情况相符的网络拓扑结构图，便于网络管理。

2）保证关键网络设备的业务处理能力具备冗余空间，满足业务高峰期需要。

3）保证接入网络和核心网络的带宽满足业务高峰期需要。

4）根据云服务的类型、功能及服务租户的不同，可划分不同的子网或网段，并依据方便管理和控制的原则可为各子网、网段分配地址段。

5）按照用户服务级别协议的高低次序，来指定带宽分配优先级别，保证在网络发生拥堵的时候，优先保护高级别用户的服务通信。

2. 访问控制

在访问控制方面应满足如下要求：

1）在（子）网络或网段边界部署访问控制设备，启用访问控制功能。

2）能根据会话状态信息为数据流提供明确的允许/拒绝访问的能力，控制粒度为网段级。

3）在会话处于非活跃的一定时间后或会话结束后终止网络连接。

4）限制网络最大流量数及网络连接数。

3. 安全审计

在安全审计方面应满足如下要求：

1）对网络系统中的网络设备运行状况、网络流量、用户行为等进行日志记录。

2）审计记录包括事件的日期和时间、用户、事件类型、事件是否成功及其他与审计相关的信息。

3）采用技术手段，保证所有网络设备的系统时间自动保持一致。

4）对审计记录进行保护，避免受到未预期的删除、修改或覆盖等。

4. 入侵防范

在入侵防范方面应满足如下要求：

1）在网络边界处监视以下攻击行为：端口扫描、木马后门攻击、拒绝服务攻击、缓冲区溢出攻击、IP 碎片攻击和网络蠕虫攻击等。

2）当检测到攻击行为时，记录攻击源 IR 攻击类型、攻击目的、攻击时间，在发生严重入侵事件时应提供报警。

3）周期性地对攻击、威胁的特征库进行更新，并升级到最新版本。

5. 网络设备防护

在网络设备防护方面应满足如下要求：

1）对登录网络设备的用户进行身份鉴别。

2）对网络设备的管理员登录地址进行限制。

3）网络设备用户的标识应唯一。

4）身份鉴别信息应具有不易被冒用的特点，口令应有复杂度要求并定期更换。

5）具有登录失败处理功能 ，可采取结束会话、限制非法登录次数和当网络登录连接超时自动退出等措施。

6）对网络设备进行远程管理时，应采取必要措施防止鉴别信息在网络传输过程中被窃听。

7）对网络设备进行分权分域管理，限制默认用户或者特权用户的权限，做到最小授权。

7.3.8 虚拟化安全

1. 虚拟机安全

在虚拟机安全方面应满足如下要求：

1）部署一定的访问控制安全策略，以实现虚拟机之间、虚拟机与虚拟机监视器之间、虚拟机与外部网络之间的安全访问控制。

2）对登录虚拟机的用户进行身份标识和鉴别。

3）支持对虚拟机的逻辑隔离，必要时采取物理隔离。

4）定期对虚拟机进行漏洞扫描，及时发现虚拟机存在的漏洞，实现补丁的批量升级和自动化升级。

5）采取隔离措施，保证虚拟机迁移过程中数据和内存的安全可靠，保证迁入虚拟机的完整性和迁移前后安全配置环境的一致性。

6）确保虚拟机操作系统的完整性，确保虚拟机操作系统不被篡改，以及虚拟机实现安全启动。

7）支持虚拟机全部内存数据和增量数据的备份和恢复。

8）支持虚拟机防病毒机制，部署杀毒软件，制定防病毒管理安全策略。

2. 虚拟网络安全

在虚拟网络安全方面应满足如下要求：

1）支持对虚拟机进行安全域划分，安全域内或安全域之间的虚拟机通信按照安全组的安全策略实施访问控制。

2）支持虚拟防火墙功能。

3. 虚拟机监控器安全

在虚拟机监控器安全方面应满足如下要求：

1）保证每个虚拟机能获得相对独立的物理资源，并能屏蔽虚拟资源故障，确保某个虚拟机崩溃后不影响虚拟机监控器及其他虚拟机。

2）保证不同虚拟机之间的虚拟 CPL（vCPL）指令隔离。

3）保证不同虚拟机之间的内存隔离，内存被释放或再分配给其他虚拟机前得到完全释放。

4）保证虚拟机只能访问分配给该虚拟机的存储空间。

7.3.9 主机安全

1. 身份鉴别认证

在身份鉴别认证方面应满足如下要求：

1）应对登录操作系统和数据库系统的用户进行身份标识和鉴别。

2）操作系统和数据库系统管理用户身份标识应具有不易被冒用的特点，口令应有复杂度要求并定期更换。

3）应启用登录失败处理功能，可采取结束会话、限制非法登录次数和自动退出等措施。

4）应根据业务需要，采用安全方式防止用户鉴别认证信息泄露而造成身份冒用。

5）当对服务器进行远程管理时，应采取加密措施，防止鉴别信息在网络传输过程中被窃听。

6）应为操作系统和数据库系统的不同用户分配不同的用户名，确保用户名具有唯一性。

2. 访问控制

在访问控制方面应满足如下要求：

1）采用技术措施对合法访问终端的地址范围进行限制。

2）关闭系统不使用的端口，防止非法访问。

3）根据管理用户的角色分配权限实现管理用户的权限分离，仅授予管理用户所需的最小权限。

3. 安全审计

在安全审计方面应满足如下要求：

1）审计范围应覆盖到服务器上的每个操作系统用户和数据库用户。

2）审计内容应包括重要用户行为、系统资源的异常使用和重要系统命令的使用等系统内重要的安全相关事件。

3）审计记录应包括事件的日期、时间、类型、主体标识、客体标识和结果等。

4）保护审计记录，避免受到未预期的删除、修改或覆盖等。

4. 资源控制

在资源控制方面应满足如下要求：

1）通过设定终端接入方式、网络地址等条件限制终端登录范围。

2）根据安全策略，设置登录终端的会话数量。

3）根据安全策略设置登录终端的操作超时锁定。

4）对重要服务器进行监视，包括监视服务器的 CPL 硬盘、内存、网络等资源的使用情况。

5. 恶意代码防范

在恶意代码防范方面应满足如下要求：

1）安装防恶意代码软件，并及时更新防恶意代码软件版本和恶意代码库。

2）支持防恶意代码软件的统一管理。

6. 入侵防范

在入侵防范方面应满足如下要求：

1）操作系统应遵循最小安装的原则仅安装需要的组件和应用程序，保持系统补丁及时得到更新。

2）能够检测到对重要服务器进行入侵的行为，能够记录入侵的源 IP、攻击的类型、攻击的目的、攻击的时间，并在发生严重入侵事件时提供报警。

3）能够对重要程序的完整性进行检测，并在检测到完整性受到破坏后具有恢复的措施。

7.3.10 安全基线配置用例

1. 防火墙安全实施基线（见表7-1）

表7-1 防火墙安全实施基线

类型	实施项目	配置要求	配置步骤	实现效果
管理	带外管理	能够带外管理设备	根据规划添加带外管理地址	可以通过带外地址管理设备
	密码	强口令密码	密码设置8位以上，大小写字母与数字组合	强密码口令
网络配置		符合集成商的网络规划	1）通过Web方式登录设备 2）进入设备的网络配置界面 3）根据集成商规划的网络拓扑配置设备接口 4）根据集成商规划的网络拓扑配置设备路由	符合集成商的网络规划，保证网络连通
策略配置	访问控制策略	已上线公有云不加策略 已上线专享云保持现状 未上线公有云不加策略 未上线专享云添加全禁止策略	1）通过Web方式登录设备 2）依次点击防火墙→访问控制 3）配置访问控制默认策略	根据访问控制策略要求，对已上线公有云不添加策略、已上线专享云保持现状、未上线公有云不添加策略、未上线专享云增加全禁止策略
其他配置	日志配置	日志发送到SOC，本地记录日志	1）通过Web方式登录设备 2）依次点击日志与报警→日志设置 3）配置日志服务器到资源池的SOC地址 4）勾选所有日志类型，日志级别设置为信息	能够将日志发送到SOC集中管理 本地能够查看日志
	NTP服务配置	时间与NTP服务器同步	1）通过Web方式登录设备 2）依次点击系统管理→配置→时间 3）配置NTP服务器	能够与服务器同步时间

2. DDoS 安全实施基线（见表 7-2）

表 7-2　DDoS 安全实施基线

类型	实施项目	配置要求	配置步骤	实现效果
管理	带外管理	能够带外管理设备	根据规划添加带外管理地址	可以通过带外地址管理设备
	密码	强口令密码	密码设置 8 位以上，大小写字母与数字组合	强密码口令
网络配置		符合集成商的网络规划	1）通过 Web 方式登录设备 2）进入设备的网络配置界面 3）根据集成商规划的网络拓扑配置设备接口 4）根据集成商规划的网络拓扑配置设备路由	符合集成商的网络规划，保证网络连通
策略配置	DDoS 检测设备联动配置	与清洗设备联动	1）通过 Web 方式登录检测设备 2）进入联动配置，将联动清洗设备配置为清洗设备的联动 IP 地址	能够在发现攻击的时候向清洗设备进行通告
	DDoS 清洗设备联动配置	与检测设备联动	1）通过 Web 方式登录清洗设备 2）进入联动配置，将联动检测设备配置为检测设备的联动 IP 地址	能够接收检测设备的联动请求，进行联动清洗
	DDoS 防御策略配置	已上线公有云开启自学习 已上线专享云开启自学习 未上线公有云开启自学习 未上线专享云开启自学习	1）通过 Web 方式登录设备 2）依次点击防护策略→防护对象 3）配置 DDoS 防御策略（开启自学习）	能够自学习网络流量情况，提供建议的配置参数供作配置参考
其他配置	日志配置	日志发送到 SOC，本地记录日志	1）通过 Web 方式登录设备 2）依次点击日志报表→日志设置 3）配置日志服务器到资源池的 SOC 地址	能够将日志发送到 SOC 集中管理 本地能够查看日志
	NTP 服务配置	时间与 NTP 服务器同步	1）通过 Web 方式登录设备 2）依次点击系统管理→系统设置→系统时间 3）配置 NTP 服务器	能够与服务器同步时间

3. 防病毒过滤网关安全实施基线（见表7-3）

表7-3 防病毒过滤网关安全实施基线

类型	实施项目	配置要求	配置步骤	实现效果
管理	带外管理	能够带外管理设备	根据规划添加带外管理地址	可以通过带外地址管理设备
	密码	强口令密码	密码设置8位以上，大小写字母与数字组合	强密码口令
网络配置		符合集成商的网络规划	1）通过Web方式登录设备 2）进入设备的网络配置界面 3）根据集成商规划的网络拓扑配置设备接口 4）根据集成商规划的网络拓扑配置设备路由	符合集成商的网络规划，保证网络连通
策略配置	病毒防御策略配置	已上线公有云开启HTTP、SMTP、POP3、FTP快速检测 已上线专享云开启HTTP、SMTP、POP3、FTP快速检测 未上线公有云开启HTTP、SMTP、POP3、FTP快速检测 未上线专享云开启HTTP、SMTP、POP3、FTP快速检测	1）通过Web方式登录设备 2）点击服务 3）配置病毒防御策略，开启HTTP、SMTP、POP3、FTP快速检测	能够检测HTTP、SMTP、POP3、FTP四种协议的病毒
其他配置	日志配置	日志发送到SOC，本地记录日志	1）通过Web方式登录设备 2）依次点击日志与报表→日志设置 3）配置日志服务器到资源池的SOC地址	能够将日志发送到SOC集中管理 本地能够查看日志
	NTP服务配置	时间与NTP服务器同步	1）通过Web方式登录设备 2）依次点击系统设置→系统时间 3）配置NTP服务器	能够与服务器同步时间

4. 流量控制安全实施基线（见表7-4）

表7-4　流量控制安全实施基线

类型	实施项目	配置要求	配置步骤	实现效果
管理	带外管理	能够带外管理设备	根据规划添加带外管理地址	可以通过带外地址管理设备
	密码	强口令密码	密码设置8位以上，大小写字母与数字组合	强密码口令
网络配置		符合集成商的网络规划	1）通过Web方式登录设备 2）进入设备的网络配置界面 3）根据集成商规划的网络拓扑配置设备接口 4）根据集成商规划的网络拓扑配置设备路由	符合集成商的网络规划，保证网络连通
策略配置	流量控制策略	已上线公有云不添加流量控制策略 已上线专享云不添加流量控制策略 未上线公有云不添加流量控制策略 未上线专享云不添加流量控制策略	不配置	不对流量进行限制
其他配置	NTP服务配置	时间与NTP服务器同步	1）通过Web方式登录设备 2）依次点击系统管理→配置→时间 3）配置NTP服务器	能够与服务器同步时间

5. WAF安全实施基线（见表7-5）

表7-5　WAF安全实施基线

类型	实施项目	配置要求	配置步骤	实现效果
管理	带外管理	能够带外管理设备	根据规划添加带外管理地址	可以通过带外地址管理设备
	密码	强口令密码	密码设置8位以上，大小写字母与数字组合	强密码口令
网络配置		符合集成商的网络规划	1）通过Web方式登录设备 2）进入设备的网络配置界面 3）根据集成商规划的网络拓扑配置设备接口 4）根据集成商规划的网络拓扑配置设备路由	符合集成商的网络规划，保证网络连通

（续）

类型	实施项目	配置要求	配置步骤	实现效果
策略配置	WAF 防御策略配置	已上线公有云添加只告警不阻断的策略，勾选访问控制日志和攻击日志 已上线专享云添加只告警不阻断的策略，勾选访问控制日志和攻击日志 未上线公有云添加只告警不阻断的策略，勾选访问控制日志和攻击日志 未上线专享云添加只告警不阻断的策略，勾选访问控制日志和攻击日志	1）通过 Web 方式登录设备 2）依次点击安全防护→透明检测→服务器配置，配置 WAF 防御策略，保护的服务器策略配置为监控模式，勾选攻击日志和访问日志 3）依次点击安全防护→透明检测→透明检测全局配置，全局开关设置为串联检测	能够检测针对被保护服务器的 Web 攻击行为，对攻击事件进行告警，后期根据发现的攻击告警进行安全策略细化
其他配置	日志配置	日志发送到 SOC，本地记录日志	1）通过 Web 方式登录设备 2）依次点击日志报表→日志设置 3）配置日志服务器到资源池的 SOC 地址	能够将日志发送到 SOC 集中管理 本地能够查看日志
	NTP 服务配置	时间与 NTP 服务器同步	1）通过 Web 方式登录设备 2）依次点击系统配置→系统配置→系统信息→日期与时间 3）配置 NTP 服务器	能够与服务器同步时间

6. IDP 安全实施基线（见表 7-6）

表 7-6　IDP 安全实施基线

类型	实施项目	配置要求	配置步骤	实现效果
管理	带外管理	能够带外管理设备	根据规划添加带外管理地址	可以通过带外地址管理设备
	密码	强口令密码	密码设置 8 位以上，大小写字母与数字组合	强密码口令
网络配置		符合集成商的网络规划	1）通过 Web 方式登录设备 2）进入设备的网络配置界面 3）根据集成商规划的网络拓扑配置设备接口 4）根据集成商规划的网络拓扑配置设备路由	符合集成商的网络规划，保证网络连通

（续）

类型	实施项目	配置要求	配置步骤	实现效果
策略配置	入侵防御策略配置	已上线公有云添加只告警不阻断的策略 已上线专享云保持现状 未上线公有云添加只告警不阻断的策略 未上线专享云添加高危阻断、中低危告警的策略	1）通过 Web 方式登录设备 2）依次点击安全防护→入侵防御策略 3）根据要求配置入侵防御策略	公有云能够检测网络中的攻击行为，对攻击事件进行告警 专享云能够检测网络中的攻击行为，对高危事件进行阻断，中低危胁事件进行告警
其他配置	日志配置	日志发送到 SOC，本地记录日志	1）通过 Web 方式登录设备 2）依次点击日志报表→日志设置 3）配置日志服务器到资源池的 SOC 地址 4）配置日志存储方式为记录到本地硬盘+发送到日志服务器，日志级别设置为信息	能够将日志发送到 SOC 集中管理 本地能够查看日志
	NTP 服务配置	时间与 NTP 服务器同步	1）通过 Web 方式登陆设备 2）依次点击系统管理→配置→时间 3）配置 NTP 服务器	能够与服务器同步时间

7. VPN 安全实施基线（见表 7-7）

表 7-7　VPN 安全实施基线

类型	实施项目	配置要求	配置步骤	实现效果
管理	带外管理	能够带外管理设备	根据规划添加带外管理地址	可以通过带外地址管理设备
	密码	强口令密码	密码设置 8 位以上，大小写字母与数字组合	强密码口令
网络配置		符合集成商的网络规划	1）通过 Web 方式登录设备 2）进入设备的网络配置界面 3）根据集成商规划的网络拓扑配置设备接口 4）根据集成商规划的网络拓扑配置设备路由	符合集成商的网络规划，保证网络连通

（续）

类型	实施项目	配置要求	配置步骤	实现效果
策略配置	VPN策略配置	安全设备只添加堡垒机到资源列表 资源池的其他设备不添加到VPN资源列表 客户的设备根据客户需求添加到资源列表	1）通过Web方式登录设备 2）依次点击SSLVPN→资源管理进行资源配置，添加堡垒机的资源 3）依次点击SSLVPN→ACL管理进行ACL配置，添加堡垒机的ACL 4）依次点击用户认证→用户管理进行用户配置 5）依次点击用户认证→角色管理进行角色配置，将用户、堡垒机的资源、堡垒机的ACL进行绑定	通过VPN可以登录堡垒机及客户要求的其他资源
其他配置	日志配置	日志发送到SOC，本地记录日志。	1）通过Web方式登录设备 2）依次点击日志与报警→日志设置 3）配置日志服务器到资源池的SOC地址 4）勾选所有日志类型，日志级别设置为信息	能够将日志发送到SOC集中管理 本地能够查看日志
	NTP服务配置	时间与NTP服务器同步	1）通过Web方式登录设备 2）依次点击系统管理→配置→时间 3）配置NTP服务器	能够与服务器同步时间

8. 网闸安全实施基线（见表7-8）

表7-8　网闸安全实施基线

类型	实施项目	配置要求	配置步骤	实现效果
管理	带外管理	能够带外管理设备	根据规划配置带外管理口	可以通过带外管理口管理设备
	密码	强口令密码	密码设置8位以上，大小写字母与数字组合	强密码口令
网络配置		符合集成商的网络规划	1）通过客户端方式登录设备 2）进入设备的网络配置界面 3）根据集成商规划的网络拓扑配置设备接口 4）根据集成商规划的网络拓扑配置设备路由	符合集成商的网络规划，保证网络连通

（续）

类型	实施项目	配置要求	配置步骤	实现效果
策略配置	网闸策略配置	已上线公有云根据需求配置策略（至少开放跨网闸管理网闸对端设备的策略） 已上线专享云根据需求配置策略（至少开放跨网闸管理网闸对端设备的策略） 未上线公有云根据需求配置策略（至少开放跨网闸管理网闸对端设备的策略） 未上线专享云根据需求配置策略（至少开放跨网闸管理网闸对端设备的策略）	1）通过客户端方式登录设备 2）点击快捷功能 3）根据需求配置网闸通信策略	能够根据需求放行相应的流量

9. 安全审计安全实施基线（见表 7-9）

表 7-9　安全审计安全实施基线

类型	实施项目	配置要求	配置步骤	实现效果
管理	带外管理	能够带外管理设备	根据规划添加带外管理地址	可以通过带外地址管理设备
	密码	强口令密码	密码设置 8 位以上，大小写字母与数字组合	强密码口令
网络配置		符合集成商的网络规划	1）通过 Web 方式登录设备 2）进入设备的网络配置界面 3）根据集成商规划的网络拓扑配置设备接口 4）根据集成商规划的网络拓扑配置设备路由	符合集成商的网络规划，保证网络连通
其他配置	日志配置	日志发送到 SOC，本地记录日志	1）登录系统 Web 页面，进入 Syslog 外发配置菜单项 2）填写外发服务器地址（安管服务器地址）和端口号 3）配置日志服务器到资源池的 SOC 地址	能够将日志发送到 SOC 集中管理 本地能够查看日志
	NTP 服务配置	时间与 NTP 服务器同步	1）登录系统 Web 页面，进入系统时间配置菜单项添加 2）配置 NTP 服务器	能够与服务器同步时间

10. 堡垒机安全实施基线（见表7-10）

表7-10　堡垒机安全实施基线

类型	实施项目	配置要求	配置步骤	实现效果
管理	带外管理	能够带外管理设备	根据规划添加带外管理地址	可以通过带外地址管理设备
	密码	强口令密码	密码设置8位以上，大小写字母与数字组合	强密码口令
网络配置		符合集成商的网络规划	1）通过Web方式登录设备 2）进入设备的网络配置界面 3）根据集成商规划的网络拓扑配置设备接口 4）根据集成商规划的网络拓扑配置设备路由	符合集成商的网络规划，保证网络连通
策略配置	资源配置	添加防火墙、DDoS、防病毒过滤网关、WAF墙、流量控制、IDP、VPN、安全审计、漏扫、安全管理平台的资产	1）通过Web方式登录设备 2）依次单击元目录→资源管理，选择一个组名 3）单击目录树对应的右侧资源列表界面中的“添加” 4）添加防火墙、DDoS、防病毒过滤网关、WAF墙、流量控制、IDP、VPN、安全审计、漏扫、安全管理平台的资产	可以对防火墙、DDoS、防病毒过滤网关、WAF墙、流量控制、IDP、VPN、安全审计、漏扫、安全管理平台进行资产管理
	用户配置	添加自然人账号	1）通过Web方式登录设备 2）依次点击元目录→自然人 3）左侧组织机构下的添加，输入组名，提交 4）左侧选中新加的组 5）右侧点击添加按钮添加自然人	可以添加自然人
	授权配置	给添加的自然人账号授权，能够访问防火墙、DDoS、防病毒过滤网关、WAF墙、流量控制、IDP、VPN、安全审计、漏扫、安全管理平台	1）通过Web方式登录设备 2）依次单击元目录→自然人 3）选择刚才新建自然人的组名 4）单击对应的自然人右侧的资源授权 5）然后点击添加，选择对应的资源和该资源的账号，点击确认	给自然人授权可以访问防火墙、DDoS、防病毒过滤网关、WAF墙、流量控制、IDP、VPN、安全审计、漏扫、安全管理平台
其他配置	NTP服务配置	时间与NTP服务器同步	1）通过Web方式登录设备 2）依次点击配置管理→系统配置→时间与环境配置 3）配置NTP服务器	能够与服务器同步时间

11. 漏扫安全实施基线（见表7-11）

表7-11　漏扫安全实施基线

类型	实施项目	配置要求	配置步骤	实现效果
管理	带外管理	能够带外管理设备	根据规划添加带外管理地址	可以通过带外地址管理设备
	密码	强口令密码	密码设置8位以上，大小写字母与数字组合	强密码口令
网络配置		符合集成商的网络规划	1）通过Web方式登录设备 2）进入设备的网络配置界面 3）根据集成商规划的网络拓扑配置设备接口 4）根据集成商规划的网络拓扑配置设备路由	符合集成商的网络规划，保证网络连通
其他配置	日志配置	日志发送到SOC，本地记录日志	1）通过Web方式登录设备 2）依次点击日志管理→日志服务器 3）配置日志服务器到资源池的SOC地址	能够将日志发送到SOC集中管理 本地能够查看日志
	NTP服务配置	时间与NTP服务器同步	1）通过Web方式登录设备 2）依次单击系统管理→系统时间 3）配置NTP服务器	能够与服务器同步时间

12. 安全管理平台安全实施基线（见表7-12）

表7-12　安全管理平台安全实施基线

类型	实施项目	配置要求	配置步骤	实现效果
管理	带外管理	能够带外管理设备	1）安装安全管理平台的时候勾选以服务形式安装 2）确保服务启动	可以通过带外地址管理设备
	密码	强口令密码	密码设置8位以上，大小写字母与数字组合	强密码口令
策略配置	资产配置	添加防火墙、DDoS、防病毒过滤网关、WAF墙、IDP、VPN、安全审计、漏扫的资产，进行资产管理	1）使用操作管理员登录系统，打开【资产】-【资产管理】页面 2）单击右上角“新建” 3）在弹出的新建资产操作页面中填写资产的属性：如IP地址、资产名称、资产类型、管理节点、状态、管理账号、管理密码、确认密码、操作系统、主机名、安全等级、联系人等 4）保存 5）依次添加防火墙、DDoS、防病毒过滤网关、WAF墙、IDP、VPN、安全审计、漏扫的资产	可以对防火墙、DDoS、防病毒过滤网关、WAF墙、IDP、VPN、安全审计、漏扫进行资产管理

（续）

类型	实施项目	配置要求	配置步骤	实现效果
策略配置	日志源配置	添加防火墙、DDoS、防病毒过滤网关、WAF墙、IDP、VPN、安全审计、漏扫的日志源，收集这些设备的日志	1）使用操作管理员登录系统，打开【资产】-【资产管理】页面 2）双击资产列表中要编辑的资产行 3）点击基本信息右侧的日志源管理选项卡 4）单击“新建” 5）在弹出的新建日志源操作页面中选择填写日志源的属性：如日志源名称、日志源类型、收集方式、日志源状态、存储原始日志、覆盖日志时间、限速、日志保存时间、过滤规则、归并规则等。根据选择的日志源类型不同，填写项也不同 6）保存 7）依次添加防火墙、DDoS、防病毒过滤网关、WAF墙、IDP、VPN、安全审计、漏扫的日志源	可以收集防火墙、DDoS、防病毒过滤网关、WAF墙、IDP、VPN、安全审计、漏扫的日志
其他配置	事件归类分析	对收集到的日志事件进行归类分析，归类依据自定义的归类规则，生成相应的报表	1）使用操作管理员登录系统 2）进入事件归类规则自定义界面 3）根据需求自定义规则 4）根据归类后的规则生成报表	可以对事件归类规则进行自定义，根据定义的规则进行归类分析，生成相应的报表

7.4　信息安全等级保护2.0

7.4.1　等级保护发展历程与展望

信息安全等级保护1.0时代

（1）体系简介

信息系统安全等级测评是验证信息系统是否满足相应安全保护等级的评估过程，信息安全等级保护简称等保。信息安全等级保护工作包括定级、备案、安全建设和整改、信息安全等级测评、信息安全检查五个阶段。安全等级保护包括两个层面：安全技术、安全管理。相关法律法规例如《信息安全等级保护管理办法》等。

（2）安全保护等级分级

信息安全等级保护共划分为五个等级：

第一级，信息系统受到破坏后，会对公民、法人和其他组织的合法权益造成损害，但不损害国家安全、社会秩序和公共利益。

第二级，信息系统受到破坏后，会对公民、法人和其他组织的合法权益产生严重损害，或者对社会秩序和公共利益造成损害，但不损害国家安全。

第三级，信息系统受到破坏后，会对社会秩序和公共利益造成严重损害，或者对国家安全造成损害。

第四级，信息系统受到破坏后，会对社会秩序和公共利益造成特别严重损害，或者对国家安全造成严重损害。

第五级，信息系统受到破坏后，会对国家安全造成特别严重损害。

（3）安全保护等级实施原则

根据《信息系统安全等级保护实施指南》手册上明确了以下基本原则：

1）**自主保护原则**：信息系统运营、使用单位及其主管部门按照国家相关法规和标准，自主确定信息系统的安全保护等级，自行组织实施安全保护。

2）**重点保护原则**：根据信息系统的重要程度、业务特点，通过划分不同安全保护等级的信息系统，实现不同强度的安全保护，集中资源优先保护涉及核心业务或关键信息资产的信息系统。

3）**同步建设原则**：信息系统在新建、改建、扩建时应当同步规划和设计安全方案，投入一定比例的资金建设信息安全设施，保障信息安全与信息化建设相适应。

4）**动态调整原则**：要跟踪信息系统的变化情况，调整安全保护措施。由于信息系统的应用类型、范围等条件的变化及其他原因，安全保护等级需要变更的，应当根据等级保护的管理规范和技术标准的要求，重新确定信息系统的安全保护等级，根据信息系统安全保护等级的调整情况，重新实施安全保护。

（4）安全保护等级备案

第二级以上信息系统，应当在安全保护等级确定后30日内，由其运营、使用单位到所在地设区的市级以上公安机关办理备案手续。

新建第二级以上信息系统，应当在投入运行后30日内，由其运营、使用单位到所在地设区的市级以上公安机关办理备案手续。

（5）备案手续办理

办理信息系统安全保护等级备案手续时，应当填写《信息系统安全等级保护备案表》，第三级以上信息系统应当同时提供以下材料：

1）系统拓扑结构及说明；

2）系统安全组织机构和管理制度；

3）系统安全保护设施设计实施方案或者改建实施方案；

4）系统使用的信息安全产品清单及其认证、销售许可证明；

5）测评后符合系统安全保护等级的技术检测评估报告；

6）信息系统安全保护等级专家评审意见；

7）主管部门审核批准信息系统安全保护等级的意见。

（6）安全等级保护定期测评

依据《信息安全等级保护管理办法》第十四条规定，第三级信息系统应当每年至少进行一次等级测评，第四级信息系统应当每半年至少进行一次等级测评，第五级信息系统应当依据特殊安全需求进行等级测评。

（7）标准规范

1）《计算机信息系统安全等级保护划分准则》（GB 17859—1999）（基础类标准）；

2）《信息系统安全等级保护实施指南》（GB/T 25058—2010）（基础类标准）；

3）《信息系统安全保护等级保护定级指南》（GB/T 22240—2008）（应用类定级标准）；

4）《信息系统安全等级保护基本要求》（GB/T 22239—2008）（应用类建设标准）；

5）《信息系统通用安全技术要求》（GB/T 20271—2006）（应用类建设标准）；

6）《信息系统等级保护安全设计技术要求》（GB/T 25070—2010）（应用类建设标准）；

7）《信息系统安全等级保护测评要求》（GB/T 28448—2012）（应用类测评标准）；

8）《信息系统安全等级保护测评过程指南》（GB/T 28449—2012）（应用类测评标准）；

9）《信息系统安全管理要求》（GB/T 20269—2006）（应用类管理标准）；

10）《信息系统安全工程管理要求》（GB/T 20282—2006）（应用类管理标准）。

（8）其他相关标准

1）《信息安全技术　信息系统物理安全技术要求》（GB/T 21052—2007）；

2）《信息安全技术　网络基础安全技术要求》（GB/T 20270—2006）；

3）《信息安全技术　信息系统通用安全技术要求》（GB/T 20271—2006）；

4）《信息安全技术　操作系统安全技术要求》（GB/T 20272—2006）；

5）《信息安全技术　数据库管理系统安全技术要求》（GB/T 20273—2006）；

6）《信息安全技术　信息安全风险评估规范》（GB/T 20984—2007）；

7）《信息安全技术　信息安全事件管理指南》（GB/T 20985—2007）；

8）《信息安全技术　信息安全事件分类分级指南》（GB/Z 20986—2007）；

9）《信息安全技术　信息系统灾难恢复规范》（GB/T 20988—2007）。

7.4.2　等级保护2.0标准体系

1. 等级保护2.0简介

信息安全等级保护进入2.0时代，保护对象从传统的网络和信息系统，向“云、移、物、工、大”上扩展，基础网络、重要信息系统、互联网、大数据中心、云计算平台、物联网系统、移动互联网、工业控制系统、公众服务平台等都纳入了等级保护的范围。

网络安全等级保护2.0新标准具有以下三个特点。

1）等级保护的基本要求、测评要求和安全设计技术要求框架统一，即安全管理中心支持下的三重防护结构框架。

2）通用安全要求+新型应用安全扩展要求，将云计算、移动互联、物联网、工业控制系统等列入标准规范。

3）将可信验证列入各级别和各环节的主要功能要求。

2. 主要标准

1）《信息安全技术 网络安全等级保护定级指南》（GB/T 22240—2020）：该标准代替了GB/T 22240—2008，由于新技术新业务形态的变化（云计算、物联网、大数据、移动互联技术）等出现，旧的标准不再适应今天的新业务新技术的变化，该标准主要讲述系统如何科学进行定级。

2）《信息安全技术 网络安全等级保护基本要求》（GB/T 22239—2019）：该标准代替了GB/T 22239—2008，同样由于新技术新业务形态的变化（云计算、物联网、大数据、移动互联技术）等出现，旧的标准不再适应今天的新业务新技术的变化。这个标准非常重要，所有网络运营者、安全服务/测评机构、第三方监管机构、厂家等都是依据该标准进行建设、测评和检查。

3）《信息安全技术 网络安全等级保护测评要求》（GB/T 28448—2019）：该标准代替了GB/T 28448—2012，它分别针对基本要求的每个级别、每个类和控制点都进行讲述如何测评和评判符合程度。

4）《信息安全技术 网络安全等级保护测评过程指南》（GB/T 28449—2018 ）。

5）《信息安全技术网络安全等级保护安全设计技术要求》（GB/T 25070—2019）。

6）《信息安全技术 网络安全等级保护测评机构能力要求和评估规范》（GB/T 36959—2018）。

3. 定级要求

等级保护定级指南2.0标准（GB/T 22240—2）细化了网络安全等级保护制度定级对象的具体范围，主要包括基础信息网络、工业控制系统、云计算平台、物联网、使用移动互联技术的网络、其他网络以及大数据等多个系统平台。

等级保护2.0中修改定级对象三大基本特征为

1）具有确定的主要安全责任主体；

2）承载相对独立的业务应用；

3）包含相互关联的多个资源。

基础信息网络、工业控制系统、云计算平台、物联网、采用移动互联技术的网络和大数据在满足以上三个基本特征的基础上，还遵循如下要求：

1）基础信息网络：对于电信网、广播电视传输网、互联网等基础信息网络，应分别依据服务类型、服务地域和安全责任主体等因素将其划分为不同的定级对象，而跨省业务专网既可以作为一个整体定级，也可根据区域划分为若干对象定级。

2）物联网：虽然包括感知、网络传输和处理应用等多种特征因素，但仍应将以上要素作为一个整体的定级对象，各要素并不单独定级。

3）工业控制系统：应将现场采集/执行、现场控制和过程控制等要素应作为一个整体对象定级，而生产管理要素可以单独定级；对于大型工业控制系统，可以根据系统功能、责任主体、控制对象和生产厂商等因素划分为多个定级对象。

4）云计算平台：应区分为服务提供方与租户方，各自分别作为定级对象；对于大型云计算平台，应将云计算基础设施和有关辅助服务系统划分为不同的定级对象。

5）采用移动互联技术的网络：应将移动终端、移动应用、无线网络等要素与相关有线网络业务系统作为整体对象定级。

6）大数据：除安全责任主体相同的平台和应用可以整体定级外，应单独定级。

在定级原则上，《等保条例》放弃了《管理办法》中的“自主定级、自主保护”原则，采取了以国家行政机关持续监督的“明确等级、增强保护、常态监督”方式。除上述系统，还做了对关键信息基础设施，定级原则上不低于三级的规定。

4. 云计算的等级保护2.0扩展要求解析

1）安全保护定级：

第一级：等级保护对象受到损害后，会对公民，法人及组织造成损害，但不会对社会秩序，公共利益和国家安全造成损害。

第二级：等级保护对象受到损害后，会对公民，法人及组织造成严重损害，对社会秩序，公共利益造成损害，但不对国家安全造成损害。

第三级：等级保护对象受到损害后，会对公民，法人及组织造成特别严重损害，对社会秩序，公共利益造成严重损害，对国家安全造成损害。

第四级：等级保护对象受到损害后，对社会秩序，公共利益造成特别严重损害，对国家安全造成严重损害。

第五级：等级保护对象受到损害后，对国家安全造成特别严重损害。

2）IaaS：IaaS服务下，云服务方责任硬件及虚拟化层的防护；虚拟化以上的客户机的安全防护，数据库防护以及中间件和应用及数据的防护，一般是由租户需要去面对的问题。

3）PaaS：PaaS服务模式下，客户虚拟机的安全防护责任交给了云服务商，云租户需要加强如软件开发平台中间件以及应用和数据本身的安全防护。

4）SaaS：SaaS服务模式下，云租户需要加强应用安全配置及数据安全的防护。

7.5　常用安全规范

7.5.1　云存储安全规范

存储虚拟化通过在物理存储系统和服务器之间增加一个虚拟层，屏蔽底层硬件的物理差异，向上层应用提供统一的存取访问接口，其具体安全防护要求如下：

1）支持磁盘锁定功能，以确保同一虚拟机不能在同一时间被多个用户打开；

2）支持设备冗余功能，当某台宿主服务器出现故障时，该服务器上的虚拟机磁盘锁定将被解除，以允许从其他宿主服务器重新启动这些虚拟机实例。

7.5.2 网络安全规范

网络域包括网络统一接入、网络安全传输、网络流量监控等物理网络安全技术要求，网络域安全中的网络主要是承载云计算服务，并为云计算服务提供高速转发数据通道。网络统一接入，即云用户身份管理及访问机制，统一接入机制包含以下几点功能要求。

1. 身份的有效管理

统一接入机制应支持用户账号生命周期管理：用户身份管理遵循账号的生命周期管理，生命周期管理必须包括账号注册、角色权限分配、角色权限变更、账号删除全过程的管控以及账号注册、变更应通过相应的审批过程。系统支持通过建立用户组，对用户进行集中的身份管理，实现集中访问控制、集中授权、集中审计。

2. 密码及认证管理

1）建立统一的认证系统，对不同级别的用户的密码进行系统管理，支持根据云计算系统的安全策略来统一设定相应的密码策略，如密码长度、密码复杂度等，并应支持用户密码同步服务和密码重置服务。

2）支持主流认证方式，如数字证书认证、令牌卡认证、硬件信息绑定认证、生物特征认证、多因素认证等，并可按需撤销这些信任凭证。

3）支持不同应用系统的单点登录，并可设置单点登录的最长会话时间、最长空闲时间、最长高速缓存时间等。

4）支持根据不同类型和等级的系统、服务、端口采用相应等级的一种或多种组合认证方式，以满足安全等级与成本、易用性的平衡要求。

5）支持提供用户访问日志记录，记录用户登录信息，包括系统标识、登录用户、登录时间、登录 IP、登录终端等标识。

3. 访问授权

1）系统支持根据身份标识及访问策略（如角色或访问控制列表）访问系统资源。

2）用户账号访问授权应精确到自然人，用户通过账号进行标识，每个用户一个账号，每个账号只属于一个人。

3）系统支持集中控制用户访问，根据用户、用户组、用户级别进行集中授权和分级授权，控制用户可以执行的操作。

4）支持访问策略制定，针对不同用户，对资源的访问权限进行策略制定，针对指定的资源定义相应的访问控制列表。并需要反映到虚拟化层，如虚拟机的 IP 地址和端口号、访问时间等，可借鉴的技术有 RBAC、ACL 等。

4. 审计

云系统支持根据已定义的访问策略对用户访问资源合规进行及时的监控、审计。应支持用户账号权限的集中审计，包括：用户账号集中审计能发现、阻止私设账号或账号逾期未收回，利用已经作废或假冒的账号进行登录尝试，试图利用合法账号访问未经授权的资源等非法行为等。

5. 身份与访问管理 API

支持通过 API 的方式实现身份管理的功能，部署 API 安全受控机制以及系统安全监控设备，并由有专人负责监控系统 API 访问的受控行为，预防、阻止黑客操控恶意应用进行非法 API 攻击。

为保证用户远距离访问云系统资源过程的安全性，系统部署网络传输保护机制，典型技术如虚拟专用网络 VPN 机制。由于 VPN 在不安全的互联网环境中实现，需采用下述相关安全机制实现 VPN 的安全通信。

1）隧道技术：应支持 GRE 隧道技术，即通用路由封装协议，GRE 隧道技术支持入口地址使用普通主机网络的地址空间，隧道中流动的原始报文使用 VPN 的地址空间，将 VPN 路由信息从普通主机网络的路由中隔离。

2）加密认证技术：为保证数据在 VPN 传输过程中的安全性，不被非法用户窃取或篡改，应在 VPN 隧道的起点进行加密，在隧道终点再对其进行解密，如 3DES 的加解密技术。为避免网络攻击对云系统的危害，系统应根据特定的安全策略对网络流量进行监控。监控的内容包括：关键字、关键协议、关键数据来源等。系统应支持网络流量识别与分析功能，应采用以下技术实现网络流量的监测与控制：

① DPI 技术：应支持通过深入读取 IP 包载荷的内容来对 OSI 七层协议中的应用层信息进行重组，从而得到整个应用程序的内容。通过 DPI 技术分析 IP 报文中 4 ~ 7 层数据，识别业务类型、用户访问目标地址、用户接入方式、终端类型、位置等信息。

② DFI 技术：应支持根据不同的应用数据流状态的特征量比对，实现对数据流量进行识别。

7.5.3　虚拟化安全规范

通常，入侵事件往往首先在以下方式：

1）利用自己（或者窃取）的合法账号越权操作；

2）寻找系统弱口令甚至空口令；

3）伪造受信任的 IP（MAC）地址；

4）不恰当的防火墙配置以及糟糕的安全策略；

5）扫描目标机器并得到开放端口、服务商和版本以及漏洞列表等信息；

6）利用系统或者相关软件漏洞远程侵入并提升权限；

7）病毒木马以及其他貌似合法的后门程序植入。

如果以上突破点有一个或者更多被攻破，那么入侵事件就有可能发生。因此，保证网络信息安全一般需满足以下前提：

1）服务器远程管理源端口转换策略；

2）安全组最小端口范围开放原则，避免端口全部放开；

3）服务器强密码策略（大小字母、特殊符号，最少 8 位组合，每 3 个月修改一次密码）；

4）服务器漏洞定期扫描打补丁；
5）应用代码健壮性，减少代码漏洞；
6）主观上足够的信息安全意识。

7.6 常见安全配置实例

7.6.1 云主机安全配置实例

1. Linux 系统主机安全配置（见表 7-13）

表 7-13 Linux 系统主机安全配置

序号	检查项名称	配置要求
1	口令锁定策略	对于采用静态口令认证技术的设备，应配置当用户连续认证失败次数超过 6 次（不含 6 次），锁定该用户使用的账号
2	查找未授权的SUID - SGID 文件	去掉所有文件“系统文件”属性，防止用户滥用及提升权限的可能性
3	登录超时时间设置	对于具备字符交互界面的设备，应配置定时账户自动登出，避免管理员忘记注销登录，减少安全隐患
4	限制 root 用户 SSH 远程登录	限制具备超级管理员权限的用户远程登录，远程执行管理员权限操作，应先以普通权限用户远程登录后，再切换到超级管理员权限账号后执行相应操作
5	使用 SSH 协议进行远程维护	对于使用 IP 协议进行远程维护的设备，设备应配置使用 SSH 等加密协议，并安全配置 SSHD 的设置
6	删除潜在危险文件	. rhosts、. netrc、. hosts、. equiv 等文件都具有潜在的危险，如果没有应用，应该删除
7	文件与目录缺省权限控制	控制用户缺省访问权限，当在创建新文件或目录时，应屏蔽掉新文件或目录不应有的访问允许权限，防止同属于该组的其他用户及别的组的用户修改该用户的文件或更高限制
8	账号文件权限设置	涉及账号、账号组、口令、服务等的重要文件和目录的权限设置不能被任意人员删除，修改
9	口令生存期	对于采用静态口令认证技术的设备，维护人员使用的账户口令的生存期不长于 90 天
10	禁止 UID 为 0 的用户存在多个	UID 为 0 的任何用户都拥有系统的最高特权，不应存在多个
11	口令复杂度	对于采用静态口令认证技术的设备，口令长度至少 8 位并包括数字、小写字母、大写字母和特殊符号 4 类中至少 2 类
12	root 用户环境变量的安全性	root 用户环境变量的安全性
13	删除任何人都有写权限的目录的写权限	文件系统—检查任何人都有写权限的目录

（续）

序号	检查项名称	配置要求
14	删除任何人都有写权限的文件写权限	文件系统——查找任何人都有写权限的文件
15	删除没有属主的文件	文件系统——检查没有属主的文件
16	限制 root 用户 TELNET 远程登录	应该禁止 root 用户通过 TELNET 协议远程访问
17	系统 core dump 状态	系统 core dump 状态，core dump 中可能包括系统信息，易被入侵者利用，建议关闭
18	启用远程日志功能	设备配置远程日志功能，将需要重点关注的日志内容传输到日志服务器
19	修改 SSH 的 Banner 信息	用户通过网络或者本地成功登录系统后，显示一些警告信息
20	删除无关账号	应删除或锁定与设备运行、维护等工作无关的账号
21	配置用户最小授权	在设备权限配置能力内，根据用户的业务需要，配置其所需的最小权限
22	记录安全事件日志	设备应配置日志功能，记录对与设备相关的安全事件
23	设置账户组	根据系统要求及用户的业务需求，建立多账户组，将用户账号分配到相应的账户组
24	修改 SSH 的 Banner 警告信息	SSH 登录时显示警告信息，在登录成功前不泄漏服务器信息
25	禁止 IP 路由转发	对于不做路由功能的系统，应该关闭数据包转发功能
26	配置 NFS 服务限制	NFS 服务：如果没有必要，需要停止 NFS 服务 如果需要 NFS 服务，需要限制能够访问 NFS 服务的 IP 范围
27	禁止组合键关机	禁止 Ctrl + Alt + Del，防止非法重新启动服务器
28	控制远程访问的 IP 地址	对于通过 IP 协议进行远程维护的设备，设备应支持对允许登录到该设备的 IP 地址范围进行设定
29	禁止存在空密码的账户	不允许存在空密码的账户
30	配置 NTP	如果网络中存在信任的 NTP 服务器，应该配置系统使用 NTP 服务保持时间同步
31	禁止 ICMP 重定向	主机系统应该禁止 ICMP 重定向，采用静态路由
32	修改 FTP 的 Banner 信息	FTP 登录时需要显示警告信息，隐藏操作系统和 FTP 服务器相关信息
33	修改 SNMP 的默认 Community	如果没有必要，需要停止 SNMP 服务 如果确实需要使用 SNMP 服务，需要修改 SNMP Community
34	避免账号共享	应按照不同的用户分配不同的账号，避免不同用户间共享账号，避免用户账号和设备间通信使用的账号共享
35	设置屏幕锁定	对于具备图形界面（含 Web 界面）的设备，应配置定时自动屏幕锁定

（续）

序号	检查项名称	配置要求
36	用户 FTP 访问安全配置	设置 FTP 用户登录后对文件目录的存取权限
37	关闭不必要启动项	列出系统启动时自动加载的进程和服务列表，不在此列表的需关闭
38	补丁安装	应根据需要及时进行补丁装载，对服务器系统应先进行兼容性测试
39	记录账户登录日志	设备应配置日志功能，对用户登录进行记录，记录内容包括用户登录使用的账号，登录是否成功，登录时间，以及远程登录时，用户使用的 IP 地址
40	日志文件安全	设备应配置权限，控制对日志文件读取、修改和删除等操作
41	口令重复次数限制	对于采用静态口令认证技术的设备，应配置设备，使用户不能重复使用最近 5 次（含 5 次）内已使用的口令
42	禁止 root 用户登录 FTP	控制 FTP 进程缺省访问权限，当通过 FTP 服务创建新文件或目录时应屏蔽掉新文件或目录不应有的访问允许权限
43	配置 su 命令使用情况记录	启用 syslog 系统日志审计功能
44	限制 FTP 用户登录后能访问的目录	应该从应用层面进行必要的安全访问控制，比如 FTP 服务器应该限制 FTP 可以使用的目录范围
45	关闭不必要的服务和端口	列出所需要服务的列表（包括所需的系统服务），不在此列表的服务需关闭
46	使用 PAM 认证模块禁止 wheel 组之外的用户 su 为 root	使用 PAM 禁止任何人 su 为 root
47	禁止匿名 FTP	禁止匿名 FTP
48	修改 TELNET 的 Banner 信息	修改系统 Banner，避免泄漏操作系统名称，版本号，主机名称等，并且给出登录告警信息
49	记录 cron 行为日志	启用记录 cron 行为日志功能
50	设置关键文件的属性	增强关键文件的属性，减少安全隐患，使 messages 文件只可追加，使轮循的 messages 文件不可更改
51	禁止 IP 源路由	调整内核安全参数，增强系统安全性
52	打开 syncookie 缓解 syn flood 攻击	调整内核安全参数，增强系统安全性，打开 syncookies
53	更改主机解析地址的顺序	更改主机解析地址的顺序，减少安全隐患，/etc/host. conf 文件说明了如何解析地址
54	历史命令设置	保证 bash shell 保存少量的（或不保存）命令，保存较少的命令条数，减少安全隐患
55	对 root 为 ls、rm 设置别名	为 ls 设置别名使得 root 可以清楚地查看文件的属性（包括不可更改等特殊属性），为 rm 设置别名使得 root 在删除文件时进行确认，避免误操作

（续）

序号	检查项名称	配置要求
56	禁止存在“心血”漏洞	利用该漏洞可以随时获取到使用 HTTPS 协议访问系统的用户名、密码，建议立刻升级 openssl
57	禁止存在 bash 安全漏洞	GNU Bash 4.3 及之前版本在评估某些构造的环境变量时存在安全漏洞，向环境变量值内的函数定义后添加多余的字符串会触发此漏洞，攻击者可利用此漏洞改变或绕过环境限制，以执行 shell 命令。某些服务和应用允许未经身份验证的远程攻击者提供环境变量以利用此漏洞。此漏洞源于在调用 bash shell 之前可以用构造的值创建环境变量。这些变量可以包含代码，在 shell 被调用后会被立即执行

2. Windows 系统主机安全配置（见表 7-14）

表 7-14 Windows 系统主机安全配置

序号	检查项	要求内容
1	Windows - 账号管理	应按照不同的用户分配不同的账号，避免不同用户间共享账号，避免用户账号和设备间通信使用的账号共享
2		应删除与运行、维护等工作无关的账号，删除过期账号
3		重命名 Administrator，禁用 guest（来宾）账号
4	Windows - 授权 - 01	本地、远端系统强制关机只指派给 Administrators 组
5	Windows - 授权 - 02	在本地安全设置中取得文件或其他对象的所有权仅指派给 Administrators
6	Windows - 授权 - 03	在本地安全设置中只允许授权的账号进行本地、远程访问登录此计算机
7	Windows - 口令 - 01	密码长度最少 8 位，密码复杂度至少包含以下四种类别的字符中的三种：英语大写字母 A，B，C，…，Z、英语小写字母 a，b，c，…，z、阿拉伯数字 0，1，2，…，9、非字母数字字符，如标点符号，@，#，$,%，&，* 等
8	Windows - 口令 - 02	对于采用静态口令认证技术的设备，账户口令的生存期一般不超过 90 天，最长不超过 180 天
9	Windows - 口令 - 03	对于采用静态口令认证技术的设备，应配置设备，使用户不能重复使用最近 5 次（含 5 次）内已使用的口令
10	Windows - 口令 - 04	对于采用静态口令认证技术的设备，应配置当用户连续认证失败次数超过 6 次（不含 6 次），锁定该用户使用的账号
11	Windows - 安全补丁 - 01	在保证业务可用性的前提下，经过分析测试后，可以选择更新使用最新版本的补丁
12	Windows - 防护软件 - 01	启用自带防火墙或安装第三方威胁防护软件。根据业务需要限定允许访问网络的应用程序，和允许远程登录该设备的 IP 地址范围
13	Windows - 防病毒软件 - 01	安装防病毒软件，并及时更新
14	Windows - 日志 - 01	设备应配置日志功能，对用户登录进行记录，记录内容包括用户登录使用的账号、登录是否成功、登录时间、远程登录时长以及用户使用的 IP 地址

（续）

序号	检查项	要求内容
15	Windows－日志－02	开启审核策略，以便出现安全问题后进行追查
16	Windows－日志－03	设置日志容量和覆盖规则，保证日志存储
17	Windows－Windows 服务－01	关闭不必要的服务
18	Windows－Windows 服务－02	如需启用 SNMP 服务，则修改默认的 SNMP Community String 设置
19	Windows－Windows 服务－03	如对互联网开放 WindowsTerminial 服务（Remote Desktop），需修改默认服务端口
20	Windows－启动项－01	关闭无效启动项
21	Windows－关闭自动播放功能－01	关闭 Windows 自动播放功能
22	Windows－共享文件夹－01	在非域环境下，关闭 Windows 硬盘默认共享，例如 C$，D$
23	Windows－共享文件夹－02	设置共享文件夹的访问权限，只允许授权的账户拥有权限共享此文件夹
24	Windows－使用 NTFS 文件系统－01	在不毁坏数据的情况下，将 FAT 分区改为 NTFS 格式
25	Windows－网络访问－01	禁用匿名访问命名管道和共享
26	Windows－网络访问－02	禁用可远程访问的注册表路径和子路径
27	Windows－会话超时设置－01	对于远程登录的账户，设置不活动所连接时间为 15min
28	Windows－注册表设置－01	在不影响系统稳定运行的前提下，对注册表信息进行更新

7.6.2 云存储安全配置实例

为了保证安全云存储系统的正确性和高效性，不同系统的设计者往往会根据系统的特征，为系统添加一些特定的解决方案，这些解决方案称为安全云存储系统中的关键技术。在不同的系统中所使用的关键技术也不尽相同。随着云存储的发展与应用，一些在传统安全网络存储系统中所不关注的技术在安全云存储系统中受到了重视。现有的云存储系统中所使用到的关键技术大致可分为下述几类。

1. 安全、高效的密钥生成管理分发机制

在目前的安全云存储系统中，数据加密存储是解决机密性问题的主流方法。数据加密时必须用到密钥，在不同系统中，根据密钥的生成粒度不同，需要管理的密钥数量级也不一样。若加密粒度太大，虽然客户可以很方便地管理，却不利于密钥的更新和分发；若加密粒度太小，虽然用户可以进行细粒度的访问权限控制，但密钥管理的开销也会变得非常大。现有的安全云存储系统大都采用了粒度偏小或适中的加密方式，在这种方式下系统将会产生大量密钥。如何安全、高效地生成密钥并对其进行管理与分发是安全云存储系统中需要解决的重要问题。密钥生成关键在于如何减少需要维护的密钥数量和能够高效处理密钥的更新。目前的安全云存储系统所采用的密钥生成机制主要有以下3种。

（1）随机生成

随机生成密钥是最直接产生对称密钥的方式，CRUST 和 Plutus 等系统均采用了这种方式产生对称密钥对数据进行加密。这种加密方式具有良好的私密性和可扩展性，数据内容不容易被破解，但是密钥不能用作其他用途（例如数据的完整性校验），生成的数据密文随机性较强，不利于系统的重复数据删除操作。

（2）数据收敛加密

使用数据明文的某种（或多种）属性生成密钥对数据本身进行加密，使得相同数据明文经过加密后，生成的密文也相同的技术被称为数据收敛加密技术。Corslet 系统利用收敛加密的思想提出了一种数据自加密的方式，通过每个文件块的散列值与偏移量作为密钥，对文件块本身进行加密。

数据收敛加密的好处主要体现在以下几个方面。

1）若密钥的生成方式与数据的散列值有关，生成的密钥则可以用来校验数据的完整性，从而节省了存储空间。

2）修改数据的同时会修改密钥，因此特别适合懒惰权限撤销。

3）懒惰权限撤销是指在基于共享的安全云存储系统中，若某个用户的访问权限被撤销，系统并不立即更换密钥对数据重新进行加密，而是采用触发的方式，当某个特定的事件发生时才对数据重新加密，例如，使用自加密技术后，若某个用户的访问权限被撤销，系统只需在访问控制信息中删除此用户的相关信息，待下次写操作发生时再对数据重新加密即可。

4）相同内容的文件加密后密文依然相同，非常适合在系统中进行重复数据删除操作。

（3）通过特殊计算生成

在一些特定的应用场景中，为了提供一些特殊的功能，有时对文件密钥的生成也有一些特殊的要求，例如 Vanish 系统为了提供可信删除机制，要求密钥能够分成 m 份，用户只需要取得其中 n 份就能够解密文件。通过特殊计算生成的密钥通常是为了实现某个特定的功能，丧失了一定的通用性。

2. 密钥的管理机制

目前的安全云存储系统大都采用分层密钥管理方式，其基本思想是将所有的密钥以金字塔形式排列，上层密钥用来加密/解密下层密钥。这样层层加密后，用户只需要管理位于金字塔尖的密钥，其他的密钥均可以放在不可信的环境中，或者以不可信的方式进行分发传递。因此，分层密钥管理方式可以在保证系统安全性的前提下，将大量的密钥交给不可信的实体进行管理，用户及可信实体只需要保存极少量的密钥就可以达到以前的效果，大大提高了用户的方便性。

安全云存储系统大都采用2～3层的密钥管理方式．一般来说，无论某个系统将密钥分为多少层，我们都可以将它看成两层—顶层和其他层。现有系统在管理与分发顶层密钥时大都采用了 PKI（Public Key Infrastructure，公开密钥基础设施）体系。体系中的公私钥算法，或是直接交给一个可信的第三方进行。相对地，其他层密钥可以直接存放在云存储中，合法用户在需要时从云存储中下载即可。

通过分层密钥管理的方式，安全云存储系统中的众多密钥可以被高效地组织起来，在保证数据私密性和完整性的同时，能够大量减少用户在密钥管理方面的开销，提高系统的效率，也有利于用户身份认证、访问授权等功能的安全实现。

3. 密钥的分发机制

安全云存储系统大都具有共享功能，从而有了密钥分发的需求。一般来说，安全云存储系统中的密钥有以下 3 种分发方式：

（1）通过客户端进行分发

通过客户端对密钥进行分发是一种较老的分发方式．在这种方式下，服务器在任何情况下都不接触任何形式的密钥，因此安全程度很高。这种方式的缺点是要求客户端一直在线，一旦数据拥有者下线，数据的被共享者将因为无法获取密钥而不能访问数据。

（2）密文形式通过云存储进行分发

密钥经加密后存放在云存储中，数据被共享者访问数据时需要先从云存储中获取到数据密文和加密后的密钥，然后通过某种约定的方式（例如公私钥加解密方式）解密出密钥明文，随即再解密出数据明文，这种密钥分发的方式目前是业界中的主流方法，Spideroak、Wuala 等系统都是采用这种方式进行密钥分发，这种方式的优点是充分利用云存储的存储资源，采用了成熟的加解密技术，并可以随时对密钥进行发放；其缺点是过于依赖云存储，同时密钥冗余量太大，存储资源浪费较严重。

（3）通过第三方机构进行分发

密钥分发除了通过客户端和云存储进行之外，还可以通过与客户端和服务器独立的“第三方”进行，FADE 系统和 Corslet 系统使用一个可信的第三方服务器，用来集中管理分发密钥；Vanish 系统通过 DHT（Distributed Hash Table，分布式散列表）网络进行密钥分发，通过第三方机构的密钥分发方式结合以上两种方式的优点，但对应用场景的依赖较强，因此大都出现在某些特定的应用中。

4. 基于属性的加密方式

在公私钥加密体系中有一种特殊的加密方式：基于属性的加密方式（Attribute - Based Encryption，ABE），基于属性的加密方式以属性作为公钥对用户数据进行加密，用户的私钥也和属性相关，只有当用户私钥具备解密数据的基本属性时用户才能够解密出数据明文，例如：用户 1 的私钥有 A、B 两个属性，用户 2 的私钥有 A、C 两个属性，若有一份密文解密的基本属性要求为 A 或 B，则用户 1 和用户 2 都可以解密出明文；同样，若密文解密的基本属性要求为 A 和 B，则用户 1 可以解密明文，用户 2 则无法解密。

基于属性的加密方式是在 PKI 体系的基础上发展起来的，它将公钥的粒度细化，使得每个公钥都包含多个属性，不同公钥之间可以包含相同的属性，基于属性的加密机制有以下 4 个特点。

1）资源提供方仅需要根据属性加密数据，并不需要知道这些属性所属的用户，从而保护了用户的隐私。

2）只有符合密文属性的用户才能解密出数据明文，保证了数据机密性。

3）用户密钥的生成与随机多项式或随机数有关，不同用户之间的密钥无法联合，防止了用户的串谋攻击。

4）该机制支持灵活的访问控制策略，可以实现属性之间的与、或、非和门限操作。

安全云存储系统中基于属性的加密方式其研究点在于如何在系统中使用这种新的加密机制提高其服务效率与质量，而不是加密方式本身，基于属性的加密方式其特点使得它非常适合于模拟社区之类的应用，但是，目前基于属性的加密方式其时间复杂度很高、系统面向群体的安全需求很少的特点，使得这种加密方式目前的安全云存储系统中的应用并不广泛，随着安全云存储系统研究的进一步深入、属性加密方式的时间复杂度的降低，未来的安全云存储系统中一定会广为使用这种新的加密机制。

5. 基于密文的搜索方式

一些云存储系统中添加了数据搜索的机制，使得用户可以高效、准确地查找自己所需要的数据资源，在安全云存储系统中，为了保证用户数据的机密性，所有数据都以密文的形式存放在云存储中，由于加密方式和密钥的不同，相同的数据明文加密后所生成的数据密文也不一样，因此无法使用传统的搜索方式进行数据搜索。

为了解决这个问题，近年来一些研究机构提出了可搜索加密（Searchable Encryption，SE）机制，能够提供基于数据密文的搜索服务，目前可搜索加密机制的研究可分为基于对称加密（Symmetry Keycryptography Based，SKB）的SE机制和基于公钥加密（Public Key Cryptography Based，PKCB）的SE机制两类，基于对称加密的SE机制主要是使用一些伪随机函数生成器（Pseudorandom Function Generator，PFG）、伪随机数生成器（Pseudorandom Number Generator，PNG）、散列算法和对称加密算法构建而成，而基于公钥加密的SE机制主要是使用双线性映射等工具。将安全性建立在一些难以求解复杂性问题之上，基于对称加密的SE机制在搜索语句的灵活性等方面有所欠缺，并只能支持较简单的应用场景，但是加解密的复杂性较低，而基于公钥加密的SE机制虽然有着灵活的搜索语句，能够支持较复杂的应用场景，但搜索过程中需要进行群元素之前和双线性对的计算，其开销远高于基于对称加密的SE机制。

在安全云存储系统中，基于对称加密的SE机制比较适用于客户端负责密钥分发的场景：当数据共享给其他用户时，数据所有者需要根据用户的搜索请求产生相应的搜索凭证，或将对称密钥共享给合法用户，由合法用户在本地产生相应的搜索凭证进行搜索，基于公钥加密的SE机制则更加适用于存在可信第三方的应用场景：用户可以通过可信第三方的公钥生成属于可信第三方的数据，若其他用户想要对这些数据进行搜索，只需要向可信的第三方申请搜索凭证即可，目前SE机制的难点与发展方向在于如何提高效率且支持灵活查询语句，以及如何保留数据明文中的语义结果，随着可搜索加密机制的逐步完善，安全云存储系统中对数据密文搜索的关联度、准确度以及效率方面将会越来越高，越来越多的安全云存储系统将会选择添加SE机制进行搜索，到那时，安全云存储系统的应用范围将更加广泛。

6. 基于密文的重复数据删除技术

在一般的云存储系统中，为了节省存储空间，系统或多或少会采用一些重复数据删除（Data Deduplication，DD）技术来删除系统中的大量重复数据，即数据删冗操作，但是在安全云存储系统中，与数据搜索问题一样，相同内容的明文会被加密成不同的密文，因此也无法根据数据内容对其进行重复数据删除操作，比密文搜索更困难的是，即使将系统设计成服务器可以对重复数据进行识别，由于加密密钥的不同，服务器不能删除掉其中任意一个版本的数据密文，否则有可能出现合法用户无法解密数据的情况。

目前对数据密文删冗的研究仍然停留在使用特殊的加密方式，相同的内容使用相同的密钥加密成相同的密文阶段，并没有取得实质性的进展，Storer 等人在 2008 年提出了一种基于密文的重复数据删除的方法，该方法采用收敛加密技术，使得相同的数据明文的加密密钥相同，因此在相同的加密模式下生成的数据密文也相同，这样就可以使用传统的重复数据删除技术对数据进行删冗操作，除此之外，近年来并无真正基于相同明文生产不同的密文的问题提出合适的解决办法。

重复数据删除是云存储安全系统中很重要的部分，但目前的研究成果仅限于采用收敛加密方式，将相同的数据加密成相同的密文才能在云存储中进行数据删冗操作，因此，如何在加密方式一般化的情况下对云存储中的数据进行删冗是安全云存储系统中的一个很有意义的研究课题。

7. 基于密文的数据持有性证明

在安全云存储系统中，用户数据经加密后存放至云存储服务器，但其中许多数据可能用户在存放至服务器后极少访问，例如归档存储等，在 TWinstrata 公司 2012 年的调查报告中，这类应用在云存储系统的使用中占据不小的比例，在这种应用场景下，即使云存储丢失了用户数据，用户也很难察觉到，因此用户有必要每隔一段时间就对自己的数据进行持有性证明检测，以检查自己的数据是否完整地存放在云存储中。

目前的数据持有性证明主要有可证明数据持有（Provable Data Possession，PDP）和数据证明与恢复（Proof Of Retrievability，POR）两种方案，PDP 方案通过采用云存储计算数据某部分散列值等方式来验证云端是否丢失或删除数据，最早提出了远程数据的持有性证明，通过基于 RSA 的散列函数计算文件的散列值，达到持有性证明的目的。在此之后，许多文献各自采用了同态可认证标签、公钥同态线性认证器、校验块循环队列以及代数签名副等结构或方式，分别在数据通信量、计算开销、存储空间开销以及安全性与检查次数等方面进行了优化，POR 方案在 PDP 方案的基础上添加了数据恢复机制，使得系统在云端丢失数据的情况下仍然有可能恢复数据，最早的 POR 方案通过纠删码提供数据的可恢复机制，之后的工作在持有性证明方面作了一定的优化，但也大都使用纠删码机制提供数据的可恢复功能。

云存储的不可信使得用户有着数据是否真的存放在云端的担忧，从而有了数据持有性证明的需求，现有的数据持有性证明在加密效率、存储效率、通信效率、检测概率和精确度以及恢复技术方面仍然有加强的空间，此外，由于不同安全云存储系统的安全模型和信任体系并不相同，新的数据持有性证明应该考虑到不同的威胁模型，提出符合相应要求的持有性证明方案，以彻底消除安全云存储系统中用户数据在存储过程中是否完整的担忧。

8. 数据的可信删除

云存储的可靠性机制在提高数据可靠性的同时也为数据的删除带来了安全隐患：数据存储在云存储中，当用户向云存储下达删除指令时，云存储可能会恶意地保留此文件，或者由于技术原因并未删除所有副本，一旦云存储通过某种非法途径获得数据密钥，数据也就面临着被泄露的风险。为了解决这个问题，诞生了可信删除（Assured Delete，AD）机制，通过建立第三方可信机制，以时间或者用户操作作为删除条件，在超过规定的时间后自动删除数据密钥，从而使得任何人都无法解密出数据明文，Vanish 系统中提出了一种基于 DHT 网络的数据可信删除机制：用户在发送邮件之前将数据进行加密，然后将加密密钥分成 n 份存放在 DHT 网络中，邮件的接收者只需要拿到 $k(k \leqslant n)$ 份密钥就能够正常地解密，所有的密钥在超过规定的时间后将自动删除，使得在超过规定的时间后任何人无法恢复数据明文。

FADE 系统提出了一种基于策略（Policy－Based）的可信删除方式：每个文件都对应一条或多条访问策略（访问策略类似于 ABE 机制中的属性）不同的访问策略之间可以通过逻辑“与”和逻辑“或”组成混合策略，只有当文件的访问者符合访问策略的条件时才能解密出数据明文，在具体的实现中，首先随机生成一个对称密钥 K 加密文件，然后为每个访问策略生成一个随机密钥 S，并按照混合策略的表达式对对称密钥 K 进行加密，第三方可信的密钥管理服务器（Key Manager）为每一个 S 生成一个公私钥对，客户端使用此公钥加密 S 后，将数据密文、对称密钥 K 的密文以及 S 的密文保存在云存储端，当数据删除操作发生或策略失效时，密钥管理服务器只需要删除相应的私钥就能够保证数据无法被恢复，从而实现了数据的可信删除。

云存储不可控的特性产生了用户对数据的可信删除机制的需求，目前在数据可信删除方面的研究还停留在初始阶段，需要通过第三方机构删除密钥的方式保证数据的可信删除，因此在实际的安全云存储系统中，如何引入第三方机构让用户相信数据真的已经被可信删除，或是采用新的架构来保证数据的可信删除都是很值得研究的内容。

7.6.3 网络安全配置实例

1. 结构安全

云平台确保信息管理系统的核心网络设备、两个数据中心之间、外联电子政务外网和上联城域互联网均具备多路冗余接入的配置，具备完整的冗余、容错能力同时确保其在外部云和内部云的网络带宽。

在电子政务外网接入区、互联网安全接入区和互联网安全出口区的边界，配置了一定数量的防火墙、入侵检测和 VPN 设备，确保云平台内的服务终端与云平台外的各终端与业务服务器之间的访问能够达到可控可管。

云平台根据不同用户的工作职能、重要性和所涉及信息的重要程度等因素，在外网应用部署区、共性服务区域中划分了不同的子网或网段，并按照方便管理和控制的原则为各子网、网段分配地址段。

云平台提供的云服务在电子政务外网应用和互联网应用区域之间通过安全数据交换系统等安全控制设备将两个需要隔离又需要数据交换的云资源进行连接，确保电子政务外网应用区域和互联网应用区域的信息交换可以在可控可管的传输通道内进行。

在行业云云平台在所有与外部网络互联的边界都配备防火墙设备进行网络隔离将电子政务外网应用、互联网应用与外部网络进行分离，同时电子政务外网应用区域和互联网应用区域避免将重要网段部署在网络边界处且直接连接外部信息系统，重要网段与其他网段之间采取可靠的技术隔离手段，多个区域网络边界之间均有防火墙进行网络隔离。

云平台在互联网安全出口区引入了安全隔离区域，安全隔离区的目的是在满足互联网应用对公网提供服务的同时，又要有效地保护互联网应用区域内部网络的安全，根据不同的需要，有针对性地采取相应的隔离措施。安全隔离区域除了一个核心路由设备外，还配备冗余的代理和缓存。

按照对业务服务的重要次序来指定带宽分配优先级别，保证在网络发生拥堵的时候优先保护重要主机；所有业务不共用网络资源，不同的业务使用不同的网络资源，分别提供不同的服务保障能力。

2. 访问控制

云平台在网络边界部署了冗余的访问控制设备，启用访问控制功能；根据会话状态信息为数据流提供明确的允许/拒绝访问的能力，控制粒度为 IP 和端口级；多个区域网络边界之间均通过防火墙进行网络隔离。在核心交换机部分，采用 VLAN 隔离和 ACL 控制，在网络边界通过防火墙进行访问策略定义。并且在整体网络设计中，加入 DMZ 区域，用于隔离对外部非可信用户的服务；DMZ 区域与系统内部区域的网络访问受到防火墙的策略保护和控制。

云平台针对进出网络的信息内容进行过滤，实现对应用层 HTTP、FTP、TELNET、SMTP、POP3 等协议命令级的控制；

在公共云内外的所有会话的策略均配置为：在会话处于非活跃一定时间或会话结束后终止网络连接；限制网络最大流量数及网络连接数；在各业务区域核心交换机上，通过端口镜像技术，将所有网络类的数据包送到独立的入侵检测系统，进行检测和控制。

云平台部署的云平台的各核心网络区域和网络边界均采取技术手段防止地址欺骗：重要网段采用 ARP 绑定技术，防止地址欺骗。

云平台的管理通过独立的运维专网进行，完全不通过互联网通道；同时具备双因子认证特性对管理平台的使用者进行身份鉴别。

3. 安全审计

云平台提供完善的日志审计体系，不论是互联网应用云平台还是电子下务外网的应用云平台在核心区均配置日志审计服务器，日志审计的范围包括通信日志、访问日志、内容日志等。云平台日志的收集审计记录包括：事件的日期和时间、用户、事件类型、事件是否成功及其他与审计相关的信息，通过系统中独立的监控日志系统实现。

云平台的日志分析体系也通过日志审计服务器来进行，并生成审计报表，通过系统中独立的安全审计系统实现。云平台通过边界防火墙、入侵检测和VPN通道，确保日志审计服务器不会被侵入，并规定日志审计服务器操作权限实施必须经两个岗位确认，确保单人的误操作导致数据损坏或丢失。

4. 边界完整性检查

云平台会对非授权设备私自联到内部网络的行为进行排查，并通过端口控制来准确定出位置，并依据云平台安全管理机制对非授权接入设备的通信进行有效阻断。

为行业云提供服务的机房本身只有指定机房维护人员可以进入，而各办公端访问请求，则通过部署MAC地址绑定和防止ARP欺骗的安全设备进行接入控制，VPN接入的远程终端，通过物理的动态密码口令卡限制其访问。

5. 入侵防范

云平台在网络边界处通过部署在内外部核心区的入侵检测系统监视以下攻击行为：端口扫描、强力攻击、木马后门攻击、拒绝服务攻击、缓冲区溢出攻击、IP碎片攻击和网络蠕虫攻击等；当检测到攻击行为时，记录攻击源IP、攻击类型、攻击目的、攻击时间，在发生严重入侵事件时应提供报警。

6. 备份和恢复

云平台所有网络设备均为冗余架构，确保网络设施任意一点故障都不会影响业务的连续性，同时，整个云平台提供同城双活中心及异地的备份中心，双活中心之间以及与异地备份系统之间在配置上互为备份同步，所有网络设备都通过独立运维专网对其配置进行标准的备份（日/周/月/年全备份）。

7. 网络设备防护

云平台的所有网络设备的均不使用设施的默认权限，并对登录网络设备的用户进行身份鉴别，所有网络设备登录采用3A认证方式进行统一用户身份鉴别，网络设施的权限配置有效周期，定期由管理员在运营负责人授权的情况下定期更新，所有口令至少保证8位以上大小写字母和数字及特殊字母的组合。

云平台的网络设施只允许限定的终端网络区域远程访问，杜绝运营网络外的接入端非法访问网络设备，确保所有管理员管理网络设备均通过独立的内部管理内网进行。

云平台的所有设备用户的标识具备唯一性要求。云平台所有主要网络设备会对同一用户选择两种或两种以上组合的鉴别技术来进行身份鉴别；当遇到连续3次登录失败后，即启动网络登录连接自动退出的措施；有安全认证统一管理的运维接入服务器对网络设施进行远程管理时，网络传输通过加密保护，防止鉴别信息在网络传输过程中被窃听；

网络设施的日志管理和系统管理权限由专人专岗分别管理，避免互相影响造成网络设施的安全隐患；

7.6.4　虚拟化安全配置实例

虚拟化是目前云计算最为重要的技术支撑，需要整个虚拟化环境中的存储、计算机网络安全等资源的支持。

一方面，一些传统的安全风险并没有因为虚拟化的产生而消失，尽管单个物理服务器可以划分为多个虚拟机，但是针对每个虚拟机，其业务承载和服务提供，都与原有的单台服务器基本相同，因此传统模型下的服务器所面临的问题，虚拟机同样会遇到，例如业务系统的访问安全、不同业务系统之间的隔离、业务系统的病毒防护等；另一方面，服务器虚拟化的出现，扩大了需要防护的对象范围，如入侵防御系统需要考虑特殊虚拟化软件，源于其在虚拟化环境中的重要位置，任何漏洞被利用均会导致整个平台的混乱和业务中断风险。

因此，平台必须定期跟踪操作系统常见漏洞，提供满足安全加固的操作系统镜像需求。如用户使用自行制作的（或应用开发厂商提供的）操作系统镜像，则用户或应用厂商也必须自行做好系统加固工作，并对其安全性负责。

1. 云主机安全配置

1）路由转发规则配置目前绝大多数黑客都是采用端口扫描探测服务器所开放端口，匹配攻击策略，因此尽量减少服务器暴露端口成为安全的第一道放线，尽量避免基于 IP 的全映射规则，务必使用基于端口配置的路由转发规则，并要求内外端口不一致。

2）安全组配置：安全组是平台为虚拟机提供的“防火墙”功能，用来对云主机的访问流量加以限制。方向分为上行（云主机访问外部网络）、下行（外部网络访问云主机）。建议视客户应用需求采用“最少服务 + 最小权限”开放。如无特殊需求，默认安全组建议放开如下端口：SSH（TCP 22 上下行）、远程桌面（TCP 3389 上下行）、DNS（UDP 53 上下行）、http（TCP 80 上行）、https（TCP 443 上行）、PING（ICMP 上下行）。

说明：除平台默认建议安全组策略以外，开放的安全组端口一般由应用系统或最终客户提出明确使用需求；如业务需要必须开放其他安全组端口策略，需严格区分上、行方向。上行方向为云主机出流量访问，下行方向为云主机入流量方向。特别指出的是，默认的系统磁盘根共享和管理共享是非常危险的隐患之一，正确的防护方法应该至少阻塞针对 137/138/139/445 端口的 TCP/UDP 数据包。

2. 云主机定期升级补丁（用户自行负责）

任何软件都不可能是完美和安全的，操作系统也是一样。因此操作系统需要不断修补和升级，正版操作系统均可通过 Windows Update 获得微软官方的免费升级支持。每个升级补丁安装完成，在修补旧漏洞的同时，可能又引入了新的漏洞，因此需要定期反复查验和升级，直到再没有任何安全补丁可以安装为止。

云主机账号安全：事实证明，很多的内部敏感资源泄漏案例都来自于内部合法账号的越权使用、恶意攻击或者弱口令高权限账号的被非法破解，需要完善账号安全管理以及权限分配。对于系统账号管理，应该秉持“最小权限”，并遵循以下原则：

1）所有验证系统必须加载口令保护或者其他硬件认证加密。

2）禁止所有来宾账号、可疑账号以及任何不需要或者已经过期的账号。

3）所有口令不能为空或者与用户名相同、相近和追加简单数字组合，并且也最好不要以生日、电话号码以及易于辨别和猜测的单词作为口令，理想的口令组合要求具有 8 位以上长度，并且同时包含字母、数字以及特殊符号。

4）所有口令要求经常保持变更以增大可能的被暴力破解的难度。

5）严格限制每个账号的访问权限。

6）系统管理员/超级用户口令必须足够复杂和保持变更，切忌无口令或者弱口令，并且不允许将口令记录在任何未受严格保护的媒介。

3. 自服务账号安全

门户控制台账号，即门户自服务账号，具有操作客户所有虚拟资源，控制整个资源生命周期的权限。一旦此账户被恶意利用，客户的数据和资源可能被恶意删除而遭遇巨大损失。

因此自服务账号密码需要重点保护，务必遵循账号安全的基线，满足复杂性要求。理想的口令组合要求具有8位以上长度，并且同时包含字母、数字以及特殊符号。同时，门户控制台账号应定期维护更新，避免因离职、离岗等原因造成的密码泄露。

4. 关注漏洞公告

各操作系统厂商会定期发布漏洞公告及修补建议，同时，平台也会发布针对安全事件的紧急通报预警，需提醒客户强化网络安全意识，关注漏洞公告。例如，目前某资源池客户还在继续使用Windows 2003操作系统部署IIS服务，已经暴露出IIS 6.0的WebDAV扩展服务漏洞，微软已经不对此版本操作系统提供技术支持服务，建议客户不要部署Windows Server 2003 R2系统。

5. Web安全服务代码

需要特别提示Web服务的安全威胁，与其他诸如FTP/TELNET/SMTP/POP3服务不同，Web服务无法针对IP地址约束开放范围，或配置严密的防火墙策略保护。HTTP服务往往需要对互联网完全开放，防火墙也必须完全信任来自任何地址的Web服务请求，稍有不慎，该服务在安全体系中将最容易首先遭受灾难性撕裂，从而成为更严重和更大范围入侵事件的突破口和不幸而无辜的跳板，因此，WEB服务的安全性需要得到最高关注。

针对Web安全，需由从Web程序本身体系结构、设计方法、开发编码等角度进行漏洞扫描，避免因网站架构设计及脚本编制上的缺陷造成安全漏洞，实时做好风险防范。关注OWASP（开放Web应用安全项目组）对Web应用安全问题的清单可见，诸如SQL注入、跨站脚本攻击、不安全的直接对象引入等Web网站问题，一直是黑客进行渗透和窃取数据的惯用手段。这是一个较大的安全命题，需特别关注，定期进行网站的安全漏洞扫描及修补加固。

参考文献

[1] 康楠．数据中心系统工程及应用［M］．北京：人民邮电出版社，2013.

[2] 中国联通公司．中国联通云运维管理技术规范：QB/CU 097—2013［S］．中国联通公司企业标准，2013.

[3] 邹芬．网络性能测试系统的设计与实现［D］．武汉：华中师范大学，2015.

[4] 任泽平，等．中国新基建研究报告［R］．恒大研究院（恒大智库有限公司），2020.

[5] 黄伟．基于机器学习的 AIOps 技术研究［D］．北京：北京交通大学，2019.

[6] 谢佩博．数据中心网络结构的研究［D］．西安：西安电子科技大学，2012.

[7] 马亮．企业新一代数据中心关键技术研究与应用［D］．长春：吉林大学，2018.

[8] 全国信息技术标准化技术委员会．信息技术 云计算 概览与词汇：GB/T 32400—2015［S］．北京：中国标准出版社，2016.

[9] 全国信息技术标准化技术委员会．信息技术 云计算 参考架构：GB/T 32399—2015［S］．北京：中国标准出版社，2016.

[10] 全国信息技术标准化技术委员会．信息技术 云计算 平台即服务（PaaS）参考架构：GB/T 35301—2017［S］．北京：中国标准出版社，2018.

[11] 全国信息技术标准化技术委员会．信息技术 云计算 虚拟机管理通用要求：GB/T 35301—2017［S］．北京：中国标准出版社，2018.

[12] 全国信息技术标准化技术委员会．信息技术 云计算 平台即服务（PaaS）应用程序管理要求：GB/T 36327—2018［S］．北京：中国标准出版社，2018.

[13] 全国信息技术标准化技术委员会．信息技术 云计算 云服务级别协议基本要求：GB/T 36325—2018［S］．北京：中国标准出版社，2018.

[14] 全国信息安全标准化技术委员会．信息安全技术 云计算服务安全能力要求：GB/T 31168—2014［S］．北京：中国标准出版社，2015.

[15] 全国信息安全标准化技术委员会．信息安全技术 云计算服务安全指南：GB/T 31167—2014［S］．北京：中国标准出版社，2015.

[16] 全国信息安全标准化技术委员会．信息安全技术 云计算服务安全能力评估方法：GB/T 34942—2017［S］．北京：中国标准出版社，2017.

[17] 全国信息安全标准化技术委员会．信息安全技术 云计算安全参考架构：GB/T 35279—2017［S］．北京：中国标准出版社，2017.